全国高职高专学前教育专业系列规划教材

幼儿心·理学

焦艳凤　　郭苹　主编
马世超　　王峤　杨洋　副主编

化学工业出版社
·北京·

幼儿心理学是学前教育专业的一门重要的专业基础课。主要研究幼儿心理发展的基本规律和特征，旨在使学生初步掌握幼儿园教学工作必需的心理学知识，为学前儿童的教育、保健等工作提供心理学依据。本书逻辑严谨、结构清晰、内容新颖、时代感强，每章内容皆由理论基础、思考与练习、拓展阅读和实践在线四部分组成，以理论为基础，侧重培养学生实际解决问题的能力。全书共十一章，分别从认知、情感和行为上探讨了儿童心理发展过程中的基本规律，并从个性心理倾向性和个性心理特征的角度分析了气质、性格、能力等个性心理特征。此外还增加了幼儿游戏及幼儿教师心理等内容。本书既可作为学前教育专业的教材，也可作为幼教工作者及幼儿家长的学习参考资料。

图书在版编目（CIP）数据

幼儿心理学/焦艳凤，郭苹主编．—北京：化学
工业出版社，2015.2（2024.11重印）
全国高职高专学前教育专业系列规划教材
ISBN 978-7-122-22808-6

Ⅰ．①幼… Ⅱ．①焦…②郭… Ⅲ．①婴幼儿心
理学–高等师范院校–教材 Ⅳ．①B844.11

中国版本图书馆CIP数据核字（2015）第010131号

责任编辑：王 可 蔡洪伟 于 卉 装帧设计：王晓宇
责任校对：王素芹

出版发行：化学工业出版社（北京市东城区青年湖南街13号 邮政编码100011）
印 装：北京科印技术咨询服务有限公司数码印刷分部
787mm×1092mm 1/16 印张15 字数368千字 2024年11月北京第1版第5次印刷

购书咨询：010-64518888
售后服务：010-64518899
网 址：http://www.cip.com.cn
凡购买本书，如有缺损质量问题，本社销售中心负责调换。

定 价：29.80元

编写人员名单

主　编　焦艳凤　郭　苹

副主编　马世超　王　峤　杨　洋

编写人员

焦艳凤　郭　苹　马世超　王　峤

杨　洋　邱微微　孙大力　曾凡艳

钟丽娜　曲方清　白　玲　李晓玉

罗卫佳　李晓琳　艾洪岩　吕　娜

黄丽艳　韩龙江　冯　雪　杨琳琳

 前言

　　幼儿心理学是研究幼儿期（3～6岁）儿童心理发展特点和规律的科学。是学前教育专业的一门重要的专业基础课。主要研究幼儿心理发展的基本规律和特征，本课程旨在使学生初步掌握幼儿园教学工作必需的心理学知识，为学前儿童的教育、保健等工作提供心理学依据。作为教材，《幼儿心理学》既可以作为学前教育专业的教材，也可以作为幼教工作者及幼儿家长的学习参考资料。

　　与同类教材相比，本教材有以下特色。

　　（1）逻辑严谨、结构清晰。本教材在编排的逻辑体系上是以普通心理学的知识为基础，突出幼儿心理知识，适当介绍教育心理知识，构成了一个严谨而清晰的知识体系。

　　（2）内容新颖，时代感强。每部分内容皆由理论基础、思考与练习、拓展阅读、实践在线四部分组成，以理论为基础，侧重培养学生实际解决问题的能力。

　　（3）紧密结合幼儿园实际，凸显教材的应用性。在着重阐述幼儿期心理发展的规律和特点的基础上，突破以往此类教材理论性强的特点，以生动典型的事例激发学生的学习兴趣，从学生的实际出发，深入浅出，通俗易懂，突出重点，内容生动，使学生零距离的对接到幼儿教育机构。

　　本书由来自哈尔滨学院、佳木斯大学、佳木斯职业学院、伊春职业学院、双城市职业教育中心学校等的多位优秀教师在总结和吸取多年教学经验的基础上，结合当前的时代特点编写而成。本书从幼儿教师需掌握的基本知识和技能入手，分别从认知、情感和行为上探讨了儿童心理发展过程中的基本规律，并从个性心理倾向性和个性心理特征的角度分析了气质、性格、能力等个性心理特征。此外还增加了幼儿游戏及幼儿教师心理等内容。本书由焦艳凤和郭苹担任主编，负责修改、统稿和定稿，马世超、王峤和杨洋为副主编，负责审阅。此外，参与编书的人员还有邱微微、孙大力、曾凡艳、钟丽娜、曲方清、白玲、罗卫佳、李晓琳、吕娜、艾洪岩、黄丽艳、韩龙江、冯雪和杨琳琳。全书共十一章，具体编写分工为：杨洋编写第一章和第二章，王峤编写第三章和第十章，郭苹编写第四章和第五章，孙大力编写第六章，邱微微编写第七章和第八章，焦艳凤编写第九章和第十一章。

　　在本书的编写过程中，我们广泛参考了国内外心理学文献和专著，吸取了多位学者和专家的研究成果，在此致以诚挚的谢意。诸多引用文献已在书中表明出处，但由于工作量大，难免有所遗漏，敬请谅解。

　　本书虽经作者协同努力，但由于水平有限，难免有疏漏和不妥之处，恳请广大师生在使用的过程中提出宝贵意见。

编　者
2014年12月

目录
CONTENTS

第一章

绪 论

第二章

幼儿心理发展的基本理论

第四章

幼儿的感知觉

第五章

幼儿的记忆与想象

第六章

幼儿思维与言语

第九章

幼儿的人际交往

第十章

游戏与幼儿的心理发展

第十一章

儿童与教师的心理健康

第一章

绪　论

在提倡素质教育的今天，作为幼儿教育工作者要时刻注意教育的关键：一切为了儿童，不但要提高身体素质还要提高心理素质，培养健全发展的当代儿童。

第一节　心理学与幼儿心理学

人的心理现象是复杂多样的一种现象。恩格斯把人的心理誉为"地球上最美的花朵"。那心理学是怎样的一门学科？心理现象主要有哪些？为什么学习幼儿心理学以及学习后对幼教工作有什么样的意义？这些都是要研究的问题。

一、心理学的研究

在日常生活中，心理现象无处不在。在与别人的交往中、在学习工作过程中所体验到的感受都属于心理现象。这些都是心理学所要研究的问题。

心理学是研究心理现象的发生及其发展规律的科学。在定义当中有如下两个关键词。

1.心理过程

人类的许多活动中，都会产生心理现象。例如，在清醒的状态下，人们可以通过眼睛看到物体的颜色、形状，可以通过耳朵听到各种声音，可以通过鼻子闻到各种气味，还能把自己感知过的事物记在脑子里，对各种问题进行思考，做出决策，还要与各种人进行交往，对与自己有关的事物和人表现出一定的态度，并用坚强的意志力克服各种困难，人们在这些活动中，表现出形形色色的主观活动，如感觉、知觉、记忆想象、思维以及情感、意志等。他们构成了人的心理过程，即认识过程、情感过程和意志过程。

认识过程包括感觉、知觉、记忆、想象和思维。其中核心是思维。

情感过程是人在认识事物时产生的各种内心体验，如喜、怒、哀、惧等。

幼儿心理学

意志过程是人在活动中为了实现某一目的对自己行为的自觉组织和自我调节。

2.个性心理

世界上没有相同的两片叶子，每个人的遗传特性、生活环境也有所不同。

个性包括个性倾向性（需要、兴趣、动机等）和个性心理特征（能力、气质、个性等）。因此，要针对每个幼儿的心理特征因材施教。

二、幼儿心理学的研究

幼儿心理学是研究幼儿（3～6岁入学前儿童）心理现象发生、发展和活动规律的一门科学。主要研究的是幼儿认识能力、情绪情感、行为活动的目的及自我控制能力的发展特点。幼儿的日常活动中，掌握幼儿的心理活动及其特点，有助于幼教工作者确立科学合理的幼儿发展观、教育观，更有利于教育者合理地开展幼儿教育工作。

幼儿主要指3～6岁的儿童。幼儿阶段是人的一生中生长发育最快、最旺盛的阶段，可塑性高，身体机能不断发展，特别是在大脑发育方面不断地成熟与完善。

具体来说，幼儿心理学就是研究幼儿的认识、情绪、行为以及自我控制能力发展的学科。

第二节　心理现象

要了解和研究幼儿心理学，首先要弄清楚人的心理是怎么产生的？它有哪些本质特征？心理的物质基础是脑还是心脏？这是至关重要又极为复杂的问题。它既涉及最根本的哲学观念，又涉及最前沿的科学成果。

心理现象是心理活动的表现形式。一般是指个人在社会活动中通过亲身经历和体验表现出的情感和意志等活动。心理是脑的机能，是人脑对客观世界的反映。心理与人的行为密切相关。

一、心理是脑的机能

心理现象是伴随生物神经系统和脑的进化而产生的，是物种长期进化的产物。体现出人与动物的本质不同，确保了人类是"万物之灵"的优势。

1.脑的结构

脑是神经系统的重要部分，由延髓、桥脑、中脑、间脑、小脑和大脑组成，其中最发达的部分是大脑。

人的大脑分左右两个半球，是高级神经中枢。大脑的表面覆盖着一层灰质层，叫做大脑皮质，简称皮层，如图1-1所示。大脑半球的表面布满凹凸不平的褶皱，凹陷的部分称为沟，凸起的部分称为回。把大脑皮层分成四个部分，分为额叶、顶叶、颞叶和枕叶。其中额叶是一个重要的神经组织区域，有着广泛的神经联系和复杂的结构图式，以及丰富的、复杂的双向性联系，是大脑中最重要的区域之一。

大脑中还包括低级神经中枢，主要用于调节情绪和维持机体功能，以及维持生命的基本活动，比如心跳、呼吸、吞咽等，具有重要的作用。

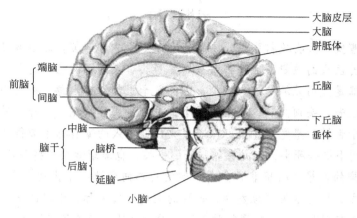

图1-1　脑的结构

2.大脑皮层的功能区域

大脑的两个半球是不对称的。它们各自管理身体相反的那一半。左半球主管身体的右半边，右半球主管身体的左半边。四个脑叶的分工也有所不同，枕叶主要负责视觉功能；颞叶主要负责听觉功能；顶叶主要负责肤觉、身体运动觉功能；额叶在人的心理活动中具有特殊作用，控制着人的有目的、有意识的行为。如图1-2所示。

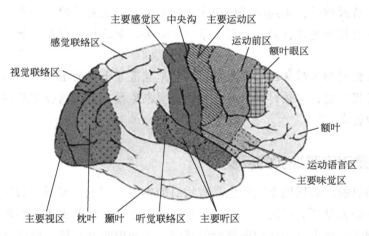

图1-2　大脑皮层的功能区域

大脑的两个半球都具有不同的功能和优势，大脑左半球的功能主要表现为言语、数学和逻辑推理等，大脑右半球的功能主要表现为物体的空间关系、情绪、音乐和艺术能力。大脑的左右两个半球是需要协调活动的。

3.大脑最基本的活动方式是反射

反射按照起源分为两类：无条件反射和条件反射。

无条件反射是先天固有的反射，如新生儿就会吸吮动作，会分泌唾液，这些都属于无条件反射。

条件反射则是后天形成的反射。是在无条件反射与某种特定的刺激多次结合后形成的反射。

望梅止渴

东汉末年，曹操带兵去攻打张绣，一路行军，走得非常辛苦。时值盛夏，太阳火辣辣地挂在空中，散发着巨大的热量，大地都快被烤焦了。曹操的军队已经走了很多天了，十分疲乏。这一路上又都是荒山秃岭，没有人烟，方圆数十里都没有水源。将士们想尽了办法，始终都弄不到一滴水喝。头顶烈日，战士们一个个被晒得头昏眼花，大汗淋淋，可是又找不到水喝，大家都口干舌燥，感觉喉咙里好像着了火，许多人的嘴唇都干裂得渗出了鲜血。每走几里路，就有人倒下中暑死去，就是身体强壮的士兵，也渐渐地快支持不住了。

曹操目睹这样的情景，心里非常焦急。他策马奔向旁边一个山冈，在山冈上极目远眺，想找个有水的地方。可是他失望地发现，龟裂的土地一望无际，干旱的地区大得很。再回头看看士兵，一个个东倒西歪，早就渴得受不了，看上去怕是走不了多远了。

曹操是个聪明的人，他在心里盘算道："这一下可糟糕了，找不到水，这么耗下去，不但会贻误战机，还会有不少的人马要损失在这里，想个什么办法来鼓舞士气，激励大家走出干旱地带呢？"

曹操想了又想，突然灵机一动，脑子里蹦出个好点子。他就在山冈上，抽出令旗指向前方，大声喊道："前面不远的地方有一大片梅林，结满了又大又酸又甜的梅子，大家再坚持一下，走到那里吃到梅子就能解渴了！"

战士们听了曹操的话，想起梅子的酸味，就好像真的吃到了梅子一样，口里顿时生出了不少口水，精神也振作起来，鼓足力气加紧向前赶去。就这样，曹操终于率领军队走到了有水的地方。

曹操利用人们对梅子酸味的条件反射，成功地克服了干渴的困难。可见人们在遇到困难时，不要一味畏惧不前，应该时时用对成功的渴望来激励自己，就会有足够的勇气去战胜困难，到达成功的彼岸。

二、心理是对客观现实的反映

心理是脑的机能，心理现象的产生具有物质的本体，产生心理现象的器官是脑。但是人的心理现象并不是人脑所固有的，人脑只是反映的器官。客观现实才是心理活动的内容与源泉。人类的心理活动离不开生活和所接触的环境。客观现实就是指心理以外的一切，它们构成了人类生存的环境。

客观现实是人的心理的源泉。客观现实包括大自然、各种社会生活和人的各种活动，比如山川河流飞禽走兽、城市、工厂。还包括社会环境，比如文化传统、家庭和学校。一个人假如与社会生活隔绝，虽然具有大脑，身体健康，心理也不会得到健康的发展。世界各地也曾发现一些从小被野兽叼去、和野兽一起生活、和野兽一起长大的"狼孩"、"豹孩"等，当他们被人发现送回到人类社会时，仍然喜欢用四肢行走，习惯夜间行动，不喜欢和人接近，缺乏人的情感，智力、身体、心理发展明显落后于常人。过去印度曾有一个"狼孩"，回到人类社会后，虽然经过七八年教育，言语发展也不能恢复正常，只学会三四十个单词。这些事实表明，有了脑而没有客观现实，便没有心理现象。离开了社会生活，人的心理现象便不能得到正常发展。

金口难开的女孩

网上曾报道过：一名3岁女童在重庆三峡中心医院住院时，连一个字也说不出来，尽管得到了医务人员的亲情服务，但日复一日、倾尽心血的万般启发、诱导、刺激，女童也只能发出"咿咿呀呀"的声音。打针不哭也不闹，哪里痛不是语言表达，而是用手指。患儿体重、智力、身高都很正常，但表达方式只知道哭，只有肢体语言。

听力、声带都正常，女童为什么过了说话的年龄还是一个字也吐不出来？经过进一步了解发现，在这背后还有心酸的故事。据女童父亲介绍，女童母亲有些精神障碍，带着女儿改嫁给他。他们家独居在一个周围没有人烟的山沟里，他一年有半年在外打工，女童就和有病的母亲、听力不好的爷爷在一起生活，过着几乎与世隔绝的日子，性格非常孤僻，对人没有亲近感，与长辈不交流。

由此可见，女童不会说话是因为她的语言环境、成长环境都很差，特别是从家庭情况看，她缺少一个语言环境，没有语言交流，因而形不成语言。

三、心理具有主观能动性

主观能动性是人的心理反应的特征。了解心理反应的主观性与能动性的特征有助于全面了解心理的实质。

所谓主观能动性，是指人脑对现实的反映对个人的态度和经验的影响，从而使反映带有个人主体的特点。换句话说，每个人对待事物的看法和观念都不同。就像一百个人看同一部电影，最后所感受到的就有一百种的不同。因为每个人的经验、态度、立场不同，所以得出完全不同的看法。

人的心理主观能动性还表现为不但能反映外部世界，还能认识自己，能够支配和调节自己的行动，改造自己和改造世界。

四、心理在实践活动中不断发展

人的心理都是在实践活动中产生的。人只有在不断的接触社会、与人交往过程中，参加活动，才能对各种事物产生认识，才能对客观事物发生一定的态度，必要时表现出克服困难的意志力。

德国著名法学家卡尔·威特，八九岁时就能自由运用德语、法语、意大利语、拉丁语、英语和希腊语六国语言，并且通晓动物学、植物学、物理学、化学，尤其擅长数学；9岁考入莱比锡大学；10岁进入阿根廷大学；13岁出版了《三角术》一书；年仅14岁就被授予哲学博士学位（事实上，卡尔目前仍然是《世界吉尼斯纪录大全》中"最年轻的博士"纪录保持者）；16岁获得法学博士学位，并被任命为柏林大学的法学教授；23岁发表《但丁的误解》一书，成为研究但丁的权威。与那些过早失去后劲的神童们不同，卡尔·威特一生都在德国的著名大学里授学。这样的伟人根本没有办法与婴儿时期的"傻子"联系在一起。他的父亲曾经悲伤地说："因为什么样的罪孽，上天给了我一个这样的傻孩子呢？"但他的父亲并没有失望，而是锲而不舍地对小卡尔进行教育和训练。所以成就了今天的卡尔·威特。

可见，一个人被放在一个什么样的环境，参与什么样的社会活动，在很大程度上就会产生什么样的心理。

人的心理不但在实践活动中产生，也是在实践活动中来检验和校正客观现实的反映是否正确。

总之，心理产生于人的实践活动，并通过实践活动得到表现和发展。

第三节　学习幼儿心理学的意义

一、学习幼儿心理学的理论意义

1.有助于了解自己的心理活动

作为一名幼教工作者，学习幼儿心理学，不但可以更好地了解幼儿的心理发展与变化，还可以审视自己的心理活动，正确对待自己的认识水平，调整自己的心态，在所处的环境中能够进行主动的学习和活动。

2.有助于学习心理学的一般理论

人的一生中，在不同的年龄阶段心理发展的进程与规律都是一个连续发展的过程。人的早期心理的形成与发展对人的一生都有影响。因此，了解幼儿心理学的发展对其他阶段也有积极的意义。

二、学习幼儿心理学的现实意义

对于心理学和幼儿心理学有了初步了解以后，教师应该感觉到幼儿的心理也是多样复杂的，有必要去了解幼儿的心理。当今社会不再单一的注重幼儿教师技能方面的培养，更多的是注重对怎么教育幼儿、怎么样更好地管理幼儿方面的培养。比如班级上有一位小朋友，经常性的特立独行，跟班级里的小朋友不能融洽地玩游戏。这样的情况出现了，作为幼儿园教师该怎么处理？怎么增强小朋友的合作精神？这样的问题就可以运用心理学上的知识。

具体来看，学习幼儿心理学的意义主要有以下两点。

1.有助于确立科学合理的幼儿发展观、教育观，了解幼儿心理的特点，走进幼儿的心理世界

幼儿心理学主要阐述的是幼儿心理发展的规律性，帮助教师与家长科学地教育幼儿，树立教育观，根据幼儿的个别差异因材施教。对同一个问题的看法，在不同阶段的幼儿身上所呈现出的信息也是不同的。例如，有两个小朋友，一个帮妈妈洗碗不小心打碎了十个碗，另一个小朋友因为偷吃巧克力打碎了一个碗，问两个小朋友哪个做的不好呢？幼儿在不同的阶段会有不同的想法，年龄小的孩子是非观还没有形成，大多数会觉得第一个孩子做的不好，他们更多的是按照数量来判断对错。而年龄大一点的孩子就会按照行为来做出正确的判断。类似这样的问题和情况，都需要通过心理学来了解与解决。

2.有助于教育者更合理地开展幼儿教育工作

幼教工作主要是以了解幼儿的心理特点为基础。幼儿在不同的年龄阶段所要受到的教育也有所不同，家长、教育者要按照幼儿的年龄发展的特征来要求幼儿，做出正确的培养和引导。教育者就更要在教育的过程中选择适合不同幼儿的教育内容和方法。要尊重他们的个别差异，按照他们的心理发展特点进行有效的良好的发展。例如，某一3岁6个月的孩子，十

分活泼可爱，父母很喜欢他，可令父母不理解的是：他无论做什么事情之前都不爱多思考。比如：玩插塑时，让他想好了再去插，而他却是拿起插塑就开始随便地插，插出什么样，就说插的是什么。在绘画或要解决别的问题时也是这样，夫妻俩认为这样不好，便总是要求孩子想好了再去行动，可他却常常做不到。父母时常为此而烦恼。其实，3岁6个月的孩子处于直觉行动性思维阶段，这时候幼儿的语言能力还很低，所以他们进行的思维总是离不开对事物的感知和自身的行动。也就是说他们的思维是在动作中进行的，离开所接触的事物、离开动作就没有了思维，所以称之为直觉行动性思维。父母如果按照年龄特点进行教育，教育的效果就会大大地提高，达到预期的效果。

3.学习幼儿心理学有助于幼儿的身心发展

幼儿处于身心正在发展的阶段，而幼儿的发展与他所处的环境是密切相关的。因此更好地了解幼儿的生活环境和游戏环境，有利于他们有意义的发展。

第四节 幼儿心理学的研究方法

从心理学的研究历史来看，19世纪以前，心理学依附于哲学。进入到19世纪中叶，对于心理学的探索和研究仍然没有明确的目标和研究思想，也没有独立的体系，研究心理学范畴的专家都是由哲学家、神学家、医学家或其他学科的专家兼职，心理学的研究方法主要是思辨。1879年，德国心理学家冯特在莱比锡大学建立了第一个心理学实验室，从此宣告了心理学的诞生。所以心理学既是一门古老的科学，又是一门年轻的科学。心理学的研究方法很多，大体上可以分成两大类：描述性研究和实验性研究。

一、描述性研究

描述是指心理学研究最基础的工作，研究者往往还没有一个正式的假设，目的是对心理与行为进行详细的描述，以确定某种心理现象在质和量上的特点。描述性研究主要的研究方法有观察法、测验法、产品分析法、个案法等。

1.观察法

观察法是在自然环境中对被试者做出观察，从中发现被观察者的心理现象和发展的规律。例如，观察儿童的游戏、记录儿童每天所说的话、了解儿童的注意力和思维活动、了解幼儿的语言发展能力，这些都可以用观察法来做出资料的收集，进行有效的分析。由于观察法是在自然条件下进行的，被观察者并不知道，所以他们的行为和心理不是刻意表现出来的，不受外界所干扰，因而这种方法了解到的情况比较真实可靠。

但是观察法也有其不足的地方：在自然条件下不能按照要求重复出现要观察的内容，因此，要想多次观察同一样事物就比较难实现，观察后的结果不能得到重复的验证。在自然条件下，被观察者做出的行为和要求观察的是不一致的。观察最后得到的结果容易受到被观察者本人的兴趣、愿望、技能、经验的影响。

采用观察法的条件：① 对所研究的对象无法加以控制（例如：年幼的小孩没有办法控制他们的行为）；② 如果观察的过程受到控制，可能影响某种行为的出现（例如：需要观察幼儿撒谎的行为，要是带到实验室观察，幼儿就会做出伪装，得到的结果是不真实的）；③ 由

于社会道德的要求，不能对某种现象加以控制。

采用观察法的原则：每次只观察一种行为，例如观察幼儿合作精神的时候，可以通过设定幼儿帮助老师给小朋友发东西的情景进行观察。

确定要进行观察的目标时要事先做好准备工作，在方便观察时进行，可以有效地做好记录工作。

在进行观察的时候不但要用笔记录下来所观察的结果，还可以借助其他的工具，例如照相机、录音笔、录像机，以便获得更多的信息。

在采用观察法的时候不能漫无目的的进行观察，要定时进行，例如按天或按周来观察，以达到预想的目的。

2.测验法

心理测验法，就是借助于标准化的心理测验量表或精密的测验仪器，来测量被试有关的某种心理品质的研究方法。

例如常用的心理测验有：能力测验、品格测验、智力测验、个体测验、团体测验等。测验法也可以用于对测量方法的研究，常常被作为人员考核、员工选拔、人事安置的一种工具。

测验法的优点：测验法适用于各项活动当中。例如：幼儿园每个班级都会有各种问题的小朋友，要想精确地测试出问题的根源就可以运用测量量表，得到精准的数据。

测验法的不足：被试者会根据自己的意愿来回避一些问题，这样得出的数据会有偏差。

测验法的条件：两个基本的要求，即测验的信度和效度。测验法中的信度主要指的是测验或量表的可信度和稳定程度。一般说，信度越大，说明一致性高，测得的分数可信度就高；与之相反，信度越小，说明一致性低，测得的分数可信度就低。例如：同一个测试表，一个人多次测试得到的结果相同或者大致相同，那么这个人测试的结果可信度就较高。同一个测试表，多次测试后得出的结果每次都截然不同，就很让人怀疑他的真实性和可靠性。效度是指一个测验有效地测量了所需要的心理品质。例如：体育生在考入大学之前都需要进行专业方面的测试，得分较高的学生被学校录取后，在专业能力方面也表现出较好的成绩，得分相对较低的学生入学后成绩逊色一些。

测量法的原则：① 要对某种心理品质进行深入的研究。要使测验结果真实可靠就要找到相对应的测验方法。② 在进行测验量表的制定时要严谨和科学。要按照程序来编制所需要的心理量表，才能有效测量出我们所需要的数据。

3.个案法

个案法是对被试者所做的多方面的深入详细的研究。个案法包含历史材料、作业成绩、测验结果，以及别人对其的评价等，目的在于发现影响某种心理和行为的原因。例如：有的小朋友经常以说谎的行为来逃避上幼儿园，以肚子疼、头疼这样的借口来吸引别人的注意，获得别人的关心。以上问题出现的时候就可以用个案法来了解情况，进行正确的分析和处理。在工作当中遇到个案，对幼教工作者是很高的提升，通过对个案的分析所得到的结果和经验可以很好地运用在以后的工作当中。

4.产品分析法

产品分析法又称活动产品分析，主要是对日记、书信、图画、游戏等产品的情感状态、熟练程度等进行分析的一种方法。例如，小朋友很喜欢做角色扮演的游戏，做游戏的同时可

以反映出他们的一些心理活动，观察他们经常玩的玩具或者是画的图画也可以获得一些心理变化和个性特点。

二、实验性研究

在控制某些条件的情况下对心理现象进行观察的方法叫实验法。主要指主试者在严格控制的条件下，观察被试者的行为或活动以进行心理活动之间的因果联系的研究。在实验中，研究者可以积极干预被试者的活动，创造某种条件使某种心理现象得以产生并重复出现。这是实验法与观察法的不同之处。

实验法有以下三个特点：第一，在实验中主试处于主动地位，可以有计划地引起或改变某种需要研究的心理现象，而不必消极地等待它们自然出现。第二，实验者可以在实验中消除或抵消影响，可以按照研究者的要求改变计划，从而考察变化，这样可以精确地确定自变量与因变量之间的关系。第三，由于实验法可以反复验证，所以它能揭示心理发生发展的规律。

实验法分为两种：实验室试验和自然试验。

实验室试验主要借助专门的试验设备。在试验的过程中严格要求按照试验条件进行，利用这样的试验方法有助于发现试验的因果关系，并且允许人们对试验进行反复的验证。实验室试验也有它的缺点：由于主试严格要求试验的条件，被试者在这样的试验环境中，意识到自己正在接受试验，被试者就有可能干扰试验的结果。

❀小白鼠走迷宫实验

【实验目的】

（1）通过观察、分析小白鼠学习和记忆的过程，理解大脑在动物行为机制建立中的作用。

（2）通过实验，了解影响动物学习和记忆能力的因素。

（3）通过实验，了解数据统计分析在科学研究中的重要作用。

【实验原理】

学习和记忆是神经系统高级中枢的重要机能之一。学习是神经系统不断接受环境刺激而获得的行为习惯和经验；获得的行为习惯和经验维持一定时间的能力就是记忆。动物的学习和记忆能力对其生存具有重要意义。

在人为设置的迷宫里，动物通过不断感受复杂通道的结构，调整和改进自己的行为。随着训练次数的增加，条件反射逐渐建立，以至在大脑皮层形成记忆。通过记录动物搜寻食物的时间长短可以对此加以评价。同时也可以考察一些刺激（如饥饿和化学药剂）对记忆力的影响。

【实验材料和用品】

相同年龄、性别、体重的健康小白鼠15只，泡沫塑料板，食物（坚果），玻璃板。

【实验步骤】

（一）实验准备

用泡沫塑料板构建迷宫。高度以小白鼠不能爬上为宜，上面也可以盖上一玻璃板。分别在迷宫一的某处和迷宫二的某处放置食物一小块。如图1-3所示。

选择相同年龄、性别、体重的健康小白鼠6只，每次实验前饥饿一天，但提供水。

（二）实验项目

1.测量训练次数对小白鼠走出迷宫找到食物所花费的时间的影响（5只）

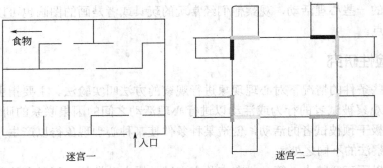

图1-3　小白鼠走迷宫

（1）取饥饿处理的小白鼠1只，放置在迷宫一入口，记录其找到食物所需时间。5分钟后，重复上述步骤，同样的间隔时间对其进行四次实验，每只小白鼠共计进行5次实验。

（2）对其余四只饥饿处理的小白鼠进行5次实验，记录每只小白鼠找到食物所需时间。

（3）间隔20分钟后重复以上步骤，直至小白鼠能迅速走出迷宫找到食物。

（4）数据处理。根据实验数据，求出5只小白鼠每次实验找到食物所需时间的平均值。以实验次数为横坐标，找到食物的时间为纵坐标，建立直角坐标系，制作标准曲线。把上述平均值标在坐标纸上并连接各点，从而得到实验数据与寻找时间的关系曲线。观察图形的变化趋势。

2.考察噪声对小白鼠学习和记忆能力的影响（5只）

（1）实验开始时在迷宫附近播放噪声。

（2）取饥饿处理的小白鼠1只，放置在迷宫一入口，记录其找到食物所需时间。5分钟后，重复上述步骤，同样的间隔时间对其进行四次实验，每只小白鼠共计进行5次实验。

（3）对其余四只饥饿处理的小白鼠进行5次实验，记录每只小白鼠找到食物所需时间。

（4）数据处理。根据实验数据，求出小白鼠每次实验找到食物所需时间的平均值。以实验次数为横坐标，找到食物的时间为纵坐标，建立直角坐标系，制作标准曲线。把上述平均值标在坐标纸上并连接各点，从而得到实验数据与寻找时间的关系曲线。观察比较图形与第一组实验所得图形。

3.检验小白鼠对颜色的辨别能力（5只）

（1）取饥饿处理的小白鼠1只，放置在迷宫二中心，记录其找到所有食物的时间。5分钟后重复以上步骤，同样的间隔时间进行四次实验，每只小白鼠共计进行5次试验。

（2）对其余四只饥饿处理的小白鼠进行5次试验，记录每只小白鼠找到食物所需时间。

（3）间隔20分钟后重复以上步骤，直至小白鼠能迅速找到全部食物。

（4）数据处理。根据实验数据，求出5只小白鼠每次实验找到食物所需时间的平均值。以实验次数为横坐标，找到食物的时间为纵坐标，建立直角坐标系，制作标准曲线。把上述平均值标在坐标纸上并连接各点，从而得到实验数据与寻找时间的关系曲线。观察图形的变化趋势。

【实验注意事项】

（1）选材为活泼健康的小白鼠，不能选运动机能和记忆力差的小白鼠。

（2）为了避免嗅觉对测试的影响，做每一个实验项目前都应对迷宫进行清洁。

（3）实验过程中应避免实验人员暗示对小白鼠的干扰。

（4）实验过程中实验人员应注意自身安全。

【实验预期结果】

（1）随着小白鼠学习和记忆过程的进行，小白鼠找到食物的时间会越来越短。

（2）经噪声处理的小白鼠，学习与记忆能力受到干扰，找到食物的时间会长于未受干扰的小白鼠。

（3）小白鼠有一定的辨别颜色能力。

自然实验也叫现场实验，在某种程度上可以克服实验室试验的缺点。实验室试验是由主试严格控制试验的进行，而自然试验是在人们自然生活和工作的环境当中进行的。

自然试验其主要特点是：① 主动性。按照研究的目的有意控制或变化所进行试验的条件，以引起特定的心理活动，再对其进行观察和分析。② 自然性。让被试处于日常生活和工作的环境当中，并尽量不让被试者觉察到主试的意图以及自己是实验的对象。前一特点使其有可能避免观察法等待考察现象出现需时过长或难以分辨结果的多因性等缺点，后一个特点使其有可能排除实验室实验中因人为的实验环境或紧张气氛影响被试做出干扰试验结果的行为等缺点。例如：俄国心理学家 А.Ф.拉祖尔斯基1910年在个性研究中使用了自然实验法，并于1918年发表了《自然实验及其学校应用》一文，苏联心理学界认为这个方法是由他拟定的。其实，早在他之前就有不少心理学家使用了这种方法，如 N.特里普利特于1898年通过儿童游戏比赛进行"群体效应"的实验就是一例。

 思考与练习

1.什么是心理学？

2.什么是幼儿心理学？

3.有人认为：不能和学心理的人结婚，因为学心理的人能知道对方在想什么。你对此有什么看法？

4.谈谈学习幼儿心理学有什么意义？

5.常用的心理研究方法有哪些？

拓展阅读

延迟满足实验

延迟满足实验是发展心理学研究中的经典实验，这个实验用于分析孩子承受延迟满足的能力，所谓的延迟满足，就是能够等待自己需要的东西的到来，而不是想到什么就要什么，这是一个很通俗的解释。实验过程大致如下。

实验者发给4岁被试儿童每人一颗好吃的软糖，同时告诉孩子们：如果马上吃，只能吃一颗；如果等20分钟后再吃，就给吃两颗。有的孩子急不可待，把糖马上吃掉了；而另一些孩子则耐住性子、闭上眼睛或头枕双臂做睡觉状，也有的孩子用自言自语或唱歌来转移注意消磨时光以克制自己的欲望，从而获得了更丰厚的报酬。在美味的奶糖面前，任何孩子都将经受考验。

研究人员在十几年以后再考察当年那些孩子现在的表现，研究发现，那些能够为获得

更多的软糖而等待得更久的孩子要比那些缺乏耐心的孩子更容易获得成功，他们的学习成绩要相对好一些。在后来的几十年的跟踪观察中，发现有耐心的孩子在事业上的表现也较为出色。也就是说延迟满足能力越强，更容易取得成功。

从发展心理学的角度来看，三岁看大，十岁看老。幼儿时期就可表现出一定的能力。

实验说明，那些能够延迟满足的孩子自我控制能力更强，他们能够在没有外界监督的情况下适当地控制、调节自己的行为，抑制冲动，抵制诱惑，坚持不懈地保证目标的实现。因此，延迟满足是一个人走向成功的重要心理素质之一。

由于实验是在正常的情境中进行的，因此，自然实验的结果比较合乎实际。但是，在自然实验中，由于条件的控制不够严格，难以得到精确的实验结果。

实践在线

1. 案例分析

明明是初中二年级的男生，有一天美术课上，他画了一幅画，画上面有一棵大树，画着画着，他趴在书桌上哭了！老师询问怎么回事，明明说："这是我做的一个梦，这棵树就是我，我看见这棵树从小树苗开始渐渐地长大，经历着生老病死！现在这棵树就要死了，我就要死了！"请试着分析明明的心理状态，并说出理由，假如你是老师会怎么做？

2. 小组讨论

问题：有人认为，学习幼儿心理学和不学幼儿心理学都没有关系，一样能当幼儿教师，你觉得对吗？为什么？请以小组为单位进行讨论，形成书面总结报告。

3. 实践观察

组织学生参观学校心理咨询室、心理活动室等心理教育场所。

第二章

幼儿心理发展的基本理论

人类的知识与才能不是天赋的，直立行走和言语也并非天生的本能。所有这些都是后天社会实践和劳动的产物。从出生到上小学以前这个年龄阶段，对人的身心发展极为重要。在这个阶段，人脑的发育有不同的年龄特点，这个阶段也是语言发展的重要关键期（发音系统逐渐形成，以后要重新改变非常困难。例如，平翘舌不能正确的发音）。错过这个关键期，会给人的心理发展带来无法挽回的损失。如果在幼儿时期便脱离人类社会环境，就不会产生人所具有的脑的功能，也不可能产生与语言相联系的抽象思维和人的意识。例如，"狼孩"就是错过了发展的关键期所以造成了无法挽回的人生经历。成人如果由于某种原因长期离开人类社会后又重新返回时，则不会出现上述情况。这就从正反两个方面证明了人类社会环境对婴幼儿身心发展所起的决定性作用。

第一节 幼儿心理发展的影响因素

影响儿童心理发展的因素多种多样，归纳起来主要有以下几个方面：遗传、生理成熟、环境和教育环境等。

一、遗传与心理发展

遗传是一种生物现象。人类通过遗传，形成和固定下来一些生物特征，有父代把自己的生物特性通过基因传递给子代的现象。人类祖先的生物特性主要是指生理特点。例如，人体的形态、结构、血型等方面的解剖生理特征，称为遗传素质。通过遗传孩子就可以获得与父亲相似的生物特征。人们通常会把遗传和天生这两个词语弄混淆，其实这是个误区。一方面出生就表现出来的因素也不一定就是遗传素质，例如，母亲在怀孕期间没有注意胎儿的健康问题，孩子出生以后身体方面就会出现问题；另一方面，出生以后没有显现出来的一些遗传

因素，孩子长大以后就可能显现出来。

遗传素质是儿童心理发展的物质前提，在儿童发展中起到了一定的作用。遗传作为儿童心理发展和形成的物质前提，有着非常重要的影响。主要表现在两个方面。

1. 遗传素质是儿童心理发展必要的最基本的自然物质前提

儿童的心理是在一定遗传素质基础上发展起来的，人类在发展过程当中，形成了大脑和神经系统，这就是人类活动的最基本的物质前提。儿童继承了正常的大脑结构和机能才算具备了最基本的物质前提。例如，生下来大脑就不能正常发育的儿童，就不能发育成正常的人，心理活动就不可能正常发展。有基因缺陷的个体往往会将其缺陷的基因传递给他们的下一代。

2. 遗传奠定了幼儿心理发展个别差异的最初基础

遗传素质的不同是造成个别差异的重要基础。每个儿童都存在心理不同发展的可能因素。例如美国的心理学家高德尔得对美国独立战争时期的一位将军的后代进行研究发现，这位将军与一位正常女子所生的后代496人中，没有出现智力落后的；而这位将军与一个智力落后的酒吧女郎所生的后代480人中，只存活了189人，其中只有49人智力正常。这个例子说明由于遗传不同，每一个幼儿从出生开始的心理发展也是不同的，具有各自的特点。还有一种情况，有一些心理正常的父母，生出的孩子却出现了遗传性的缺陷。这样的情况大多数是因为染色体在遗传的过程中出现了或多或少的变化，从而出现了遗传的缺陷。例如：同卵双胞胎，不仅外形相似，而且血型、智力、甚至某些生理特征遗传素质都是相一致的，对疾病的易感性等都很一致。

二、生理成熟与心理发展

人们出生以后，身体上的结构和机能的发育过程要经历一个漫长的时期。人的身体结构和机能是随着年龄的增长而自然形成的，这一过程就叫做生理成熟。到发育的后期又一次出现了迅速生长发育的阶段。儿童身体发展的顺序是从头到脚，从中轴到边缘，即所谓首尾方向和近远方向。儿童的头部发育最早，其次是躯干，再是上肢，然后是下肢。我们知道，儿童动作发展也是按首尾规律和近远规律进行的。例如，儿童5岁时脑重已达成人的80%，骨骼肌肉系统的重量还只有成人的30%左右，生殖系统则只达成人的10%。从儿童的心理发展过程中可以看出，生理成熟或发展有一定的顺序性，神经系统成熟最早，骨骼肌肉系统次之，最后是生殖系统的发展。发展的速度呈先快后慢。

那么，生理成熟对每个时期心理发展起到什么作用？

1. 生理成熟在一定程度上对儿童心理发展起制约作用

教师要充分了解儿童，必须要了解他们的生理基础。例如：美国心理学家格赛尔著名的双生子的爬楼梯实验证明，人的生理成熟对儿童学习技能有明显的制约作用。

格赛尔选择一对双胞胎，他们的身高、体重、健康状况都是一样的。然后让双生子T和C在不同年龄开始学习爬楼梯。先让T在出生第48周起开始接受爬楼梯训练，每日练习10分钟，中间经历了许多的磨难，跌倒、哭闹、爬起的过程，连续6周。而C则在出生后第53周才开始学习，这时C基本的走路姿势已经比较稳定，腿部的肌肉力量也比哥哥刚开始练习的时候更加有力。结果，同样的训练强度和内容，即比T晚6周开始，C仅训练了2周，就赶上了T的水平。

这个实验说明，提前学习对孩子并没有多大作用，因为他的生理成熟还没有达到所需要的水平。技能的学习在某种程度上依赖于儿童生理的成熟水平。儿童的心理发展依赖于儿童大脑与神经系统的成熟程度。脑和神经系统的成熟是儿童心理发展最直接的自然物质基础。关键期问题是与生理成熟有关的问题。许多心理学家发现，儿童早期动作、语言等心理发展与他们的生理成熟具有一定的相关性。当某种生理机能达到成熟水平时，儿童获得心理能力的时机就到来了。认识和掌握儿童不同生理成熟的时机，有利于把握儿童心理发展的契机，即儿童心理发展的关键期。关键期是由奥地利生物学家劳伦兹提出的。它是指个体成长的某一段时期，其成熟程度恰好适合某种行为的发展；如果失去或错过发展的机会，以后将很难学会该种行为，有的甚至一生难以弥补。研究表明，在出生头几年儿童被剥夺了语言学习的机会，以后他的语言发展将出现困难。因此，应该了解和抓住儿童心理发展的关键期，对儿童进行相应的教育。

2. 每个幼儿生理成熟生物水平或状态，是幼儿心理发展个别差异的生理基础

儿童生理成熟的过程，按照时间来计算是有先后顺序的，对儿童的心理发展的各个方面有着影响。比如，男孩和女孩在语言方面的发展由于先后的不同，女孩发展得较早，这是因为在生理成熟方面女孩相应部分发展得较早。智力超常的儿童，一般来说，生理成熟也比一般智力的儿童早。

一个人的心理发展的关键期是非常重要的，如果在发展过程中的某一阶段失去或错过了发展的机会，以后将很难学会该种行为，有的甚至是一生都无法弥补。例如，语言方面，很小的时候被剥夺了学习的机会或在学习的过程中没有很好的纠正发音，在以后的语言发展将是很困难的。

吉妮案例

该案例为人类是否有一个语言习得关键期提供了积极的佐证。一位叫吉妮的美国儿童从出生后的第20个月起，即被父亲单独囚禁了起来而与世人隔绝。吉妮在13岁半被人解救出来之前，失去了学习语言的机会。吉妮在过了语言学习的临界期之后开始学习母语，甚至尚未完全习得英语。这个案例证明：人的语言习得机制具有生理属性，有生理的成熟期也有生理的退化期。

由此可见，遗传和生理发展对于儿童的心理发展起到了不能忽视的作用，它们为心理发展提供了自然基础和物质的前提。

三、环境和教育与心理发展

环境对儿童的心理发展的影响是极其关键的。所谓环境就是指儿童周围的客观世界，环境又是个体心理发展必须依赖的外部条件，主要包括自然环境和社会环境。自然环境包括土地、山川、河流、空气、花草树木等，也包括胎儿在母体中生活的环境；社会环境包括儿童所处的社会、生活水平、生活方式、家庭状况。教育在某种程度上起主导作用，是最重要的

组成因素，在一定程度上影响儿童的心理发展水平。幼儿的父母、生活的条件、家庭的状况、所生活地域的不同都会对儿童产生不同的影响。例如，幼儿园是幼儿主要的活动和生活场所。在不同规模和不同教育水平的幼儿园，幼儿所接受的知识也有所不同的。文化教育的差异是导致儿童认知水平不同的重要影响因素之一。

1. 自然环境

自然环境，其实对儿童的心理发展从受精卵开始就发挥了作用。子宫是人类接触的最早的自然环境之一，又称为宫内环境。胎儿在母体当中发育成熟，对儿童的智力和身体发育都有重要的作用。近几年有研究表明，母体的身体健康状况直接影响着胎儿的心理发展。像母体接触烟酒、毒品、乱用药物，都是影响胎儿的因素。

2. 社会环境

社会环境，首先是社会生活条件。即人类生活的环境。它制约着个体心理发展的水平和速度，是个体个性差异产生的重要条件。社会环境和教育对儿童心理发展的影响主要体现在以下几个方面。

（1）环境和教育使遗传提供的心理发展的可能性变为现实　一个人从出生开始就要接触社会，受社会环境制约。遗传素质仅仅是物质基础的前提。没有环境的影响，心理发展不会由可能性转化为现实。儿童在良好的社会环境中，所受到的教育影响会使个体的心理发展达到一定的水平和高度；在不良的社会环境中，心理发展也会随之受到影响。例如，教育水平比较好的城市和教育水平相对落后的乡村幼儿的认知水平是不相同的。一个人的身心发展或者说能发展到什么程度是与社会环境分不开的，社会环境对人的发展起着决定的作用。例如，有些家长为了避免儿童不受外界不良因素的影响，在家开设了学堂，剥夺了儿童参加学校学习和活动的权利。这样的儿童往往表现出不能适应社会环境，不善与人沟通，其身心发展不能在一个健全良好的环境中进行，这也说明儿童发展不但需要自然环境而且更需要社会环境。

一项研究指出，在德黑兰的一家孤儿院里，58%的1岁以上儿童不会独立坐，85%的儿童3岁多还不会走路，开始站立和扶着栏杆走的年龄平均为5岁10个月。后来，抽出10个婴儿进行实验，给他们增加保育员，配合训练，这些婴儿开始站立和扶着走的年龄提前到平均3岁5个月，即提前了两年多。这是因为孩子们有更多的机会获得了站和走的环境条件，有了练习站和走的机会。这些说明，社会环境因素在心理发展中占有很重要的地位。

人的心理发展需要遗传因素、环境和教育多方面因素的综合。遗传因素是心理发展的物质基础和生物前提，遗传因素为心理发展提供可能性，环境是使儿童所具有的遗传素质成为一种真实能力的条件。

（2）社会生活条件和教育是制约儿童心理发展水平与方向的重要因素　人类一出生就生活在这丰富缤纷的世界当中，都是社会生活条件下所形成的具有某种特征的人。

儿童的心理发展主要是靠学习，靠文化传递，靠群体的经验，靠社会生活和教育的影响。儿童的心理从一开始就是社会的产物。社会生活条件和教育水平是影响幼儿的心理发展水平的重要因素之一。通过一些现象可以看出，教育水平先进与教育水平落后地域的儿童在心理发展水平上有明显的差异。如果说，没有任何两个儿童具有绝对相同的遗传模式，那

幼儿心理发展的基本理论

么，可以毫不夸张地说，环境的多样化远远超过遗传模式的多样化。即使是在一个家庭中长大的同卵双生子，各自的环境也有所不同，例如，在胎内所处的位置不同，出生的先后不同。不同的胎内位置导致出生时生理发育不同，出生先后导致有兄弟或姐妹之别。由此又引起外界环境对他们要求的不同。身体较健壮的，或当兄姐的，从小就被要求多承担责任，照顾别人，而双生子中的另一人则从小处于被照顾的环境中。

儿童与成人的交往活动对儿童心理的形成与发展具有极其重要的影响。儿童更多的时间是接受家庭环境的教育，俗话说父母是孩子的第一任老师。家庭环境，一般指家庭的物质环境和教育环境。主要包括物质条件，父母职业和文化水平、家庭人口、社会关系，这些因素，大多是家长一时难以改变或难以控制的，相对来说比较稳定，变化缓慢。家庭环境中对儿童心理发展起最大作用的是家庭教育，包括家长的教育观点、教育内容、教育态度和方法。这一类因素是家长能够并且应该自觉控制的。不但如此，这些因素还制约着前一类因素对儿童心理的作用。比如，同样是丰富的物质条件，可以使儿童形成良好的个性品质，也可能形成过分追求生活享受或不求进取的不良个性品质；同样是独生子女，可能偏于孤独，也可以养成渴望交际并善于交际的性格。这主要决定于家长如何运用家庭中的各种条件进行教育。

影响儿童心理发展的主要因素还包括幼儿教育环境，主要包括学校教育和幼儿园教育。教育是有目的、有计划、有系统地对儿童施加积极影响的过程。在教育的过程当中，通过对儿童日常活动的观察，了解，可以有目的地因材施教。具体地说，幼儿的需要、幼儿的爱好、幼儿的兴趣、幼儿的能力、幼儿性格以及行为习惯、幼儿的自我意识，都是我们进行教育过程中需要探索的依据。教师可以通过游戏这一最直接的方式来观察幼儿。游戏是幼儿活动当中最重要的方式，在游戏活动中心理活动的积极性最高。

（3）环境影响遗传素质的变化和生理成熟的进程

前面说过，生理成熟主要是按照遗传的程序进行的，但是环境对生理成熟的影响也相当大。例如，宫内环境可影响胎儿最初的生理情况，影响后来的发展。从受精卵形成时开始，人的身体发育就受环境的影响。"胎教"就说明了胎内环境对胎儿生长发育的影响。而胎内环境本身又受母亲的营养、情绪和各种行为的影响。儿童出生过程及其后的一些意外因素如产伤、疾病、事故等，也都有可能影响儿童最初的生理情况，继而影响后来的发育。

生理成熟主要按照遗传的程序进行，但环境对儿童生理成熟的影响也相当大。遗传素质和生理成熟是儿童心理发展的自然物质前提，生活环境可以使这些前提条件发生变化，也可以影响到心理的发展。早产儿由于出生时间提前，较早接触胎外丰富多变的环境，其大脑皮层的活动也较早发展。在实验中，一名早产6个星期的婴儿生后第4星期已经出现听觉条件反射的征象，到第5个星期这种条件反射已变得既稳定又显著，而这个时间是在他预定正常出生日期之前。早产1～2个月的婴儿和足月婴儿一样，能够在其出生后头半个月形成对吃奶姿势的条件反射，也是因为他提前接受了外界环境的影响。有一个实验对出生6个星期的婴儿进行左手或右手的训练，按摩手部和屈伸其手指。训练2个月后，不论受训的是左手还是右手，其对侧大脑半球的有关区域得到了明显的发展。

第二节　幼儿心理发展的年龄特征

不同年龄阶段儿童的心理表现各不相同，每一阶段都有其独特的心理表现，即有不同的特征。儿童心理年龄特征就是指儿童心理发展的各个不同年龄段所形成和表现出来的那些一般的、典型的和本质的心理特征。

一、幼儿心理随年龄增长而逐渐发展

幼儿心理发展的年龄特征是针对幼儿心理的年龄阶段而言的，而不是说一个年龄就一个变化。幼儿从出生到成熟会经历很多过程：乳儿期、婴儿期、学前期、小学期、少年期、青年初期，这些属于年龄阶段。

幼儿期的心理发展、年龄不同，心理活动水平也不相同。幼儿期主要的活动场所是幼儿园，幼儿园会按照年龄特征来划分班级，一般会分为小班、中班、大班。每个阶段的心理水平就更不相同。

心理发展的变化是有阶段性的，相互联系又相互区别。每个阶段的变化阶段时间长短不同，因为特殊的外界因素导致心理发展有可能出现提前或滞后，但是不可能倒退。每个年龄阶段心理发展都有它独特的表现。例如，小班的儿童在语言表达方面就有别于中班和大班的儿童，老师所表达的事情，小班儿童往往是表述不清楚的，大班的孩子就可以清楚地有条理地表述出来。

❀各个年龄阶段心理发展的❀特点

小班年龄段的幼儿注意力仍以无意注意为主，凡是生动、活泼、形象的事物都容易引起他的注意，所以家长会常常发现这种现象，比如当他正在聚精会神地玩自己喜爱的玩具或游戏时，周围一旦出现什么新异的刺激，他马上就会分散注意，他的有意注意水平仍然很低，一般只能维持3～5分钟。

他的记忆也是以无意记忆和机械记忆为主。由于幼儿爱机械的背诵，所以不要以为他会背就是懂了。比如有的家长听孩子像唱歌似的背1、2、3……就以为他识数，常常会夸他"真聪明""能从1数到100！""来，数给×××听！"孩子得意地数，客人廉价地夸，弄得孩子飘飘然，实际上连桌上有几碗菜都数不清。同样的道理，有的家长认为孩子会背多少多少首唐诗，一旦问到孩子"你念的是什么呀？""这首唐诗是什么意思？"，又有几个孩子能够说得出来。所以大人要掌握孩子的记忆特点，让孩子记的东西要尽量形象，是他们感兴趣的，而不是仅仅满足于孩子会背。

这个年龄段的孩子很喜欢想象，有时还要夸大想象，这时家长就要特别注意分清"想象"和"说谎"的界限，孩子会由于强烈的想象，而常常达到分不清想象和现实的地步，比如说他会兴高采烈地和其他小朋友一起谈论爸爸妈妈带他到××动物园或植物园去玩，看到了大象、长颈鹿等，其实他并没有去，这只是因为他想去而产生的一种想象而已，但这并不是有意在说谎。

当幼儿在2～3岁时，会产生与大人不合作的行为，比如用沉默、退缩或身体的抗拒来拒绝成人的要求，并常用"我自己来"来拒绝成人的帮助，家长觉得"这孩子现在怎么变得有点不听话了"，这种抗拒常常在三、四岁时达到高峰，在心理学上称这一时期为"第一反抗期"。针对这种情况，大人正好可以趁这个机会适当地让他们学会自我服务的本领，比如让他自己穿脱衣服、自己上床睡觉、自己洗手绢、系鞋带等，还可以创设一些条件让他们从事一些简单的劳动，如浇花、喂小动物等。

这年龄段幼儿还容易出现攻击性行为（打人、抓人、咬人）。攻击性行为是这个年龄段幼儿的普遍现象。可以毫不夸张地说，一个班中95%的幼儿都会有这些攻击性行为（不论是男孩、女孩、平时很乖的或者是很调皮的），只不过由于个体差异（年龄大小、力气大小）每个人所造成的后果不一样。产生攻击性行为的原因很简单，也是和他们的年龄特点有关系，由于他们的口头语言表达能力跟不上，不能用语言表达自己的心理活动，索性用手代替，也就是说用动作代替，甚至于用牙齿代替，这样来的效果反而更快一些，因为嘴巴讲不清楚。所以明白了这个原因，如果孩子之间产生了这种现象，希望家长能够谅解，既然这种攻击性行为是处于这个年龄段幼儿的特点，所以在小班存在这种幼儿之间的纠纷是不可避免的，但是老师不能推卸责任，一定要和小朋友耐心地讲道理，尽量减少这种攻击性行为，把这种行为的发生率降低到最低限度。

二、心理发展年龄阶段的划分

幼儿年龄时期是一生当中重要的年龄阶段。幼儿时期心理、生理发展很快。一般大体年龄阶段会分为以下几种。

（1）婴儿期　从出生到12个月末的这一年龄阶段。在婴儿期开始的头1个月，又称新生儿期。婴儿期是儿童出生后的最初阶段。

（2）幼儿期　儿童从1周岁到3周岁末的这个时期称为幼儿期。这是学龄前期之前的时期，因此，也有人称为"先学前期"。

（3）学龄前期　儿童从3周岁到6～7周岁这一年龄阶段。这是儿童正式进入学校之前的一段时间，即接受正规学习之前的准备阶段。这一时期儿童所接受的教育属于儿童启蒙教育，对他们一生中的学习及获得知识的能力、劳动技能的水平都极为重要。

（4）学龄期　儿童从6～7周岁到15周岁这一年龄阶段，教育心理学中又把此期开始的6～7周岁至12～13周岁称为学龄初期，相当于小学时期。

三、各年龄幼儿心理发展的年龄特征

1.3～4岁幼儿的心理发展特征

3～4岁处于幼儿期的初期，是幼儿园的小班阶段。这时期的主要特点如下。

（1）生活范围扩大　这一年龄阶段的幼儿在生活和活动上开始接触与之前年龄阶段不同的环境。他们在这个阶段开始进入幼儿园学习和生活。新的环境对幼儿最大的影响是从之前只接触小范围的亲人，发展到接触更多的老师和同伴。

幼儿在这个年龄阶段不但环境和接触的人有所改变。在身体发展方面也有所变化，比如身体更结实，身高、体重都有了明显的增长。3～4岁这个年龄阶段的儿童，精力充沛，活动神经的兴奋性逐渐增强，动作发展比较自如，灵活度很大，更多的时候是在进行游戏活动，语言方面的能力已基本发展起来，能够向别人表示要求和愿望，能更好地沟通和表达。

（2）认识依靠行动　进入幼儿园以后更多的是以游戏活动和学习为主的。但是这个年龄的儿童接受信息更多的是依靠认识活动。例如，在听故事的时候，3岁的孩子会根据故事的结构表演；老师在教授知识的时候，更多的是先认识再教授。例如，要学习画一幅秋景，老师往往会先带班级学生到户外去观察景色。

（3）情绪作用大　在幼儿期，幼儿的情绪比较敏感，一点小事影响情绪就会哭，在哭的时候根本听不进去道理的劝说。如果用别的东西来吸引他的注意力的转移，就会破涕为笑。这说明他们的情绪不够稳定，不能自我控制情绪和调节情绪，会不分场合和地点发泄情绪。

3～4岁的儿童也会受外界的感染。例如，刚入园的小朋友总会出现哭闹不停的情况。这个时候如果有一个小朋友哭闹，就会有很多小朋友跟着哭闹，反之有时候很多小朋友会莫名其妙地笑起来。教师要努力引导和理解他们这样易冲动的心理特征。

（4）爱模仿　这个年龄阶段的儿童模仿能力强。一般他所模仿的行为自己并不知道意思所在，一般都是看到别人在做什么事情，自己就去模仿。例如，在幼儿园里做情境模仿的游戏，看到老师这样做，他也要去模仿老师。

幼儿还经常喜欢模仿别人的动作和行为。例如，在家爸爸妈妈互相的称呼，父母的坐姿、声音，这些都是孩子模仿的对象。所以在这个阶段，父母和教师都要注意自己的言行，言传身教非常重要。

除了这些以外，这个阶段的儿童也在模仿中进行学习。主要通过模仿他人获得学习和知识经验的积累。如果在班级里老师表扬了某个同学，夸奖他做得好，其他小朋友学习的积极性就出现了，都会抢着让老师来看他们的学习成果。

在这个年龄阶段的孩子，他们喜欢模仿，所积累的经验都是通过模仿老师习得的。所以对于这个年龄的孩子，良好的行为习惯的形成是非常重要的，一些不好的行为习惯也会通过模仿来形成。所以注意儿童所模仿的行为意义重大。

2. 4～5岁幼儿的心理发展特征

这个年龄阶段的幼儿正处于幼儿园中班。这一时期的心理发展特征主要表现为以下几点。

（1）活泼好动　正常的幼儿都是活泼好动的，他们总是手脚不停地变化姿势和活动方式。如果要求他们安静地坐一会，他们很快就会有倦意的表现，如果此时让他们自由活动，一个个立即又生龙活虎。

活泼好动的特点在4～5岁幼儿身上表现的特别突出，甚至表现为顽皮、淘气。这时候的幼儿会让老师觉得很"不好带"。这个年龄的孩子，特点就是能跑、能跳、爱动，对什么都感觉到新鲜好奇、活动灵活、思维活跃。但他们更能表现出童趣。

（2）思维具体形象　具体形象思维是幼儿思维的主要特点。这一特点在幼儿中期表现最为典型。这时期的孩子主要依靠头脑中的表象进行思维。

具体性：幼儿的思维内容是具体的。他们能够掌握代表实际东西的概念，不易掌握抽象概念。比如"家具"这个词比"桌子"、"椅子"等词抽象，幼儿比较难掌握。在生活中，抽象的语言也常常使幼儿难以理解。比如老师说："喝完水的小朋友把碗放到柜子里。"初入园的幼儿全部没有反应。老师说："李红，把碗放到柜子里去吧！"李红才懂得了老师的意思。在这里"喝完水的小朋友"是个泛指的词，没有具体指出哪个小朋友，而每个孩子的名字才是具体的。

幼儿思维的形象性，表现在幼儿依靠事物在头脑中的形象来思维。幼儿的头脑中充满着颜色、形状、声音等生动的形象。比如，兔子总是"小白兔"、猪总是"大肥猪"、奶奶总是白头发的、儿子总是小孩。

（3）开始能够遵守规则　这个年龄阶段的孩子，能够在日常生活当中遵守自己的行为规范和老师制定的班级规则。例如，老师不许在班级里大喊大叫，打闹；喝水和取东西都要排队，按照顺序。这些都是生活当中的规则。在进行集体活动的时候，能按照集体活动的准则来配合老师。不随便说话，要说话或发言的时候都要得到老师的批准。

第三节　关于儿童心理发展的几种主要理论观点

一、认知发展学说

瑞士心理学家皮亚杰及其日内瓦学派对儿童的认知发展进行了深入而系统的研究。皮亚杰认为，儿童心理发展的影响因素有四个：成熟、经验、社会环境和平衡化。

（1）成熟指的是有机体的成长，特别是神经系统和内分泌系统等的成熟。成熟的作用是给儿童心理发展提供可能性和必要性。

（2）经验分为两种：一种是物理经验，另一种是数理逻辑经验。物理经验是关于客体本身的知识，是客体本来具有的特性的反映，是通过简单的抽象活动而获得的直接经验。数理逻辑经验是主体自身动作协调的经验。皮亚杰经常以一位数学家回忆童年时期获得这类经验的故事来证明这一观点：沙滩上玩石子，把10粒石子排成一行进行数数。发现无论从哪一端开始数，其结果都是10。然后再把石子用不同的形式排列，结果数出的数目仍然是10。

（3）社会环境指社会互动和社会传递，主要是指他人与儿童之间的社会交往和教育的影响作用。其中，儿童自身的主动性是其获得社会经验的重要前提。

（4）平衡化是儿童心理发展的决定性因素。

皮亚杰认为，在个体从出生到成熟的发展过程中，认知结构在与环境的相互作用中不断重构，他把儿童心理发展划分为四个阶段。

1.感知运动阶段

这个阶段的年龄大概是在0～2岁，认知活动主要通过探索感觉与运动之间的关系获得动作经验。婴儿在这个阶段主要依靠感觉体验与肌肉来建构对世界的理解。因而这一阶段定为感知运动阶段。这一时期的婴儿，皮亚杰发现，能以一种试验的方式发现新方法，达到目的。当儿童偶然地发现某一感兴趣的动作结果时，他将不只是重复以往的动作，而是试图在重复中做出一些改变，通过尝试错误，第一次有目的地通过调节来解决新问题。例如婴儿想得到放在床上枕头上的一个玩具，他伸出手去抓却够不着，想求助爸爸妈妈可又不在身边，他继续用手去抓，偶然地他抓住了枕头，拉枕头过程中带动了玩具，于是婴儿通过偶然地抓拉枕头得到了玩具。以后婴儿再看见放在枕头上的玩具，就会熟练地先拉枕头再取玩具。这是智慧动作的一大进步。但儿童不是自己想出这样的办法，他的发现来源于偶然的动作。婴儿还会经常用抓、推、敲、打等多种动作来认识事物，表现出对新的环境的适应。儿童的行动开始符合智慧活动的要求。不过这阶段婴儿只会运用同化格式中已有的动作格式，还不会创造或发现新的动作顺应世界。

2. 前运算阶段

这个阶段的年龄大概是 2～7 岁。在这个阶段儿童的言语与概念发展的速度堪称惊人。儿童在感知运动阶段获得感觉运动行为模式，在这一阶段已经内化为表象或形象模式，具有符号功能。前运算阶段，儿童动作内化具有重要意义。为说明内化，皮亚杰举过一个例子：有一次皮亚杰带着 3 岁的女儿去探望一个朋友，皮亚杰的这位朋友家也有一个 1 岁多的小男孩，正放在婴儿围栏中独自嬉玩，嬉玩过程中婴儿突然跌倒在地下，紧接着便愤怒而大声地哭叫起来。当时皮亚杰的女儿惊奇地看到这情景，口中喃喃有声。三天后在自己的家中，皮亚杰发现 3 岁的小姑娘似乎照着那 1 岁多小男孩的模样，重复地跌倒了几次，但她没有因跌倒而愤怒啼哭，而是咯咯发笑，以一种愉快的心境亲身体验着她在三天前所见过的"游戏"的乐趣。皮亚杰指出，三天前那个小男孩跌倒的动作显然早已经内化于女儿的头脑中了。

皮亚杰认为，自我中心是这个阶段的儿童思维的显著特点。这时候的儿童还是不能够很好地区分自我与外界，不能站在别人的角度去认识和适应外部世界。例如，在三座山试验中，让儿童绕着山的模型走，以了解从不同角度看山是什么样子。然后要求儿童面对模型而坐。试验者把一个娃娃分别放在桌子的不同角度。每放一个地方，要求儿童从几张图片中选出一张代表玩具娃娃所看的山的图片。儿童所挑选出来的照片往往不是站在娃娃的角度，而是自己看到的山的样子。

3. 具体运算阶段

这个阶段的年龄大概是 7～11 岁。在这个阶段的儿童开始接受学校教育，出现了显著的认知发展。该阶段的儿童不但能以具体的词语，而且能以抽象的词语进行思维。儿童已经获得了长度、体积、重量和面积等的守恒，能凭借从具体事物中获得的表象进行逻辑思维和群集运算。

该阶段儿童获得区别于之前两个阶段，思维的守恒性有以下几个特征。

（1）多维思维　儿童可以把一个长方形白色物体归为一个长方形，也可以归为一个白色物体。

（2）思维的可逆性　指的是在头脑中可以进行思维运算活动。

（3）以自我为中心　这就是说，儿童逐渐学会从别人的观点看问题，意识到别人持有与他不同的观念和解答。他们能接受别人的意见，修正自己的看法。这是儿童与别人顺利交往，实现社会化的重要条件。

（4）具体逻辑的推理　儿童虽缺乏抽象逻辑推理能力，但他们能凭借具体形象的支持进行逻辑推理。

4. 形式运算阶段

这个阶段的年龄大概是在 12～15 岁。该阶段儿童不但能以具体的词语，而且能以抽象的词语进行思维，开始根据各种假设对命题进行逻辑运算。

这种能力一直持续到成年时期。这一阶段的儿童，思维已超越了对具体的可感知的事物的依赖，是形式从内容中解脱出来，进入形式运算阶段。本阶段的儿童思维是以命题形式进行的；能够以逻辑推理、归纳或演绎的方式来解决问题；其思维发展水平已接近成人的水平。

❋皮亚杰试验说明

1. 水量多少实验

实验者当着儿童的面把两杯同样多的液体中的一杯倒进一个细而高的杯子中，另一杯倒进粗而矮的杯子，要求儿童说出这时哪一个杯子中的液体多一些（图2-1）。儿童不能意识到液体是守恒的，因此多倾向于回答高杯子中的液体多一些。儿童只注意到高杯子中的液体比较高，却没注意到高杯子比较细，皮亚杰把这一思维称为"我向思维"或"自我中心"。即儿童认为别人的思考和运作方式应该与自己的思考完全一致，这时儿童还没有意识到别人可以有与自己完全不同的思考方式。

图2-1 水量多少实验

2. 数量守恒实验

给儿童呈现两排数量同样多的扣子，让儿童仔细观察并了解这两排扣子数目相等。

改变第二排扣子的排列方式，使其中每个扣子之间的空间距离变大，但所含的扣子数量未变。问儿童：现在这两排扣子是否仍具有相同的数量？如图2-2所示。

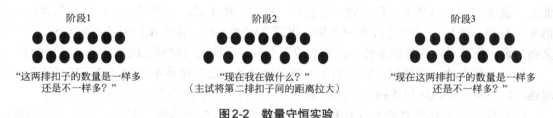

阶段1　　　　　　　阶段2　　　　　　　阶段3

"这两排扣子的数量是一样多　　"现在我在做什么？"　　　"现在这两排扣子的数量是一样多
还是不一样多？"　　　（主试将第二排扣子间的距离拉大）　　　还是不一样多？"

图2-2 数量守恒实验

3. 钟摆实验

皮亚杰和英海尔德（1958）进行了一系列的实验研究，以考查具体运算阶段与形式运算阶段的儿童归纳推理的能力。不同长度的绳子被固定在一个横梁上，绳子的末端可拴上不同重量的重物，实验者向被试演示如何使钟摆摆动（将拴有重物的摆绳拉紧并提至一定的高度，再放下即可）。被试的任务是，通过检验与钟摆摆动有关的四种因素（重物的重量、摆绳被提起的高度、推动摆绳的力量、摆绳的长度），来确定哪一种因素决定钟摆摆动速度（在每一种因素中又有不同级别的划分：如摆绳的长度有三个级别、重物的重量有四个级别等）。如图2-3所示。

图2-3 皮亚杰的钟摆实验装置

二、行为主义学说

行为主义是美国现代心理学的主要流派之一，也是对西方心理学影响最大的流派之一。行为主义产生于20世纪初的美国。代表人物是华生和斯金纳。

1. 华生行为主义学说

行为主义的创始人是华生，华生认为只有可观察到的事物才是合理的、属于科学的研究课题。主观的内在感受不能被观察到，也不能取得一致的、精确的测量，所以这些主观感受在客观的科学中是没有地位的。心理学应该研究外显的行为，即那些可以被观察到的、可预见的、最终可以被科学工作控制的行为。华生认为思维只是言语行为的一种变体，是一种无声言语，伴随着轻微的声带振动。华生认为人格就是"我们的习惯系统的最终产物"，而几个关键的条件反射原理就足以解释人类几乎所有的行为。

华生在发展心理学中的突出观点是，人的发展完全是由外界环境决定的。

（1）否认遗传的作用

首先，华生认为行为发生的公式是刺激——反应。从刺激可预测反应，从反应可推测刺激。在华生看来，刺激是指客观环境和体内组织本身的变化，反应是指整个身体的运动，手臂、腿和躯干的活动，或所有这些运动器官的联合运动（华生，1998）。他将思维、情绪、人格等心理活动都等同于一系列动作。由于刺激是客观存在的，不决定于遗传，而行为反应又是由刺激引起的，因此行为不可能决定于遗传。

其次，华生虽承认机体在构造上的差异来自遗传，但他认为，构造上的遗传并不能导致机能上的遗传。个体遗传的构造，其未来的形式如何，要决定于其所处的环境。华生曾举例对此进行了说明。一位身为钢琴家的父亲有两个儿子，大儿子手指长而灵活，而小儿子的手指不长也不灵活。而钢琴这种乐器需要手指长，手型好，有腕力。假定父亲喜欢小儿子，对他说"我要你成为钢琴家，我想做一个尝试。你的手指不长，也不灵活，但我会为你造一架钢琴。我把键变窄，以便适合你的手指，再改变键的形状，使你按键时无须特别用力。"谁又会知道，小儿子在这样的条件下，不会成为全世界最伟大的钢琴家呢？（华生，1998）

第三，华生的心理学以控制行为作为研究的目的，而遗传是不能控制的，所以遗传的作用越小，控制行为的可能性越大。因此华生否认了遗传对个体心理与行为发展的作用。

（2）片面夸大环境和教育的作用　华生的一句名言充分体现了其环境决定论的理论取向，他指出："给我一打健康的婴儿，并在我自己设定的特殊环境中养育他们，那么我愿意担保，可以随便挑选其中一个婴儿，把他训练成为我所选定的任何一种专家——医生、律师、艺术家、小偷，而不管他的才能、嗜好、倾向、能力、天资和他祖先的种族。不过，请注意，当我从事这一实验时，我要亲自决定这些孩子的培养方法和环境。"（华生，1998）虽然华生在提出此观点的同时，注意到了个体的遗传基础，"给我一打健康的婴儿"，但他片面夸大了环境和教育在个体心理发展中的作用，忽视了个体的主动性、能动性和创造性，忽视了促进心理发展的内部动因。不可否认华生的环境决定论观点确实具有很大的启发作用，他使人们开始关注个体心理发展的社会因素。同时我们在现实生活中也深刻地体会到了环境，包括家庭环境、社会环境和学校教育环境对个体发展的巨大作用。

小艾伯特实验是一个显示人类经典条件反射经验证据的实验。这项研究也是一个刺激泛化的例子。它是在1920年由约翰·布罗德斯·华生和他的助手罗莎莉·雷纳在约翰霍普金斯大学进行的。华生在野外观察儿童后，希望寻求对他儿童反应观念的支持，此外，他推断这种恐惧是天生的，或由于非条件反应。他认为，根据经典条件反射原理，他可以制约儿童恐惧一个通常儿童不会害怕的独特的刺激。

华生和雷纳从一所医院挑选了9个月大的艾伯特进行这项研究。艾伯特的母亲是哈里特巷Harriet Lane Home残疾儿童的奶妈。"艾伯特是华生和雷纳进行实验的巴尔的摩约翰霍普金斯大学斐马克诊所一名雇员的儿子"。在实验开始之前，小艾伯特接受了一系列基础情感测试，让他首次短暂地接触以下物品：白鼠、兔子、狗、猴子、有头发和无头发的面具、棉絮、焚烧的报纸等。结果发现，在此起点，小艾伯特对这些物品均不感到恐惧。

大约两个月后，当小艾伯特刚超过11个月大，华生和他的同事开始进行实验。开始时，把艾伯特放在房间中间桌上的床垫上。实验室白鼠放在靠近艾伯特处，允许他玩弄它。这时，儿童对白鼠并不恐惧。当白鼠在他周围游荡，他开始伸手触摸它。在后来的测试中，当艾伯特触摸白鼠时，华生和雷纳就在艾伯特身后用铁锤敲击悬挂的铁棒，制造出响亮的声音。毫不奇怪，在这种情况下，小艾伯特听到巨大声响后大哭起来，并表现出恐惧。经过几次这样将两个刺激配对，白鼠再次出现在艾伯特面前。这时，他对白鼠出现在房间里感到非常痛苦。他哭着转身背向白鼠，试图离开。显然，这名男婴已经将白鼠（原先的中性刺激，现在的条件刺激）与巨响（非条件刺激）建立了联系，并产生了恐惧或哭泣的情绪反应（原先对巨响的无条件反射，现在对白鼠的条件反射）。这个实验导致如下一系列的后果。

巨响（非条件刺激）出现，引起恐惧（无条件反射）。白鼠（中性刺激）与巨响（非条件刺激）同时出现，引起恐惧（无条件反射）。白鼠（条件刺激）出现，引起恐惧（条件反射）。在这里，学习发生了。这个实验让人疑惑的是，小艾伯特似乎推广了他的反应，在实验的17天后，当华生将一只（非白色的）兔子带到房间，艾伯特也变得不安。对于毛茸茸的狗、海豹皮大衣，甚至华生戴上有白色棉花胡须的圣诞老人面具出现在他面前，他都显示出相同的反应，不过艾伯特并不惧怕一切有毛发的东西。

2.斯金纳行为主义学说

斯金纳也是行为主义学派的代表人物。但与华生所强调的刺激反应模式有所不同，他更强调操作性或工具性条件反射在儿童心理发展中的作用。

（1）操作性条件反射　操作性条件反射这一概念，是斯金纳新行为主义学习理论的核心。斯金纳把行为分成两类：一类是应答性行为，这是由已知的刺激引起的反应；另一类是操作性行为，是有机体自身发出的反应，与任何已知刺激物无关。与这两类行为相应，斯金纳把条件反射也分为两类。与应答性行为相应的是应答性反射；与操作性行为相应的是操作性反射。斯金纳认为，人类行为主要是由操作性反射构成的操作性行为，操作性行为是作用于环境而产生结果的行为。在学习情境中，操作性行为更有代表性。

斯金纳关于操作性条件反射作用的实验，是在他设计的一种动物实验仪器即著名的斯金纳箱中进行的。箱内放进一只白鼠或鸽子，并设一杠杆或键，箱子的构造尽可能排除一切外部刺激。动物在箱内可自由活动，当它压杠杆或啄键时，就会有一团食物掉进箱子下方的盘中，动物就能吃到食物。箱外有一装置记录动物的动作。斯金纳的实验与巴甫洛夫的条件反射实验的不同在于：① 在斯金纳箱中的被试动物可自由活动，而不是被绑在架子上；② 被试动物的反应不是由已知的某种刺激物引起的，操作性行为（压杠杆或啄键）是获得强化刺激（食物）的手段；③ 反应不是唾液腺活动，而是骨骼肌活动；④ 实验的目的不是揭示大脑皮层活动的规律，而是为了表明刺激与反应的关系，从而有效地控制有机体的行为。

斯金纳通过实验发现，动物的学习行为是随着一个起强化作用的刺激而发生的。斯金纳把动物的学习行为推而广之到人类的学习行为上，他认为虽然人类学习行为的性质比动物复杂得多，但也要通过操作性条件反射。操作性条件反射的特点是：强化刺激既不与反应同时发生，也不先于反应，而是随着反应发生。有机体必须先作出所希望的反应，然后得到"报酬"，即强化刺激，使这种反应得到强化。学习的本质不是刺激的替代，而是反应的改变。斯金纳认为，人的一切行为几乎都是操作性强化的结果，人们有可能通过强化作用的影响去改变别人的反应。在教学方面教师充当学生行为的设计师和建筑师，把学习目标分解成很多小任务并且一个一个地予以强化，学生通过操作性条件反射逐步完成学习任务。

（2）强化理论　斯金纳在对学习问题进行了大量研究的基础上提出了强化理论，指出强化在学习中的重要性。强化就是通过强化物增强某种行为的过程，而强化物就是增加反应可能性的任何刺激。斯金纳把强化分成积极强化和消极强化两种。积极强化是获得强化物以加强某个反

应，如鸽子啄键可得到食物。消极强化是去掉可厌的刺激物，是由于刺激的退出而加强了那个行为。如鸽子用啄键来去除电击伤害。教学中的积极强化是教师的赞许等，消极强化是教师的皱眉等。这两种强化都增加了反应再发生的可能性。斯金纳认为不能把消极强化与惩罚混为一谈。

三、精神分析学说

精神分析学派创始于1900年，该学派的创始人是奥地利精神病理学家、心理学家弗洛伊德。这一学派理论在20世纪20年代广为流传，颇具影响。其理论观点主要体现为以下几点。

1.人格结构理论

弗洛伊德把人格分为本我、自我、超我三个部分。

本我是人格结构中最原始的成分，包含生存所需的基本欲望、冲动和生命力。本我是一切心理能量之源，本我按"快乐原则"行事，不理会社会道德、外在的行为规范；它唯一的要求就是获得快乐，避免痛苦；本我的目标是求得个体的舒适、生存及繁殖，它是无意识的，不被个体所觉察，也就是说它需要满足时马上就希望得到满足。

自我处于本我和外界之间，根据外部世界的需要来对本我加以控制与压抑，它遵循的是"现实原则"，为本我服务。超我是人意识的最高层，是"道德化了的自我"，它是人格结构中代表理想的部分，是个体在成长过程中通过内化道德规范、社会及文化环境的价值观念而形成，其技能主要是监督、批判及管束自己的行为。

超我的特点是追求完美，所以它与本我一样是非现实的，超我要求自我按社会可接受的方式去满足本我，遵循的是"道德原则"。超我是社会的，它会以良心等形式表现。大约6岁以后超我的能量开始崛起。在自我的基础上发展出超我，所以超我应该看作是一种特殊的自我，但它又反过来制约自我。

2.意识层次理论

弗洛伊德将人的意识分为意识、前意识和潜意识三个层次。他认为，人的欲望、冲动、思维、幻想、判断、情感等心理活动会在不同的意识层次里发生和进行。

3.性本能理论及儿童发展阶段理论

弗洛伊德认为人的精神活动的能量来源于本能，本能是推动个体行为的内在动力。人类最基本的本能有两类：一类是生的本能；另一类是死亡本能或攻击本能。弗洛伊德是泛性论者，在他的眼里，性欲有着广义的含义，是指人们一切追求快乐的欲望。弗洛伊德认为性本能冲动是人一切心理活动的内在动力，当这种能量（弗洛伊德称力比多）积聚到一定程度就会造成机体的紧张，机体就要寻求途径释放能量。弗洛伊德认为，儿童在不同阶段所得到的体验都影响他成年以后的人格。弗洛伊德把儿童心理性欲的发展分为五个阶段，分别是口唇期（0～1岁）、肛门期（1～3岁）、性器期（3～6岁）、潜伏期（6～11岁）、生殖期（11岁以上）。

埃里克森是新精神分析学说的代表人，他在弗洛伊德人格结构理论的基础上建立了人格发展渐成说。他非常重视自我的主动建构，强调社会文化环境对个体心理发展的影响。他提出了人格终生发展的心理社会理论。他认为，人格的发展是一个逐渐形成的过程，必须经历八个顺序不变的阶段，在每一个阶段的发展中，个体均面临一个发展的危机，每一个危机都涉及一个积极的选择与一个潜在的消极选择之间的冲突，每个阶段危机或冲突解决的成功与否直接导致人格的健全与否。教育的作用就在于发展积极的品质，避免消极的品质。如果不能形成积极的品质，就会出现发展的"危机"。这八个阶段对立的品质主要包括：① 信任对不信任（0～1岁）；② 自主行动对羞怯怀疑（1～3岁）；③ 自动自发对退缩愧疚（3～6岁）；④ 勤奋进取对自贬自卑（6～12岁）；⑤ 自我统合对角色混乱（12～18岁）；⑥ 友爱亲密对孤僻疏离（18～25岁）；⑦ 精力充沛对颓废迟滞（25～50岁）；⑧ 完美无缺对悲观沮丧（老年期）。

思考与练习

1.影响幼儿心理发展的因素有哪些？
2.简述3～4岁幼儿的心理发展特点。
3.简述皮亚杰的认知发展学说。
4.弗洛伊德的理论观点主要有哪些？请你谈谈对他的看法。

 拓展阅读

遗传因素与环境因素同等重要

明尼苏达小组研究了孪生子在生理、智力、性格等方面的异同，这里我们只关心性格的情况。现代心理学一般用5种量度综合评价一个人的性格：友好程度（讨人喜欢、和蔼、友好对爱争论、有攻击性、不友好）、严谨程度（有条理、负责任、可信赖对粗心、易冲动、不可信懒）、外向程度（果断、外向、活泼对畏缩、内向、冷淡）、神经质程度（不焦急、稳定、自信对焦急、不稳定、爱模仿）、开通程度（有想象力、喜欢新奇、有创造性对目光短浅、避免风险、爱模仿）。心理学家通过问卷和询问研究对象及其亲属，按照5种量度对研究对象的性格加以评判。两个人的相似程度则用0和1之间的一个数字表示：0表示两个人没有一点相似，1表示两个人完全相同。

根据明尼苏达小组的研究结果，如所预料的，同卵孪生子的性格相似程度明显大于异卵孪生子。一起长大的同卵孪生子的5种性格量表的相关性平均为0.46，分开长大的同卵孪生子这一数字为0.45，这说明同卵孪生子的性格相关程度与他们在相同还是不同的环境长大无关。分开长大的异卵孪生子的性格相关程度平均为0.26，大约是同卵孪生子的一半，这与他们的遗传相似程度是同卵孪生子的一半相符。从同卵孪生子和异卵孪生子得到的相关性可以用于计算遗传差异与性格差异的相关性。平均来说，大约50%的性格差异是由于遗传差异导致的，或者说，遗传因素对性格的影响大约占了一半。遗传学家把这个数字称为遗传率。如果性状差异是完全由遗传差异引起的，遗传率为1；如果性状差异与遗传差异毫无关系，遗传率为0。其他类似的研究结果所得到的性格遗传率一般在0.2～0.5之间。为什么类似的研究却会得到不太一致的结果呢？我们必须注意到，遗传率是受很多因素影响的。遗传率小，并不都意味着遗传因素的影响不重要。

我们只能极其简单地说，遗传因素对性格的影响占了大约一半，至于剩下的一半，我们归于环境因素的影响。环境因素可分为共享和非共享两种。那么哪一种更为重要？那些分开长大的同卵孪生子表现出来的性格差异。可以归于他们不同的生活环境，也就是说，非共享的环境对性格形成也有重大的影响。而共享的环境呢？如果也对性格形成有重大影响的话，一起长大的同卵孪生子的性格相似程度应该显著高于分开长大的同卵孪生子。多项研究表明，共同的家庭环境对小孩的性格发育只有轻微的影响。在处于模仿阶段的婴幼儿时

期，家庭环境还有一定的影响，但是到了青春期以及长大离家之后，这种影响就几乎完全消失了。那些一起长大的兄弟姐妹之间的性格相似，看来主要是由于基因相似导致的，而不是共同的家庭环境导致的。而他们的性格不同之处，则主要是由于不同的社会环境导致的。但是人并不是被动地进入一个环境接受其影响，在很大程度上，环境是我们自己创造、选择的。在这个过程中，遗传因素并不能排除，它可能影响我们交什么样的朋友，喜欢或讨厌和什么样的人打交道，从事什么样的工作，而所有这些环境因素又都可能影响了我们的性格。遗传因素不同的人，即使在相同的环境中，也可能选择不同的事物，以不同的方式对待，从而创造一个不同的环境。同样，遗传因素相同的人在不同的环境中，也可能选择相同的事物，以相同的方式对待。分开长大的同卵孪生子，可能在相同的遗传因素的影响下而选择相同的书籍阅读，交类似的朋友、找类似的工作，而这些相同的环境，又反过来增强了其性格的相似性。把同卵孪生子的性格相似完全归于基因的直接作用，是过于简单化。

基因与环境的交互影响也是极其复杂的。一方面，没有适合的环境，基因的作用表现不出来。另一方面，基因也影响了我们对环境的反应。我们对环境的反映可以分成三个步骤：通过感官从环境中感受刺激，在中枢神经系统对信息进行处理，然后做出反应。遗传差异对这三个步骤的每一步都可能产生影响，从而影响了我们对环境的感受和反应。

简单地说，可以说遗传因素和环境因素对性格的影响大约同等重要。两个人的遗传差异越大，环境越不同，性格差异也就会越大。而两个人的性格相似主要是由于相似的遗传因素引起的，共享环境的影响很小。但是我们必须记住，遗传因素和环境因素实际上是无法截然分开的，而是混杂在一起，交互作用，从这个意义上说，区分影响性格的因素有多少属于遗传的影响，有多少属于环境的影响，是不可能的。遗传、环境，以及经常被忽视的随机因素，都对人性有重要的影响，这大概是我们对人性是天然还是使然这个千古难题所能做出的最好回答。

幼儿的情绪变化

幼儿情绪化行为是指幼儿在身心发展过程中，由于心理冲突或者环境不适应等导致的不适当的不能控制自己情绪的行为表现。孩子的情绪化行为，往往不被成人所重视，成人认为小孩子哪里有那么多的想法，发发脾气过去就好了便不去深究。殊不知，如果不正确对待孩子的情绪化行为，会影响孩子的身心发展及健康成长，影响孩子的未来。面对孩子的情绪化行为，成人需要正确引导，帮助孩子度过心理难关。

幼儿阶段是学习知识最快的阶段，是社会化过程最快的，同时也是产生问题很多的阶段之一。幼儿的情绪主要有以下几个特点：情绪的外露性、易冲动性、不稳定性。时常处于激动状态，来势强烈，不能自制，全身心被不可遏制的意愿所支配，情绪非常不稳定，年龄越小越明显。随着年龄的增长，幼儿逐渐学会在成人的语言引导下，调节、控制自己的情绪，情绪自控能力逐渐增强。

（1）集体体检时，浩浩站在默默前面正准备排队抽血化验，突然，默默双手握拳不停地拍打浩浩的背，还捏浩浩的手臂。浩浩就还手打了默默，此时默默满脸涨得通红，小手还用劲握拳，说："他打我！"奶奶说："他打你就告诉老师呀！你自己打人就不对了呀！"说完，默默就大声地哭了起来，而浩浩眼睛也红红的，说："我没有！"

分析：

默默这个小女孩向来十分乖巧听话，体检排队时，浩浩并没有打她，只不过马上就要轮到默默抽血了，默默内心害怕、焦虑，不想抽血，从而"转嫁"给浩浩，以此来发泄自己的情绪。

正确做法：

过分听话、懂事的孩子，道德感较强，容易压抑自己内心的真实感受，为了得到成人的赞扬和关注，当"好孩子"表现出情绪化行为时，成人应避免情绪转移，不要针对孩子的情绪做出过激的反应，这样做是避免孩子把这种情绪扩大或者影响到其他孩子，也可避免孩子以为成人不喜欢看到自己发泄情绪而掩饰和压抑。

用身体表达成人的情绪，放松地靠近孩子、安抚孩子，也许成人不用说什么，默默从成人柔和的动作中就会知道成人感受到了自己的焦虑。心情自然就得以放松，那样孩子的焦虑害怕就减少了。

（2）宴席上，果果一个劲地要喝雪碧，阿姨不让。果果说："我就要，我就要。""小朋友不能喝那么多，不可以。"果果马上就恶狠狠地说："我不跟你玩了，我要打死你！"

分析：

果果为自己一时的怒气脱口而出，代表着孩子自然的情绪反应。孩子表达情绪的言语比较单一，对于快乐、喜爱的，用一种方式表达，对于不高兴、恼火的事情，就表现得恶狠狠，怎么解气怎么说，虽然以孩子的能力还不至于真的那样做，但是成人不能忽视孩子情绪化行为的信号。

正确做法：

家长主动询问原因，关心孩子为什么会说出这样的话，通过孩子的表述理解孩子内心的感受。疏导孩子的情绪，告知孩子阿姨为什么不让自己喝那么多的雪碧，是为了自己的身体健康。转移孩子的注意力，说"宴席上还有很多很多好吃的哦"。

（3）跳绳比赛上，小博一直都不肯上台比赛，老师在一旁劝说了好一会儿，他还是不愿意上台。此时，妈妈说："我们家小博好差，跳绳总教不会，算了算了，不要让他上台了！"小博听了后"哼"了一声，把跳绳狠狠摔在地上，甩手离开了教室。小博妈妈说："没事没事，他就这点脾气，等下就好了。"

分析：

小博协调能力较差，又缺乏练习，跳绳跳不好缺乏自信心，因此不敢参加比赛。妈妈又在一旁说他的不是，小博觉得自尊心受损，才表现出情绪化的行为。

家长对孩子的评价直接影响到孩子的情绪，孩子能够分清话中的批评与赞扬。他们的自我评价来自成人的话语，而家长是孩子最亲近的人，他会觉得自己很受伤。另外，小博是个自尊心非常强的孩子，比较敏感，承受不住话语的刺激，家长当着很多人的面伤害自己的自尊心，使他内心无比的愤怒，表现出情绪化的行为。

正确做法：

当发生不愉快的事情时，家长要学会保护孩子的自尊心，不要当着外人的面斥责孩子，应该将孩子的情绪化行为淡化，等没有外人的时候，不要超过当天，再心平气和地和孩子

沟通，找到事情的原因，引导孩子克服困难，而不是给孩子增加心理障碍。

（4）早上，会森皱着眉头对我说："谢老师我好烦！好累呀！"我听了之后哈哈大笑，心想这么大点的孩子会有什么烦心的事情。"一大早的什么事情都还没干，怎么就烦了？就累了？"会森开始口若悬河地说："你不知道，我一回家，妈妈就要我先把全部数学作业写完，还要做一百道数学题，还要写字……"

分析：

在成人看来，孩子是天真无邪、无忧无虑的，没有烦恼，嘴里说的烦、累都是随口说说。当孩子真正感觉到累、烦的时候，他们就会模仿成人说的话，表达自己的情绪。就像会森一样感觉自己压力大，就说自己累、烦。

正确做法：

对孩子的话做出积极的反应，而不是一带而过当做一声叹息。耐心倾听孩子的真正原因，让孩子觉得成人在关心、理解他，也许孩子说不说真正的原因并不是主要的，重要的是让孩子感受到成人的鼓励、支持、理解，这样孩子的烦躁就会减少。

当然，对于孩子说出的原因，家长也要正确对待，看是不是自己的"望子成龙，望女成凤"思想压迫得孩子"喘不过气"，进行反思，改变自己的教育观念。

（5）课间休息时明明哭着跑来告诉我，说小博打他。我把小博叫到跟前问问情况，小博非常生气地说："我要看肖欣的《金马战士》，他就不让我看，我站在肖欣后面看，他还是不让我看，肖欣也不让我看了。""嗯""他就打我！"

分析：

因为明明不让小博看书，影响肖欣对自己的看法，也不让自己看喜欢的《金马战士》。小博在消极情绪体验和刺激中，表现出攻击性行为。

大班的男孩逐渐有小团伙行为，对于不喜欢的人会主动"隔离"。而男孩子生性爱成群，在群体社交中找不到自己的归属时，就容易受到他人的影响，做出攻击性行为。

正确做法：

引导孩子学会处理群体中的关系，创造一个良好的交友环境，制造机会，让孩子们缓解彼此的关系。教授孩子正确的交友方法。也可以帮助孩子找一些让自己感到放松的小任务，鼓励孩子参与竞争，在感兴趣的氛围中提高交友能力、技巧，也培养了孩子的责任心。

（6）周五早上用餐时间到了，大部分孩子已经坐在自己的位置上开始吃早点，只听见窗外传来了小女孩的哭声，我心想：一大早的是谁在哭？不一会儿，刘梦爸爸抱着刘梦走过教室，哭声也一下子变得大了起来，一看，原来是我们班的刘梦小朋友在爸爸怀里哇哇大哭，爸爸把她放下，她还没好气地挥着小拳头拍打着爸爸，迟迟不肯进教室，闹着要回家。

分析：

① 家庭方面：与其父亲交谈后得知，早上上学前，刘梦执意要穿裙子上学，（天气转凉了些）妈妈不同意，便从家里开始不停地哭。

② 学校方面：本周开始，天气炎热，大部分女孩子都穿上了裙子上学。

③ 心理方面：刘梦在家一直说什么就是什么，想要什么，家人都会答应，突然间，父母不满足自己的要求，便以哭闹的方式引起重视望其妥协。

哭、笑是孩子最直接的情绪表达方式，通过这件事，我觉得孩子的情绪是需要发泄的，我们常常觉得孩子哭不是好的，当孩子哭时，老师都会干预，以最短的时间软硬兼施，让孩子止住哭声，孩子迫于外界压力，不得不强忍，情绪得不到外部表现，长期如此，对孩子的生理、心理、个性的发展都是不利的。

正确做法：

① 立即上前接待，从刘梦爸爸手中接过孩子，询问孩子哭闹的原因，进行安抚。

② 转移注意力。我拉着刘梦的小手，陪着她洗手，擦干眼泪，走进教室，对她说："瞧，今天有你最喜欢的牛奶和肉末卷。"

③ 宣泄情绪，再引导。之后她已经不再那么激动，心情平复了很多，只是小声地哽咽着。这时，我开始引导她和她讲道理："因为天气凉了一些，妈妈才不同意今天穿裙子，等天气热，还是可以穿，妈妈也是为你好，小朋友要讲道理……"刘梦哽咽声也小了，我再带她进入教室，在教室里，她安静地吃完了早点，之后的活动也很顺利、开心，没有再受到早上情绪的影响。

实践在线

1.案例分析

印度狼孩

1920年9月19日，在印度加尔各答以西约1000千米的丛林中，发现两个狼哺育的女孩，年长的约8岁，年幼的一岁半。她们大概都是在半岁时被狼衔去的。

两人回到人类世界后，都在孤儿院里养育，分别取名卡玛拉和阿玛拉。从她们的言语、动作姿势、情绪反应等方面都能看出很明显的狼的生活痕迹。她们不会说话，发音独特，不是人的声音；不会用手，也不会直立行走，只能依靠两手、两脚或两手、两膝爬行；惧怕人，对于狗、猫似乎特别有亲近感。白天她们一动不动，一到夜间，到处乱窜，像狼那样嗥叫，人的行为和习惯几乎没有，而具有不完全的狼的习性。

这两个狼孩回到人类社会以后，辛格牧师夫妇为使两个狼孩能转变为人，进行了各种各样的尝试，但效果很不理想。阿玛拉到第2个月，可以发出"波、波"的音。遗憾的是，回到人类社会的第11个月，阿玛拉就去世了。卡玛拉在两年后，才会发两个单词（"波、波"和叫辛格牧师夫人"妈"），4年后掌握了6个单词，第7年学会了45个单词。她动作姿势的变化也很缓慢，两脚步行，竟用了5年时间，但快跑时又会使用四肢。

经过5年，她能照料孤儿院的幼小儿童了。她会为受到赞扬而高兴，为自己想做的事情（如解纽扣）做不好而哭泣。这些行为表明，卡玛拉正在改变狼孩的习性，显示出获得了人的感情和需要进步的样子。卡玛拉一直活到17岁，但她直到死时还没真正学会说话，智力只相当于三四岁的孩子。

（引自：张瑞平.学前儿童发展心理学.成都：西南财经大学出版社，2013：9-10.）

分组讨论狼孩的案例，谈谈遗传和环境因素在人心理发展中的作用，并形成书面总结报告。

2. 小组讨论

美国心理学家霍尔曾经说过："一克的遗传胜过一吨的教育。"你认为这种说法对吗？请根据儿童心理发展的有关理论分析原因。

3. 实践观察

访问一位幼儿教师，请他谈谈行为主义和认知发展学说在实际生活中的运用。

幼儿注意的发展

注意虽然是一种非常重要的心理机制，但却不是一种独立的心理过程。婴幼儿注意形式的出现，是人类走向自由探索的开端。本章主要介绍幼儿注意的发生和发展，以及如何促进幼儿注意的发展。

第一节　注意的一般概述

一、注意的基本概念

注意这种心理现象大家非常熟悉。当一个人在学习或工作的时候，他们的心理活动或意识总会指向和集中在某一个对象上，人们常用"聚精会神"来形容注意状态。心理活动对一定对象的指向和集中就是注意。

指向性和集中性是注意的两个基本特性。指向性是指心理活动在某一时刻总是有选择地朝向一定对象。因为人不可能在某一时刻同时注意到所有的事物，接收到所有的信息，只能选择一定对象加以反映。就像满天星斗，我们要想看清楚，就只能朝向个别方位或某个星座。注意的集中性则是指心理活动指向一定对象时的强度或紧张度。比如，当我们集中注意去读一本书的时候，对旁边的人声、鸟语或音乐声就无暇顾及，或者有意不去关注它们。

二、注意的种类

根据注意过程中有无预定目的和是否需要意志努力的参与，可以把注意分为无意注意、有意注意和有意后注意。

（1）无意注意是指没有预定目的，也不需要意志努力的注意。无意注意一般是在外部刺激物的直接刺激作用下，个体不由自主地给予关注。例如，正在上课的时候，有人推门而入，大家不自觉地向门口注视；大街上听到警笛鸣叫，行人会不由自主地扭头观望等。

幼儿·心理学

（2）有意注意是指有预定目的，也需要意志努力的注意。我们工作和学习中的大多数心理活动都需要有意注意。工人上班，学生上课，司机开车，交警指挥交通，都是有意注意在发挥作用。

（3）有意后注意是指有预定目的，但不需要意志努力的注意。它是在有意注意的基础上，经过学习、训练或培养个人对事物的直接兴趣达到的。在有意注意阶段，主体从事一项活动需要有意志努力，但随着活动的深入，个体由于兴趣的提高或操作的熟练，不用意志努力就能够在这项活动上保持注意。例如，一个学习外语的人在初学阶段去阅读外文报刊，还是有意注意，很容易感到疲倦；随着学习的深入，外语水平不断提高，当他消除了许多单词和语法障碍，能够毫不费力地阅读外文报刊，观看外文电影，并对报刊、电影的内容感兴趣，可以说达到了有意后注意的状态。

三、注意的功能

注意是整个心理活动的引导者和组织者，它使人能够及时、适当地集中自己的心理活动，清晰地反映客观事物，更好地适应环境并改造环境。注意主要有以下功能。

1.选择功能

周围环境充满了丰富多彩的刺激，这些刺激中包含的信息有的对人很重要，有的对人比较重要，有的毫无意义，甚至会干扰当前正在进行的活动。因此，区分出那些重要的信息，同时排除那些无关信息的干扰就十分重要。人脑这种选择信息、排除干扰的功能就是注意的选择功能。注意能使人在某一特定时间内选择具有意义的、符合当前活动需要的特定刺激，同时避开或抑制那些无关刺激的干扰，即注意将有关信息线索区分出来，使心理活动具有一定的指向性。选择功能是注意的首要功能，注意的其他功能都是在它的前提下发生作用的。

2.保持功能

注意的保持功能是人脑的一种比较紧张和持续的意识状态，在这种状态下人才可能对选择的信息做进一步的加工处理，使其转换成一种更持久的形式保存在大脑中。它体现出注意在时间上的延续性。注意能使人的心理活动较长时间地保持在被选择的对象上，从而使个体维持一种比较紧张的状态，进而保证活动的顺利进行。

3.整合功能

有关注意对输入信息的整合功能，心理学家们正在研究，但根据已有的事实可以认为注意是对信息进行加工的一个重要阶段。在前注意状态下，人只能对信息的个别特征进行有限的加工，而在注意状态下，人才能将信息整合成一个整体。

4.调节和监督功能

注意使人的心理活动沿着一定的方向和目标进行，并能提高人的意识觉醒水平，使心理活动根据当前的需要进行适当的分配和及时的转移，以适应变化着的周围环境。日常工作和学习中的失误和事故一般都是在注意分散或注意没有及时转移的情况下发生的。前苏联心理学家加里培林把注意描述为"观念的、简洁的、自动化了的智力监督动作"。许多经验丰富的老师发现，有些幼儿学习成绩差，并不是由于他们智力水平低下，而是没有集中注意去学习。

四、注意的品质

注意力有四种品质，即注意的广度、注意的稳定性、注意的分配和注意的转移，这是衡

量一个人注意好坏的标准。

1.注意的广度

注意的广度又称注意的范围，是指一个人在同一时间内能够清楚地把握注意对象的数量。它反映的是注意品质的空间特征。

注意的广度在人们的工作和生活中具有重要的意义。在生活中，排字工人、打字员、汽车驾驶员等职业都需要有较大的注意广度。扩大注意广度，可以提高工作和学习的效率。

2.注意的稳定性

注意的稳定性也称为注意的持久性，是指注意在同一对象或活动上所保持时间的长短。这是注意的时间特征。但衡量注意稳定性，不能只看时间的长短，还要看这段时间内的活动效率。

一般来说，只要一个人的目的性明确，对活动的重要性有所认识，注意的稳定性就会比较好一些。具有良好的学习习惯，善于克制自己、约束自己的人，比自由散漫、难于控制和约束自己的人更容易保持稳定的注意。

3.注意的分配

注意的分配是指在同一时间内把注意指向不同的对象和活动。事实证明，注意的分配是可行的，人们在生活中可以做到"一心二用"，甚至"一心多用"。

但是，人的注意力总是有限的，不可能什么东西都关注。但在注意的目标熟悉或不是很复杂时，却可以同时注意一个或几个目标，并且不忽略任何一个目标。能否做到这一点，还和注意力能够持续的时间有关，所以要根据自己的实际能力，逐渐培养有效注意力的能力。

4.注意的转移

注意的转移是指根据活动任务的要求，主动地把注意从一个对象转移到另一个对象。注意力转移的速度是思维灵活性的体现，也是快速加工信息形成判断的基本保证。良好的注意转移表现在两种活动之间的转换时间短，活动过程的效率高。

五、注意的生理机制

注意只有在人的一般觉醒状态的背景上才有可能产生。这是和脑的活动相联系的。人的觉醒状态可以由低到高分为各种水平，包括沉睡状态——瞌睡状态——安静的觉醒状态——积极的觉醒状态——过度的觉醒状态等一系列阶段。

积极的觉醒状态是产生主动的注意的最佳背景；而在安静的觉醒状态和过度的觉醒状态的背景上，注意往往不易集中，易发生分心现象。觉醒状态的变化和大脑调节张力或觉醒的机能、结构有关，而和皮层下脑干网状结构的兴奋直接联系。

心理活动之所以能指向并集中于一定的对象，表现选择性，这既和网状结构有关，也和大脑皮层的活动分不开。

首先，网状结构不仅接收和发放外界大量的信息，使大脑皮层和整个机体保持清醒状态，使注意成为可能，而且它还起着过滤器的作用。网状结构的机能一方面加强某些冲动向大脑皮层发送；另一方面也抑制某些无关的冲动，不向大脑皮层发送，由于这种筛选作用，使注意的选择性得以实现。

其次，皮层活动对于注意的选择也起着重要的调节作用。根据高级神经活动的诱导规律，每一瞬间作用于脑的一系列刺激，在大脑皮层形成了大量强度不同的兴奋中心。其中经

035

常有一个占优势的兴奋中心。这个优势兴奋中心似乎把当时进入大脑的一切兴奋都吸收到自己这方面来，越发加强自己的优势。同时，这一优势兴奋中心在皮层某一区域的产生，使皮层的其他区域都或多或少地处于抑制状态，于是使落在这些区域的冲动不能产生应有的兴奋。

优势兴奋中心的兴奋性越高，对周围区域的抑制越强，注意的集中性也越高，选择性也越显著。因而当人们高度注意某一对象时，对周围的其他事物就会"视而不见"或"听而不闻"。

优势兴奋中心随着注意对象的变化和人的主观状态的变动不断地由一个区域转移到另一个区域，使原先处于兴奋状态的区域转化为抑制状态或产生新的兴奋中心。这是人的注意集中和指向不断转移变化的生理基础。

额叶在调节有意注意方面起着重要作用。额叶受到严重损伤的人，无法根据自己的需要来集中自己的注意。幼儿期是儿童额叶迅速发展时期。不过，幼儿额叶的机能还未发展成熟，还不能和小学儿童相比，还不善于借助语言指令引起稳定的、紧张的有意注意。

六、注意的外部表现

人在集中注意于某个对象时，常常伴随有特定的生理变化和外部表现。注意时最显著的外部表现有下列几种。

1. 适应性运动

人在注意听一个声音时，把耳朵转向声音的方向，所谓"侧耳倾听"。人在注意看一个物体时，把视线集中在该物体上，盯着看，所谓"目不转睛"。当沉浸于思考或想象时，眼睛常常"呆视"着，好像看着远方一样，这样，周围靠近的对象被模糊地感知，而不致分散注意。

2. 无关运动的停止

当人集中注意时，常常停止各种动作，表现出静止状态。当教师能控制学生的注意时，教室常一片寂静，没有学生做小动作或窃窃私语。

3. 呼吸运动的变化

人在注意时，呼吸变得轻微而缓慢，而且呼吸的时间也改变。一般来说，吸得更短促，呼得更长。在紧张注意时，甚至出现呼吸暂时停歇的现象，即所谓"屏息"。

在注意紧张时，还会出现心跳加速、牙关紧闭、握紧拳头等现象。

注意的外部表现有时可能和内部状态不一致。如对一件事情貌似注意，而实际上，心理活动却指向集中于另一件事情。教师要注意这种情况。

由于幼儿的注意的外部表现比较明显，因此教师可以从观察幼儿的外部表现来考察幼儿是否集中注意，从而正确地组织教学和教育。

第二节 注意在幼儿心理发展中的作用

一、注意与幼儿的心理发展

注意不是一种心理过程，它总是和心理过程相伴随，所以注意对幼小儿童的心理发展有重要意义。

（1）注意使幼儿从环境中接受到更多的信息。外界环境中的新异刺激，不断地出现在幼儿的周围，但是幼儿对这源源不断的信息的接受情况因人而异。只有幼儿集中注意的时候才能捕捉到更多的信息。

（2）注意能使幼儿发觉环境的变化，并且能及时调整自己的动作来应付外来刺激的变化，把精力集中于新的情况变化。

二、注意与幼儿感知觉的发展

注意与知觉的关系特别密切。

（1）感知觉是认识的开端，注意则是感知觉的先决条件。凡是注意所指向和集中的对象，就能以最完整、最清晰、最突出的感知在人们的头脑当中反映出来。对同一情景进行观察，不同幼儿所观察到的事物不同，往往是由于注意的不同而造成的。

（2）注意是研究幼小婴儿感知发展的指标。小婴儿还不会用语言表达自己对刺激物的反应，可以通过他们对事物的注意的表现来了解他们的心理反应。如向婴儿展示不同复杂程度的格子板，发现婴儿对于复杂模式的注意时间要长于简单模式的注意时间。

三、注意与幼儿记忆的发展

注意使感知觉的信息进入长时记忆。幼儿对于没有注意的对象，也能进行感觉分析，但没有注意的知觉，一般只进入短时记忆，不能进入长时记忆。所以注意发展水平低的幼儿，其记忆发展水平也低。

四、注意与幼儿意志品质的发展

幼儿只有在集中注意时，才能坚持某一行动；如果注意转移到别处，原来坚持的活动也就中止了。意志品质的坚持性和注意是密不可分的，注意力差的幼儿，不但智力发展受到影响，而且往往不能遵守集体规则，甚至形成不良的意志品质和性格。

五、注意与幼儿的学习

幼儿注意力集中时，学习效果好，能力提高也快。超常儿童的学习成绩远远超过正常儿童，源于他们的注意力往往超过一般儿童。一女孩从两岁半时就表现出稳定的注意力，3岁时能像小学生一样听课，4岁时能坚持做作业40分钟，4岁半入小学成为优等生，这都是因为她的注意力水平发展高于一般幼儿所致。

第三节　幼儿注意发展的特点

婴儿在出生后就开始出现注意现象。随着年龄的增长，注意也随之发展。幼儿注意发展的一般趋势如下。

首先幼儿定向注意的发生先于选择性注意的发生。原始的定向反射注意主要是外界事物的特点引起的，也就是无意注意的最初形式。选择性注意在新生儿时期已出现，具体体现在选择性注意性质的变化及选择性注意对象的变化。

其次幼儿无意注意的发生发展早于有意注意的发生发展。定向性注意和婴儿的选择性注意都属于无意注意。随着语言和认知过程的发展，在幼儿期，有意注意开始发展，使幼儿的注意发生更大的变化，同时使幼儿心理能动性大大增强。

一、新生儿的注意发展特点

新生儿大部分时间处于睡眠状态，他们的觉醒时间几乎不超过10分钟，这种极其短暂的觉醒时间是神经系统和脑发育尚不成熟，为了避免过多刺激影响的保护性象征。新生儿已具备了注意的能力，外来的新刺激或环境中特别明显的刺激会引起新生儿及婴儿全身的反应，如血流、心率、瞳孔扩大、脑电变化等，巴普洛夫称之为定向反射。定向反射所表现出来的变化是研究注意的重要指标。

黑斯（Haith，1980）认为，新生儿已具备对世界进行扫视的动作，无论在黑暗或光亮的环境中，均以有组织的方式进行扫视，他提出了新生儿注意的5点规律。

第一，新生儿在清醒时，只要光线不是过强，他都会睁开眼睛。

第二，在黑暗中，新生儿也保持对环境的有控制的、仔细的搜索。

第三，在光线适度、面对无形状的情景时，新生儿会对相当广的范围进行扫视，搜索物像的边缘。

第四，新生儿的视觉轨迹一旦发现了物体的边缘，就会停止扫视活动，视点停留在物体边缘附近，并试图跨越边缘。如果边缘离中心太远，视线不可能达到边缘，就会继续搜索其他边缘。

第五，当新生儿的视线落在物体边缘附近时，他会去注意物体的轮廓。新生儿时期的扫视只在有边缘可循的点与点之间进行。

黑斯认为，新生儿似乎偏爱那种具有鲜明对比的图案，这实际上是一种早期生理现象的反映，新生儿扫视活动的作用是保持皮质视觉神经细胞的高水平"射击速度"。

二、1岁前儿童注意发展的特点

出生后第一年，婴儿清醒的时间不断延长，觉醒状态也较有规律，这时期的注意迅速发展。

1.婴儿期注意的发展，主要表现为注意选择性的发展

1～3个月婴儿的注意已经明显地偏向曲线、不规则图形，对称的、集中的或复杂的刺激物以及所有轮廓密度大的图形。这些事实支持了"轮廓密度理论"和"图形视觉理论"。

3～6个月婴儿的视觉注意能力在原有基础上进一步发展，平均注意时间缩短、探索活动更加主动积极，而且偏爱更加复杂和有意义的视觉对象。可看见和可操作的物体更能引起他们特别持久的注意和兴趣。

6个月以后婴儿的睡眠时间减少，白天经常处于警觉和兴奋状态。这时的注意不再像以前那样只表现在视觉等方面，而是以更广泛和更复杂的形式表现在吸吮、抓握、够物、操作和运动等日常感知活动中。这时的选择性注意越来越受知识和经验的支配，受当前事物（或人）在其社会认知体系中的地位以及婴儿所知的自己与它们之间的关系的支配或影响。

1岁左右，言语的产生与发展使婴儿的注意又增加了一个非常重要而广阔的领域，使其注意活动进入了更高的层次——第二信号系统。这时期婴儿注意活动的一个非常明显的特点就是，当他听到成人说出某个物体的名称时，便会相应地注意那个物体，而不管其物理性质如何、是否是新异刺激、是否能满足其机体的需要。也就是说，物体的第二信号系统特征开

始制约、影响着婴儿的注意活动。

2.婴儿期注意的特征

（1）不稳定性　婴儿开始时只有无意注意，没有有意注意，以后虽有了些有意注意（这些有意注意主要是在成人不断地对他提出各种要求的影响下形成的），但一般说来仍是无意注意占优势，持续注意的时间很短，很容易转移注意的对象。如一会儿看看这，一会儿摸摸那；只要给他另外一个玩具，他会马上丢掉手中的玩具。

（2）兴趣性　婴儿对客观事物的注意力能否集中，在很大程度上取决于对注意的对象有无兴趣，有兴趣的就会较长时间关注；没有兴趣的一扫而过；而对于那些毫无兴趣的事物，就干脆不予理睬。

（3）短时性　婴儿注意事物的时间很短，研究表明，8～12个月的婴儿注意力较差，一般注意某一事物只有2～3分钟，1岁以后逐渐延长。

（4）转换性　婴儿虽以无意注意为主，但也可向有意注意转移。例如，宝宝在地上突然发现了有一群蚂蚁，这是无意注意。但大人指着这些小昆虫，告诉他："这是蚂蚁，它们正在搬家，你看它们从这里搬到这里，口里还含着粮食。"此时宝宝对蚂蚁就更专注一些，他的注意就转为了有意注意。反过来当他对某一事物已无兴趣时，又会将有意注意转为无意注意。例如，大人带着宝宝一起搭积木，这是有意注意。但时间长了，宝宝觉得不好玩了，他就将积木一推，又去关注其他的事情，这时宝宝的注意从有意注意转为了无意注意。

三、1～3岁儿童注意发展的特点

1～3岁幼儿无意注意有了进一步的发展，有意注意才刚刚开始萌芽。

从幼儿出生的第二年起，随着幼儿活动能力的增长、生活范围的扩大，幼儿开始对周围很多事物感兴趣，这就使婴儿的无意注意有了进一步的发展。

无意注意是整个婴儿期占主导地位的注意形式，它表现在许多方面。

首先，对周围事物的无意注意。2岁的幼儿对周围事物的留意程度有时超过我们的预料。例如，一个2岁2个月的幼儿注意到对面楼顶上有几只鸽子，于是他每天都扒在窗上看它们，想跟它们玩。他还注意到奶奶家窗户外面经常有一台拖拉机，可回到自己的家扒在窗上看就没有了，于是问妈妈："怎么没有拖拉机呀？"

其次，对别人谈话的无意注意。两岁左右的幼儿很留心别人的谈话，他们经常出其不意地接上别人的话茬。例如，一个2岁3个月的幼儿，每当听到大人谈论有关他的话题，无论正干什么都立刻停下来，说："说我呢。"

再次，对事物的变化的无意注意。两岁多的幼儿不仅注意到周围不变的事物，而且对事物的变化也很敏感。例如，幼儿园的一个小朋友穿了件新衣服，老师说"××真漂亮"，一个小男孩马上跑过来说"我先看见的"。有研究表明，对有兴趣的事物1.5岁幼儿能集中注意5～8分钟；1岁9个月幼儿能集中注意8～10分钟；2岁幼儿能集中注意10～12分钟；2.5岁幼儿能集中注意10～20分钟。

同时，由于言语的作用，由于成人的要求，幼儿的注意也开始能满足成人提出的活动任务的要求，因而也出现了有意注意的萌芽。如成人要求幼儿看电视里的少儿节目，他们能集中注意看一小会儿，但如不感兴趣，很快就把注意转移了。据观察：幼儿在成人要求下看电视的时间不如他们自动去看电视保持的时间长。

在教育上，一方面可以利用无意注意来引导幼儿的注意指向于富有教育意义的事物，另一方面应当通过组织幼儿的活动来培养幼儿的有意注意的能力。

四、3～6岁儿童注意发展的特点

3～6岁幼儿注意的特点是无意注意占优势，有意注意逐渐发展。

1.幼儿的无意注意

幼儿的无意注意已高度发展，而且相当稳定。凡是鲜明、直观、生动具体、多变的刺激物以及符合他们兴趣的事物都能引起幼儿的无意注意。但各年龄段幼儿由于所受教育以及生理、心理发展等方面的差异，他们的无意注意表现出不同的特点。

小班幼儿的无意注意占明显优势，新异、强烈以及活动着的刺激物很容易引起他们的注意。他们入园后经过一段时间的适应，对于喜爱的游戏或感兴趣的学习等活动，也可以聚精会神地进行。但是，他们的注意很容易被其他新异刺激所吸引，也容易转移到新的活动中去。例如，在"娃娃家"游戏中，开始，他会把自己当成娃娃的妈妈，耐心地喂饭，但当他转身去拿"饭"时，发现其他小朋友正用积木搭一座"小城堡"，他的注意便一下转到"小城堡"，便参与到搭积木的活动中去了。

小班幼儿的注意很不稳定，所以教师也很容易引导、转移他们的注意。因此，当一个幼儿因为得不到一个玩具而哭闹时，教师可以让他和其他幼儿进行游戏，以此转移他的注意，幼儿很快就会高兴地玩起来了。

中班幼儿经过一年的幼儿园教育，无意注意已进一步发展，兴趣更加广泛，注意的范围更加扩大，对于有兴趣的活动，能够长时间地保持注意。例如在玩"小猫钓鱼"游戏时，幼儿一看到小猫的头饰和漂亮的小鱼便会兴高采烈地投入到游戏中。在游戏中幼儿能够保持较长时间的注意，在学习活动中，中班幼儿对感兴趣的活动，也可以长时间地保持注意。他们的注意不但能持久、稳定，而且集中的程度也较高。

大班幼儿的无意注意进一步发展和稳定。他们对于有兴趣的活动，能比中班幼儿更长时间地保持注意。直观、生动的教具可以引起他们长时间的探究，中途无故打扰他们的活动，往往会引起他们的不满和反抗。同样，大班幼儿关注的不仅仅是事物的表面特征，他们的注意开始指向事物的内在联系和因果关系。他们可以较长时间地听教师讲述有趣的故事，不受外界的干扰，对于影响讲述的因素会明显地表现出不满，而且设法加以排除。大班幼儿的无意注意已高度发展，相当稳定。

2.幼儿的有意注意

幼儿前期已出现有意注意的萌芽。进入幼儿期后，有意注意逐渐形成和发展起来，但水平较低、稳定性差，而且依赖于成人的组织和指导。有意注意是由脑的高级部位，特别是额叶控制的。额叶的成熟，使幼儿能够把注意指向必要的刺激和有关动作，主动寻找所需要的信息，同时抑制对不必要的刺激的反应，即抑制分心。幼儿期额叶的发展为有意注意的发展准备了条件。有了这个条件，幼儿的有意注意在成人的要求和教育下就逐渐形成和发展。

小班幼儿的注意是无意注意占优势，有意注意初步形成。他们逐渐能够依照要求，主动地调节自己的心理活动集中指向于应该注意的事物。但有意注意的稳定性很低，心理活动不能有意地持久集中于一个对象。在良好的教育条件下，一般也只能集中注意3～5分钟。此外，小班幼儿注意的对象也比较少。如上课时，教师引导幼儿观察图片，他们往往只注意到图片中心十分鲜明或者十分感兴趣的部分，对于边缘部分或背景部分常不注意。所以为小班幼儿制作图片，内容应尽量地简单明了，突出中心。呈现教具时也不能一次呈现过多；教师还要具体指示幼儿应注意的对象，使幼儿明确任务，以延长幼儿注意的时间，并注意到更多的对象。

中班幼儿随着年龄的增长，在正确教育的影响下，有意注意得到发展。在无干扰的情况下，注意集中的时间可达10分钟左右。在短时间内，他们还可以自觉地把注意集中于一种并非十分吸引他们的活动上。例如，上图画课时，为了画好图，他们可以注意地看范图，耐心听教师讲解，然后自己作画；为了正确回答教师提出的计算问题，他们能够集中注意点数自己的手指或实物。

大班幼儿在正确教育下，有意注意迅速发展。在适宜条件下，注意集中的时间可延长到10～15分钟，他们可以按照教师的要求去组织自己的注意。在观察图片时，他们不仅可以了解主要内容，也可在教师提示下或自觉地去注意图片中的细节和衬托部分。大班幼儿不仅能根据成人提出的比较概括的要求去组织自己的注意，有时也能自己确定任务，对自己的情感、思想等内部状态也能予以注意，自觉地调节自己的心理活动和行为。听故事时，他们可以根据自己的体验去推测故事中人物的心理活动和内心想法，有时还会找教师讲述一些课堂上的问题以及自己的想象和推测等，这说明大班幼儿的有意注意已有相当程度的发展。

3.幼儿注意品质的发展

注意具有广度、稳定性、转移和分配四种品质。在幼儿期，注意的发展除了表现在无意注意和有意注意上，还表现在注意品质的变化。

（1）注意的广度　注意广度指在同一瞬间所把握的对象的数量。注意的广度有一定的生理制约性。成人在0.1秒的时间内，一般能够注意到4～6个相互间无联系的对象。而幼儿至多只能把握2～4个对象。所以，幼儿的注意广度还比较小，不能要求他们在很短的时间内注意较多的事物。不过，随着幼儿生理的发展和知识经验的增长以及生活实践的锻炼，注意的广度会逐渐扩大。

教师为幼儿准备教具时，如能将所展示的材料有规律地排列在一起，或使之成为互有联系的整体，更有助于幼儿同时把握更多的对象，也就是使注意的广度扩大。

（2）注意的稳定性　注意稳定性指把握对象的时间的长短。幼儿注意的稳定性还比较差，更难持久地、稳定地进行有意注意。幼儿对于生动有趣感兴趣的对象可以较长时间地保持注意，对枯燥乏味不感兴趣的对象则难以保持注意。在良好的教育条件下，幼儿注意的稳定性不断发展着。如前所述，小班幼儿一般只能稳定地集中注意3～5分钟；中班幼儿可达10分钟；大班幼儿可延长到10～15分钟。

（3）注意的转移　注意的转移指有意识地调动注意，从一个对象转移到另外一个对象上。这反映了注意的灵活性。幼儿易分心，还不善于调动注意。例如，幼儿刚进行过激烈的体育游戏，马上坐下来学习语言，就很难将注意力转移过来。小班幼儿不善于根据任务的需要灵活地转移自己的注意，随着儿童活动目的性的提高和言语调节机能的发展，大班幼儿则能够随要求而比较灵活地转移自己的注意。

（4）注意的分配　注意分配指在同一时间内把注意集中到两种或几种不同的对象上。幼儿还不善于同时注意几种对象，注意的分配比较困难，往往顾此失彼。随着幼儿活动能力的

增强，注意分配能力也逐渐提高。例如，大班幼儿做体操时，既能注意做好自己的动作，又能注意到体操队形的整齐，并配上适当的面部表情，而小班幼儿则比较困难。

第四节　幼儿注意分散的原因和防止

幼儿由于身心发展水平的限制，还不善于控制自己的注意，容易受其他无关刺激的干扰，出现注意分散现象。注意分散系指儿童不能长时间地把注意集中在应该集中的对象上。为了防止幼儿注意分散，应了解幼儿分心的原因，并采取相应的措施加以预防。

一、幼儿注意分散的原因

引起幼儿注意分散的原因很多，主要有下列几种。

1.无关刺激的干扰

幼儿的注意仍以无意注意占优势。一切新异的、多变的或强烈的刺激物都会引起他们的注意，加之他们注意的稳定性较低，刺激物很容易干扰他们正在进行的活动。例如，活动教室的布置过于花哨，环境过于喧闹，教具过于繁多，甚至教师的服饰、头发过于奇特，都可能影响幼儿的注意。实验表明，让幼儿自己选择游戏时，一般以提供四五种不同的游戏为宜，游戏过多，幼儿既难选择，也难以集中注意。

2.疲劳

幼儿神经系统的机能还未发育成熟，长时间处于紧张状态或从事单调活动，便会引起幼儿疲劳，出现"保护性抑制"，起初表现为没精打采，随之出现注意涣散。所以，幼儿的教学活动要注意能引起儿童兴趣，时间不能过长，内容与方法要生动多变，从而防止幼儿出现疲劳。引起疲劳的另一重要原因是缺乏严格的生活制度。有的家长不重视幼儿的作息制度，让孩子和成人一样晚睡，幼儿得不到充分休息，造成睡眠不足。星期天，许多父母为幼儿安排过多的活动，如上公园、逛超市、访亲友等，破坏了原来的生活制度。有些调查显示，幼儿在星期一情绪最难稳定，常常出现注意涣散，这对学习和活动极为不利。

3.教学目的要求不明确

有时教师对幼儿提出的要求不具体、不明确，幼儿没有实际操作的机会，或者活动的目的不能为幼儿理解，都可能引起幼儿注意涣散。当新的活动内容与幼儿的知识经验之间存在着中等程度的差异时，才最容易引起和维持幼儿的注意。过难，幼儿缺乏理解的基础；过易，新内容会因缺乏新异性而不能被吸引。幼儿在活动中常常因为不明确应该干什么而左顾右盼，注意力动摇，从而不能积极地完成教学活动。

4.注意不善于转移

幼儿注意分散的一个重要原因，就是幼儿注意的转移品质还没有充分发展，因而常常不能依照要求主动地调动自己的注意。例如，幼儿听完一个有趣的故事，可能长久地受到某些故事情节的影响，注意难以迅速地转移到新的活动上去。如果将注意紧张度高的活动或幼儿感兴趣的活动安排在前面，幼儿就更难把注意转移到后面的活动中去了。

二、培养幼儿注意的策略

教师要针对幼儿注意分散的原因，采用适当策略来防止注意分散。

1.设立良好环境，排除无关刺激的干扰

当幼儿从事某种活动时，周围的环境要尽量保持安静，布置要整洁优美，而且幼儿对所处的环境必须熟悉。游戏时不要一次呈现过多的刺激物；上课前应先把玩具、图画书等收起放好；上课时运用的挂图等教具不要过早呈现，用过应即收起；对年幼的儿童更不要出示过多的教具。教师讲话须尽量减少，声音要低，最好以动作暗示，以免干扰幼儿的活动。教师本身的衣饰要整洁大方，不要有过多的花饰，以免分散幼儿的注意。

2.制定并遵守合理的作息制度

使幼儿得到充分的休息和睡眠，是保证幼儿精力充沛地从事各项活动的条件。如晚间不要让幼儿多看电视，或看得太晚；星期天不要让幼儿外出玩得太久。要使幼儿的生活有规律，保证他们有充沛的精力从事学习等活动，防止注意分散。

3.明确活动目的，帮助幼儿发展有意注意

幼儿不是对一切事物都感兴趣，但只凭兴趣引起的注意又难以长时间保持，大多数知识经验的获得还依赖于有意注意的维持。在各项活动中，教师或家长要先提出具体的活动目的和方式，让幼儿对活动目的感兴趣，以此来激发幼儿完成任务的愿望和积极性，增强幼儿的自我控制力，促进他们有意注意的发展。

4.对幼儿进行指导的质量要高

教师要从多方面改善教学内容、改进教学方法，如所用的教具要色彩鲜明，所用挂图或图片要突出中心，所用的语词要形象生动，这样才容易引起幼儿注意。此外，还要了解幼儿已经具备的知识经验和心理特点，使幼儿对将要从事的活动有强烈的兴趣，激发旺盛的求知欲和好奇心以及良好的情感态度，从而促进他们集中注意力，防止注意受到干扰而涣散。

5.引导幼儿积极动手动脑

积极的智力活动和实际的操作活动有利于幼儿保持注意，因而能增强注意的目的性，使幼儿从被动的吸引变为主动的维持注意。同时，动静结合的活动能预防长时间从事单一活动所容易引起的疲劳。

6.灵活地交互运用无意注意和有意注意

有意注意是完成任何有目的活动所必需的，但有意注意消耗的神经能量较多，需要意志努力，容易引起疲劳。特别是3～6岁的幼儿，很难长时间保持有意注意。教师可以运用新颖、多变、强烈的刺激，激发幼儿的无意注意。但幼儿的无意注意不能持久，因而还要培养和激发他们的有意注意。教师可向幼儿讲明学习活动的意义和重要性，使幼儿逐渐能主动地集中注意，即使对不十分感兴趣的事物也能努力注意，自觉地防止分心。教师还必须灵活地运用两种注意形式，不断地变换孩子的两种注意，使大脑活动有张有弛，既能做好某件事情，持久地集中注意，又不至于过度疲劳。

7.在游戏中训练幼儿的专注力

前苏联心理学家曾做过这样一个实验：让幼儿在游戏和单纯完成任务两种不同的情况

下，将各种颜色的纸分装在同样颜色的盒子里，观察幼儿注意力集中的时间。实验结果发现，4岁幼儿在游戏中可以持续进行22分钟，6岁幼儿在游戏中可坚持71分钟，而且分放纸条的数量比单纯完成任务时多50%。在单纯完成任务的形式下，4岁幼儿只能坚持17分钟，6岁幼儿只能坚持62分钟。这样的结果表明，幼儿在游戏活动中，其注意力集中程度和稳定性较强。因此，教师可以多开展丰富有趣的游戏活动，在游戏中培养幼儿的专注力。

8.重视培养幼儿对周围环境的多方面兴趣

浓厚的兴趣像磁铁一样吸引幼儿的注意力，兴趣是幼儿最好的老师。经常带幼儿到绚丽多彩的大自然中去，丰富他们的生活，开阔他们的眼界，让幼儿动手做一些手工，进行简单的科学活动等，都有利于培养幼儿的探究精神和注意倾向。

三、审慎处理幼儿"多动"现象

在美国，10岁以下的儿童中有6%～10%患有"多动症"。这是指一种过量的、无法自控的活动。症状常常表现为精力分散、多动、注意集中时间短。"好动"不等于"过动"，教师和家长不能因为幼儿好动就断定孩子患有"多动症"。幼儿是否有"多动症"，需要到专业机构检测并治疗，仅凭经验是难以正确断定的。对于一个"多动"的幼儿，必须根据生活史、临床观察、神经系统检查、心理测验等进行综合分析，才能确定。

幼儿一般的好动，可以通过家庭教育方式的调整来改善。

1."好动"是幼儿的天性

有位家长咨询，孩子在幼儿园上课时坐不了五分钟，总要动来动去，非常担心孩子今后的学习。

好动是幼儿的天性，如果了解一些幼儿生理发展特点就不会造成如此的焦虑。一方面，幼儿的骨骼比较柔软、有弹性，脊柱的弯曲还没有定型，肌肉收缩力差。如果要幼儿正襟危坐没有必要，反而有害于幼儿的身体发育。因为幼儿长时间保持一种姿势，肌肉会长时间保持一种紧张状态，会影响肌肉的发育。幼儿在保持一种坐姿觉得累，他自然会换一种坐姿，不同的肌肉群轮流"值班"，紧张与松弛也得到轮换，这也有利于血液的供给。另一方面，幼儿的高级神经系统未得到充分发育，他们的神经系统活动兴奋过程大于抑制过程，所以这些孩子表现出来的就是好动、自控力差、经常做小动作、注意力不集中。

2.解决幼儿"好动"的三种方式

（1）培养幼儿的阅读兴趣　当幼儿沉浸在故事中时，幼儿就会安静下来。当然，要让好动的幼儿喜欢阅读要费一番周折。教师和家长可以寻找一些适合幼儿阅读的书籍，给幼儿创造一个利于阅读的氛围，比如自己带头看书或和孩子共阅一本书、创造安静的读书氛围，和小朋友比赛阅读，教孩子把看到的故事讲给别人听并进行正向强化，等等。

（2）让幼儿欣赏音乐　音乐使人心灵澄静。音乐不仅能陶冶人的情操，还能使孩子的"好动"得到缓解。比如轻音乐《希望的旋律》、《寂静之声》、《秋日私语》等。

（3）在游戏中矫正　教师和家长要给幼儿游戏的时间，如果幼儿没有游戏伙伴，可以给幼儿找游戏伙伴，还要给幼儿创造玩游戏的环境。幼儿游戏时教师和家长可以适当参与指导，要让孩子在游戏中学会交往、学会创造。有些游戏还可以矫正幼儿的"好动"，如"木

头人"游戏。几个孩子一边蹦蹦跳跳,一边齐声念着:"山连山,水连水,我们都是木头人,不许说话不许动!"话一说完,大家就立即静止不动,不能说话,谁先动或说话,就犯规,要受到惩罚。

3.给家长的三点忠告

首先,加强幼儿的"规范"教育。幼儿一般缺乏组织纪律观念。他们经常"为所欲为",不知道什么事情应该做,什么事情不应该做;不知道这件事情适合这个时候做,不适合那个时候做。这需要教师和家长对"规范"反复教育和强化。

其次,多用正面的语言进行评价。家长要多注意观察幼儿的言行举止,当发现幼儿的难得安静时应及时给予鼓励和强化。即使幼儿做得不好,家长也要用放大镜去发掘他的闪光点,用正面语言加以评价。比如孩子今天看书时只坚持了三分钟,不同的家长可能对此有不同的评价方式。其一,"你这孩子,看书坚持不了三分钟,你以后还能成什么事?"其二,"呦,宝贝真乖,你看书能坚持三分钟了,比以前有进步了,继续努力!"前者的评价是否定的、抱怨的负面评价,它起到负面的强化作用。经家长这么一说,幼儿马上加深了印象,"我看书只能坚持三分钟"。后者是赞赏的、鼓励的正面评价,更容易激发幼儿的内驱力。

再次,对幼儿要求不要太高。家长对幼儿要求太高,甚至苛求,很容易给幼儿造成逆反心理,严重的会扭曲幼儿的心理,给他的未来发展埋下危机。家长在家庭教育中要遵循幼儿的身心发展规律行事,对幼儿的要求要让幼儿跳一跳够得着,不过高要求幼儿,以免让幼儿产生挫折、自卑的心理。

作为一个教师,首先要从自己的教育和教学工作检查,来确定幼儿注意分散的原因,切不可把注意力容易分散的幼儿轻率地视作多动症患者,而加以指斥和推卸责任。这样不仅不能使幼儿改正其行为的缺点,而且会使幼儿从小贴上"精神病患者"的标签而影响他们以后心理的健康发展。教师要审慎处理"多动"的幼儿,更要重视幼儿注意分散现象,分析和确定其原因,积极改善自己的教育和教学工作。同时要积极培养幼儿良好的注意习惯,促进幼儿注意的发展。

? 思考与练习

1.什么是注意?注意的功能有哪些?

2.幼儿注意品质的发展有哪些特点?

3.如何培养幼儿的有意注意?

4.如何防止幼儿注意分散?

拓展阅读

幼儿注意小游戏

1.划销作业

57349125765081734645

```
1 2 0 8 7 3 2 0 9 4 7 8 9 0 1 8 5 2 4 7
7 8 0 5 4 6 3 4 9 1 2 2 5 4 1 8 0 7 3 2
5 8 6 0 6 7 5 9 2 5 4 3 4 4 7 3 5 0 6 4
9 1 0 8 4 6 1 5 7 6 8 1 6 2 4 7 2 5 0 4
```

（1）将测图中的3划掉。

（2）将测图中3前面的7划掉。

（3）将测图中两数和为7的两数圈起来。

（4）将测图中两数差为3的两数圈起来。

2.猜猜我是谁

按照英文字母的顺序将点连成线，还可以涂上颜色。

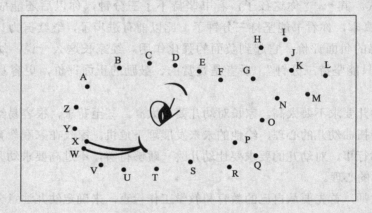

3.听认数字

```
1 5 3 6 4 8 3 5 6 0 7 1 3 5 6 4
2 3 4 8 2 9 6 1 3 7 9 3 6 4 2 1
3 7 6 4 5 8 1
```

4.听认字母

A I O E G J L W B E U Y I N M V Z

E P Q T U D S E O E O N M E W I Z

J K L F A E B Y U I R T E J A B Z E

O R W E H K A R

5.顺背、倒背

28－35

386－612

3417－6158

84239－52186

389174－796483

5174238－9852163

16459763－29763154

538712469-426917835

7513269187-4192478315

63875217428-27568970465

6. 划销奇数或偶数

1 5 6 4 5 6 9 2 3 6 5 7 8 9 5 2 3 1 5

6 4 2 3 6 8 4 0 6 2 3 1 5 9 7 5 2 3 6

1 2 5 9 8 7 1 3 7 9 2 8 1 6 3 1 5 2 4

6 2 3 5 1 6 4 9 5 7 8 9 5 6 2 3 1 4 5

7. 大—小作业

大 小 小 大 小 大 大 小

要求：（1）根据字的含义读出

（2）根据字大小读出

8. 找不同

9. 数数游戏

在一张有25个小方格的表中，将1～25的数字打乱顺序，填写在里面（见下表），然后以最快的速度从1数到25，要边读边指出，同时计时。

21	12	7	1	20
6	15	17	3	18
19	4	8	25	13
24	2	22	10	5
9	14	11	23	16

实践在线

1. 案例分析

小明，4岁，幼儿园中班，好动、注意力不集中，上课时不能专心听讲，坐在窗户边的时候看外面，坐在教室里面的时候眼睛喜欢盯着厕所看。

请你根据所学理论知识分析此现象，并为小明的老师和家长提出切实可行的矫正措施。

2. 小组讨论

问题：观察大、中、小班幼儿的学习活动，比较一下不同年龄阶段幼儿注意的特点。以小组为单位进行讨论，形成书面总结报告。

3. 实践观察

下园进入班级，观察班级中幼儿谁在学习活动中容易分心，谁不容易受到干扰，你认为教师针对这两种幼儿应分别进行怎样的教育？

幼儿的感知觉

　　我们生活在一个丰富多彩、变化多端的大千世界里，从出生之后，就对这个世界有了具体的感受。婴幼儿通过皮肤、眼睛、耳朵、舌头、鼻子等器官感受来自外界的刺激。这些外界刺激通过神经系统传递给大脑，从而形成了最初级的心理活动——感觉。各种感觉统合起来形成对某一事物的整体认知，即知觉。

　　感知觉是人类获得信息的主要途径与来源，是个体发展中发生和成熟的最早的心理过程。幼儿期是人生发展的奠基时期，感知觉在幼儿期心理发展中起着重要作用，其发展是幼儿期心理发展的主要任务。本章将在概述感知觉基本概念及特点的基础上，详细阐述幼儿感知觉发展的特点及培养策略。

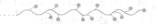

第一节　幼儿的感觉

　　感觉是人脑对客观事物的个别属性的直接反应，是最基础的心理活动，也是人们认识世界、了解世界的最基本途径。根据感觉器官和感觉通道的不同，可将感觉分为视觉、听觉、触觉、味觉、嗅觉等多种类别。学前期是儿童各种感觉发展的关键期，因此应重视对学前儿童感觉的训练。

一、感觉的概述

1.感觉的概念

　　感觉是人脑对直接作用于感觉器官的刺激物的个别属性的反映，是最基础的心理活动。我们生活在一个丰富多彩的世界里，当我们认识每种事物时，首先认识的是事物的颜色、声音、湿度、硬度、气味、味道等个别属性，这些个别属性通过感觉器官反映到人脑中，使大脑获得了外部世界的各种信息，我们也就产生了相应的感觉。感觉不仅反映事物的外部属

性，还反映机体的变化和内部器官的状况，如人体的运动、干渴、饥饿、疼痛等内部信息。

2.感觉的种类

根据刺激的来源和感觉器官的不同可以将感觉分为外部感觉和内部感觉。

幼儿通过皮肤，能够感受到空气的冷暖，感觉到别人对他的触摸和拥抱；通过耳朵能够听到声音；通过眼睛能够分辨明暗和物体的形状；通过口舌能够品尝食物的味道；通过鼻子能够辨出气味的不同。这些反应就是我们通常所说的触觉、听觉、视觉、味觉、嗅觉等。相应的身体器官，如皮肤、耳朵、眼睛、嘴巴、鼻子等叫做感觉器官。而那些使人通过感觉器官产生反应的物体，如气温的变化、声音、光线、色彩、味道与气味等则被称为刺激。触觉、听觉、视觉、味觉、嗅觉是我们最为熟悉的感觉，是人体对外界环境刺激的反应，叫做外部感觉。

对来自人体自身的刺激信号做出的反应，被称为内部感觉，包括运动觉、平衡觉和机体觉。

运动觉是指人对自身的肌肉、关节、韧带的活动及肢体的位置、姿势的感觉。例如一个人将自己的手臂抬起来，他不用看，不用别人告诉他，也能知道自己正在抬手臂并且知道自己将手臂抬到了什么位置，或者坐在椅子上，不用看也能知道自己的脚所放的位置，这就是运动觉在起作用。这种感觉的信息是由人的运动神经传入大脑的，人们有时将它简称为"动觉"。

平衡觉是指人对自身整体所处的位置、方向及其变化的感觉。例如在荡秋千时，人可以知道自己是升上去还是荡下来；坐在汽车里能觉出车子在拐弯；身体受到碰撞时能觉出是否要摔倒。这些都是人的平衡觉在起作用。平衡觉也被称为前庭觉，这种感觉的信息是由位于耳朵内部的前庭通过神经通路传入大脑的。

机体觉是指人对身体的内脏器官的状况的感觉，包括饥渴、疲乏、睡眠、便意、疼痛等。人的许多内脏器官，如肝脏、肺、胆、胃等，在正常活动状态下并不会引起人的主观感觉，但一旦它们的活动不正常或发生病变，人就可能觉得不舒服或疼痛，这也是机体觉的一种。机体觉使人能够了解自己机体内部的状态，从而做出相对应的行为，如渴则饮，饥则食，乏则休息，因此机体觉对维持人的生命、健康有十分重要的意义。

3.感觉的规律

感受性的变化是感觉规律最直接的体现之一。感受性是感觉器官对适宜刺激的感觉能力（或感觉的灵敏程度）。其变化主要有以下几种情况。

（1）感觉适应　由于刺激物对感觉器官的持续作用，从而使感受性提高或降低的现象叫感觉适应。如人从亮处进入暗室，最初漆黑一片，什么也看不到，过了一会儿就逐渐能够看到一些东西，这就是暗适应，暗适应表明视觉感受性的提高。反之，如果在暗室里待久了，突然到外界强光照射的地方，最初很刺眼，看不清外界的东西，稍后才能逐步看清东西，这是明适应，明适应表明视觉感受性的降低。触觉、嗅觉等的适应现象也很明显，如冬季当人们刚开始穿上棉衣时，感到特别笨重，但过一段时间后就感不到棉衣的重量了；或者刚戴上手表，感觉很重，手腕不舒服，但戴一段时间后就感觉不到手表带的重量了，这都是触觉适应现象。"入芝兰之室，久而不闻其香；入鲍鱼之肆，久而不闻其臭"，就是嗅觉适应现象的表现。

根据感受性的适应规律，成人在带领幼儿由亮处进入较暗的场所，如电影院、录像室、幻灯室时，或由暗处进入亮处时，要注意视觉适应现象，稍稍停留一下再行动，使眼睛先能

适应，以免幼儿因眼睛看不清而发生意外事故。在让幼儿嗅闻某种气味时，不要闻得太久，以免因适应而分辨不出。播放音乐给幼儿听不应过响，以免幼儿的听觉感受性下降，甚至损伤听力。

（2）感觉对比

同一感受器接受不同刺激而使感受性发生变化的现象叫感觉对比。几个刺激物同时作用于同一感受器时产生同时对比，如同一片灰色纸片放在白色背景上显得暗些，放在黑色背景上显得亮些。刺激物先后作用于同一感受器时会产生先后对比现象，如吃糖后再吃苹果，会觉得苹果很酸，吃了苦药之后，再喝杯白开水也觉得甘甜。

掌握这一规律，对于制作和使用直观教具，提高幼儿的感受性具有实际的意义。例如，白底的贴绒板上贴大红色、深绿色的图形便很突出，如贴淡黄色的图形便不鲜明。考虑到颜色的对比，可以使环境中的美术装饰互相衬托，而考虑到明度的对比，又可以使演示场所利用一定的照明、遮光设备等，这样可以使儿童看得更清楚。

（3）不同感觉间的相互作用

不同感觉间的相互作用是指一种感觉的感受性因其他感觉的影响而发生变化的现象。每一种感觉均会受到其他感觉的影响而发生变化。当我们仔细听微弱的声音时常常会闭上眼睛，欣赏动听的音乐时也会情不自禁地闭上眼睛，说明了视觉对听觉感受性的影响；"望梅止渴"说明视觉对内脏感觉的影响。一般来说，不同感觉间的相互影响的趋向大约是：对一种感受器的微弱刺激能够提高对其他感受器的感受性；对一种感受器的强烈刺激会降低对其他感受器的感受性。

因此，在幼儿进行观察时，要注意保持环境的安静，教师的声音也不应当很大，以避免对幼儿造成干扰。

4.感觉的意义

感觉虽然不属于高级的心智活动过程，却是人赖以生存和发展的最基本的功能，对人类具有重要意义。

首先，感觉是一切较高级、较复杂的心理现象的基础，是人的全部心理活动的基础。人的知觉、记忆、思维等复杂的活动，必须借助于感觉提供的原始材料。人的情绪情感体验，也必须依靠人对外部环境和身体内部状态的感觉。因此，没有感觉，人的一切高级复杂的心理活动就无从产生。

其次，感觉提供了内外环境的信息。通过感觉，人能够认识外界物体的颜色、明度、气味、软硬等，从而能够了解事物的各种属性。通过感觉，我们还能认识自己机体的各种状态，如饥饿、寒冷、疼痛等，因而有可能实现自我调节，如渴则饮，饥则食，感觉到疼痛就避免进一步的伤害，痛觉具有重要的生物学意义，它是有机体内部的警戒系统，能引起防御性反应，具有保护作用，如果人类没有痛觉，就不能主动躲避外界的伤害。

最后，感觉保证了机体与环境的信息平衡。人要正常地生活，必须保持与环境的平衡，包括信息平衡。信息超载或不足，都会对人的生活产生不良的影响，信息超载，会使人产生"冷漠"的态度；感觉剥夺造成的信息不足，使人无法忍受，并由此产生痛苦和不安，例如，心理学家曾经做过"感觉剥夺"实验，实验过程中将被试安置于一个特殊的环境之中，通过各种措施阻断被试所能接受到的各种信息，通过手套阻断手部的信息输入、耳机阻断声音输入（在必要时可以与话筒配合与主试交流）、护目镜阻断视觉信息的获得，实验过程要求被

试尽可能长时间的躺在柔软而舒适的床上，手脚被纸板卡住而不能移动，但每天可以获得20美元的报酬（吃喝等生活问题由主试安排好）。实验环境如图4-1所示。

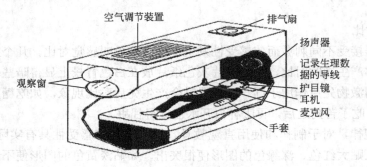

图4-1 感觉剥夺实验

实验开始的时候被试还能够安静的睡眠或思考一些没有时间思考的问题，但稍后被试开始失眠、注意力不能集中、思维不连贯，开始用两只手套互相敲打，以便寻求刺激，甚至出现幻觉、神经症状。很少有被试会在这种环境中坚持3天以上。四天后，对终止实验的被试者进行心理测验，发现他们进行精细活动的能力、识别图形的知觉能力、持续集中注意的能力以及思维的能力均受到了严重的影响，经过一段时间后才恢复到正常水平。

二、幼儿感觉的发展

幼儿感觉的发展有其内在的规律性，其发展过程是不平衡的，有先有后。和其他心理过程的发展一样，感觉发展也有一个由低级向高级不断完善的过程。

1. 视觉的发展[1]

在幼儿的所有感觉器官中，眼睛是最主动、最活跃、最重要的感官。对婴儿来讲，除了睡眠时间，他们都在积极地运用眼睛观察着周围的环境，收集信息。有研究发现，8个月到3岁的婴儿清醒时，有20%的时间是在注视他们眼前的物体（瓦艾特，B.White，1975）。眼睛是婴幼儿接触、了解周围世界的主要器官，视觉为幼儿提供了大量重要的信息，因此，心理学家对视觉的研究要比其他领域更为丰富多彩。

（1）视觉集中 婴儿出生后的2～3周内，两眼的活动常常是不协调的，经常出现要么一只眼睛偏左，要么一只眼睛偏右，或两眼对合在一起的情况。一遇到光线，眼睛就眯缝成线或闭合起来。说明新生儿视觉的集中活动还未形成。这主要是因为新生儿视觉调节机能较差，视觉的焦点很难随客体远近的变化而变化。

视觉集中现象在幼儿出生后第2个月时表现得比较明显和频繁，对于鲜艳明亮的物体，尤其是人脸容易引起集中。出生2个月的婴儿，其视线开始追随在水平直线方向移动的物体，3个月时能追随物体做圆周运动。婴儿视觉集中的时间和距离都逐步延长，3～5周的婴儿能对1～1.5米处的物体注视5秒钟，3个月的婴儿能对4～7米处的物体注视7～10分钟。从第6个月起，婴儿就能够注视距离较远的物体。随着视觉集中能力的增强，幼儿开始对周围物体做更积极的观察。

（2）颜色视觉 颜色视觉是指个体用视觉区分颜色细微差别的能力，也称辨色力，简称

---

❶ 高月梅、张泓.幼儿心理学.杭州：浙江教育出版社，2008.

"色觉"。

幼儿出生后大约3～4个月时，便已出现了最初的颜色视觉，可辨别彩色和非彩色。红颜色特别能引起幼儿的兴奋。4～8个月的婴儿最喜欢波长较长的温暖色，如红、橙、黄色，不喜欢波长较短的冷色，如蓝紫色，喜欢明亮的颜色，不喜欢暗淡的颜色。随着幼儿年龄的增长，其颜色视觉继续发展，逐渐能区分各种颜色的色调（如蓝和天蓝），以及颜色的明度和饱和度。

我国学前教育专家丁祖荫和哈咏梅用指认和命名的方法研究了幼儿的颜色辨别能力。研究结果如表4-1所示。研究指出，幼儿能否正确辨认颜色，主要在于是否掌握了颜色的名称。如果掌握了颜色的名称，有些混合色也能为幼儿掌握。深浅不同的颜色一定要给予明确的命名，如"柠檬黄"、"深黄"，并可在对比中进行教育。

表4-1　各年龄班幼儿正确辨认颜色的百分率[1]　　　　单位：%

年龄组	配对	指认	笼统命名[①]	精确命名[②]
小班	87.5	51.0	59.4	26.3
中班	95.5	65.8	72.5	40.1
大班	97.9	78.8	78.2	50.9

① 笼统命名：如称"深黄"为"黄"；称"粉红"为"红"等。
② 精确命名：明确称为"深黄"、"粉红"等。

颜色视觉方面的一个重要缺陷是色盲。据调查色盲患者在我国男性中占5.8%，女性中占1.5%。色盲会给孩子将来的工作和生活带来不便，提前检测出可将其不利降到最低。对幼儿来说，可以用专门的色盲检查表了解孩子是否有色盲现象。

（3）视敏度　视敏度是眼睛精确地辨别区分物体细节或远距离物体的能力，即能够发觉物体的形状和大小等微小差异的能力，即俗称的"视力"。

通常使用视力表来检查幼儿的视力。普通用的视力表是由字母或其他大小不同的图形所组成，在距观察者一个标准距离处呈现。通过观察者对图形的正确判断程度测量其视力。研究者发现，一个月以下的新生儿视力很差，是近视眼。但其视力改善极其迅速，大约6个月到1岁便能达到正常成人的视力范围之内，因此，这个时期是婴儿视敏度发展的关键期，成人应注意保护婴儿的视力发展。

通常人们总以为小孩视力比成人要好，事实上，幼儿的视力并不如正常的成人，幼儿的视觉敏度是随年龄的增长而发展的。

整个学前期，幼儿的视觉敏度不断增长。据苏联学者英多维茨卡娅的报告（1955），幼儿看清圆形图上裂缝所需要的平均距离，4～5岁为207.5厘米，5～6岁为270厘米，6～7岁为303厘米。如果把6～7岁幼儿视觉敏度的发展程度作为100%，则5～6岁为90%，而4～5岁为70%，这意味着6～7岁比4～5岁提高30%，比5～6岁提高10%。日本研究者今村荣一的研究指出，幼儿1岁时视力为0.2～0.4，2岁时为0.5～0.6，3岁时1.0以上者为67%，到5岁时可达83%，6岁时达到正常成人的视力范围。我国的研究材料也说明，1～2岁幼儿视力为0.5～0.6，3岁时视力可达1.0，4～5岁后视力趋于稳定。可见，随着年龄的增长，幼儿视觉敏度在不断发展。因此，给幼儿看的读物，应该是年龄越小，图和字越大。

[1] 高月梅，张泓.幼儿心理学.杭州：浙江教育出版社，2008.

2.听觉的发展

听觉是人的另外一种重要的感觉。听觉使人能够感知视觉无法提供的外界事物信息。人们利用听觉来感知周围环境，并及时作出反应，如利用听觉判断背后有自行车或汽车驶来，从而及时躲避；利用听觉倾听优美的音乐而放松身心。在人类发展的原始阶段，听觉的意义更是和生存密切相关，人们通过野兽的叫声或奔跑的声音，判断出野兽的种类、位置，提前躲避保住性命。最重要的，听觉使得人们学习语言和使用语言进行交流成为可能。

因此听觉在幼儿心理发生发展过程中具有重要意义，是幼儿探索世界、认识世界、从外界获取信息不可缺少的重要手段。幼儿言语、音乐等能力的发生发展都离不开听觉，如果儿童期出现听觉障碍，如发生耳聋，则会影响儿童语言能力的发展；发生耳聋的年龄越小，对语言发展的影响越大。

人们曾经认为听觉是在人出生后逐渐发生发展的，如一百多年前，德国儿童心理学家普莱尔就提出"一切幼儿刚刚生下时都耳聋"的看法。但关于新生儿何时开始有听觉的问题至今尚有争论。有研究显示，听觉在出生之前就存在了，胎儿在母体内发育到6～7个月时就可产生听觉。而且新生儿已有良好的听觉能力已为许多实验研究所证实。

婴儿出生后，人们通过观察他们的心律变化、呼吸变化、面部肌肉活动变化及身体活动的变化，来了解婴儿对不同声音刺激的反应。人们发现，新生儿不仅能够听见声音，而且还能区分声音的音高、音响和声音的持续时间，连续不断的声音对婴儿可以起到抚慰或镇静的作用；婴儿还表现出对人的说话声的偏好，有人发现新生儿对一个妇女的说话声要比对铃声做出更多、更有力的反应；2个月的婴儿可以辨别不同人的说话声以及同一个人带有不同情感的语调，例如，同样一段文章由两个人读，婴儿有不同的反应，而同一个人用生硬的、愤怒的语调，或者用愉快的、柔和的语调读，婴儿的反应也会起变化；婴儿从出生就显示了寻找声源的愿望和能力，如将头转向声音传来的一方，这种声音定位的能力在1岁半以内迅速发展起来，越来越准确、迅速。

儿童的听觉能力在12岁、13岁以前一直在增长，成年后听觉能力逐渐降低，主要是高频部分听力丧失，因此人们常常会觉得小孩比大人"耳朵尖"。因此，在幼儿期应该有意识地通过音乐或语言培养幼儿的听觉能力。

但也会有某些因素可能会导致幼儿期听力损伤，如遗传、外伤、噪声污染、中毒等。这种损伤如果比较严重，会很快引起成人的注意，并能采取积极措施予以治疗。但在很多情况下听力损伤并不十分严重，或仅发生于单侧耳朵，不能很快引起成人的关注。由于幼儿经验的缺乏，以及语言表述能力的限制，一般无法详细诉说这种听力损伤。听觉对幼儿语言的学习异常重要，轻微的听力损伤都有可能影响到幼儿语言的正常发展，如幼儿可能不能准确感知语音，听不清成人语句中的某些音节等，还可能导致幼儿在语言发展、行为适应等方面的迟缓。有时幼儿没有按照老师的要求做某件事情，仅仅是因为他们没有听清楚老师的要求而已。

因此，成人应特别注意那些听力有损伤的儿童，虽然他们听力上有缺陷，但是能够根据别人的面部表情、动作，或根据当前的情境来理解别人说话的内容，因此听力问题往往被忽略。轻度听力损伤如能及早发现，是可以治疗和改善的。家长和教师可以通过听力检查，了解幼儿的听力状况。对存在听力缺陷的幼儿，应予以及时治疗，同时应创造条件加以保护，如让幼儿坐在离教师较近的地方，对他讲话声音大些，说得清楚些，防止他听觉过分疲劳。家长教师应该采取各种方法帮助这些幼儿，使听力损伤对幼儿语言发展的消极影响降到最低限度。

3.味觉、嗅觉和触觉的发展

（1）味觉的发展　新生儿对不同的味道有不同的反应。甜味最能令他满意，他会较长时间地吸吮甜的液体；苦味则使新生儿拒绝吸吮并躲避；对咸味的反应介于中间，既不特别喜欢，也不特别拒绝。

婴儿期的儿童虽然仍偏爱甜味，但若能及时添加辅食，也会逐步喜欢饭、菜、肉、蛋的味道。有人认为，在婴儿很小的时候，适当地多给他提供一些味觉刺激，如酸味、酸甜混合的味道等，会对儿童的健康成长有益。

在幼儿期，儿童对味道的偏爱和接受的差异明显起来。有的孩子喜欢浓度很高的甜味；有的孩子能够接受辣味；有的孩子喜欢酸酸的；有的孩子似乎对苦味也不在乎，能够顺利吃下很苦的药品。对味道的偏爱和接受程度，直接影响幼儿的进食，从而影响着他们的营养摄入。一般来说，味道适中而偏淡的食物比较适合幼儿，味道过于浓烈的食物可能使儿童的味觉感受器——味蕾受到过度的刺激，从而使他们的味觉提早退化。现代医学也证实，过多地摄入甜食和盐分，会有损儿童的身体健康。

（2）嗅觉的发展　嗅觉也是一种比较原始的感觉，在人类进化的早期阶段，对寻找食物、躲避危险有积极意义。研究发现，婴儿从出生第一天已能区分好几种气味，例如对氨水气味的回避，而且有一研究表明，出生才1周的婴儿已能辨别母亲的气味和其他人的气味，这就是说，在出生后短短的几天内，婴儿已会认识自己母亲的气味。灵敏的嗅觉有其重要的生物学意义，它可以保护婴儿免受有害物质的伤害，发达的嗅觉还可以指导儿童了解周围的人和东西。

另外，由于大脑中掌管嗅觉的区域与调节情绪的区域十分接近，所以嗅觉刺激还与人的情绪反应有密切关系。婴幼儿对母亲的乳香和体味表现出积极的情绪反应；到了1岁多至2岁时，会越来越被饭菜香所吸引，从而愉快进食；再长一些的幼儿，还逐步学会欣赏花香、果香等令人舒适、喜爱的气味，增加积极的情绪体验。

（3）触觉的发展　触觉是肤觉和运动觉的联合。触觉是幼儿认识世界的重要手段，特别是在2岁以前，触觉在幼儿的认知活动中占有更主要的地位。

婴儿期的触觉发展非常迅速，新生儿既对冷暖有敏感的反应，也对疼痛有反应。随着幼儿年龄的增长和身体运动能力的增强，他们逐渐发展起主动寻找触觉刺激的能力。这种能力在婴儿期主要表现为口腔触觉活动，在幼儿期则为手的触觉活动。

婴儿出生后，不但有口腔触觉，而且可以通过口腔触觉认识物体。除了与生俱来的吸吮反射和觅食反射之外，出生后不久婴儿就会把自己的小手放在口中"有滋有味"地吸吮；当婴儿能拿住物体时，则把拿到的任何物体都统统先往嘴里送；当婴儿会坐、会走动以后，能接触的物体更多了，仍然会在很多时候去"吃"拿到或碰到的物体。事实上，这种"吃遍一切"的行为，在幼小的孩童时期，是一种学习活动，是一种探索周围环境事物的手段。婴儿通过最早的口腔触觉，了解其能力所及的范围内物体的质地、味道、形状等，以及物体的这些属性与自己的关系，如嘴巴感觉舒服与否，好不好吃，能不能把这个物体"装进"嘴里等。这个阶段被称为"口腔探索阶段"。一般到1岁以后，这种探索行为逐渐减少，其他形式的探索活动，如手的活动、语言的活动等逐渐占据主导地位。但有时在较大的幼儿中仍然可能观察到这种"口腔探索"行为的延续，只不过数量已大为减少，仅仅是个别现象罢了。

手的触觉是幼儿通过触觉认识外界的主要渠道。几个月以内的婴儿，虽然手指还不灵

活，但是会把手所触及的小物体抓住，并放到口中探索；半岁以后，婴儿口部的探索活动虽然仍在持续，但手指的灵巧性增强，手部的活动也多了起来，先是抓握，然后会挤、捏、摆弄等。手部活动能力的发展，使得儿童能够体验不同强度、不同方向的压力对手部皮肤的刺激，这又为手部精细活动的进一步发展提供了基础。

4.运动觉和平衡觉的发展

婴儿都喜欢伸展肢体、蹬踢小腿，这些是对运动觉的最早训练。随着年龄的增长，动作能力越来越强，运动觉也发展起来。在幼儿中、晚期已经建立起很好的自我身体意识，能自如控制身体的运动和姿势。幼儿天性活泼好动，也许部分原因在于对运动觉的需要。

平衡觉在婴儿出生后的早期也已显示出它的功能：婴儿都喜欢被轻轻摇晃；在有些时候，啼哭的婴儿可以通过较强、较大幅度的摇晃而安静下来。我们已经知道，摇晃的动作除了给婴儿触觉刺激以外，还给婴儿的平衡感觉器官——前庭系统很多的刺激信号。到了幼儿期，儿童对平衡觉的刺激仍然很敏感而且喜爱，他们不仅喜欢玩秋千、转椅等器械，也喜欢让成人抱着或拉着手臂旋转，这些摇荡、旋转的刺激，就是引起平衡觉的信号。

心理学家曾经忽视过运动觉及平衡觉的发展对儿童心理、智能、学习的影响，而近二三十年以来的一些研究，则证明了儿童早年运动觉和平衡觉的发展，能够促进脑部的发育和脑功能的发展，进而对儿童运动能力、学习能力和自信等方面的发展产生积极的影响。

三、幼儿感觉的训练

幼儿期是各种感觉发展的关键期，生理机能（包括脑功能）的成熟水平是其发展的前提条件。幼儿的生理成熟达到了相应的水平之后，应及时地对幼儿进行适当的教育训练。

1.教育训练对幼儿感觉的影响

（1）教育训练为幼儿提供更丰富的环境刺激　教育训练是成人有计划、有目的地对幼儿施加影响的过程，可以为幼儿带来他们无法自己独立得到的各种丰富多样的刺激物。为促进婴儿感觉能力的发展，成人可以为婴儿安排适宜的环境，如为婴儿提供色彩鲜艳的玩具、声音适宜的摇铃、软硬粗糙程度不同的物体，让他们各种感官都得到锻炼，体验更多。丰富的刺激能够有效促进婴幼儿大脑的发育，从而促进他们心理的发展。

教育训练还可以为幼儿提供那些他们有可能缺乏的感知刺激，弥补日常感觉刺激的不足。例如，生活在高楼林立的城市中的孩子，可能从小接触大量的视觉、听觉刺激，但是摸得少、动得少，比较缺乏触觉、运动觉和平衡的刺激。鉴于此种情况，成人可以通过有目的、有计划的教育训练活动，让幼儿在视听之外，更多地触摸、运动，从而发展起均衡全面的感知能力，并促进大脑功能的均衡发展。

人脑在婴幼儿早期还是不成熟的，是持续发展的，具有很大的可塑性。人脑功能的均衡发展，有赖于人生早期的每一种感觉刺激、感知经验的综合作用，视、听、触、嗅、味、运动、平衡等方面的刺激信息都是有作用的，不能因为在人今后的活动中主要依赖听觉和视觉活动，就忽视人生早期其他感觉刺激的重要性。正视教育训练，使婴幼儿时期有可能接收到全面的感知刺激，这一点十分重要。

（2）教育训练为幼儿提供更多的活动机会　幼儿只有得到更多的机会去运用他们已有的能力，能力才会得到进一步发展和提高。婴幼儿的感知、运动能力的发展也是如此。例如，在生活中，一些孩子由于家长考虑到安全或干净的问题，没有经历过爬的阶段（或极短暂的爬行阶段），就直接学会走路了。这样的孩子就缺少了自然状态下爬行的活动机会，因为在人的日常生活中，需要爬的活动并不多。有研究表明，这种幼儿在身体活动的协调性、颈部和四肢肌肉的力量都不如爬的阶段较长的幼儿，感觉统合能力也有可能比较低。因为爬行的动作不仅让幼儿得到大量的触觉刺激（来自手掌、腿、脚和身体），而且结合了运动觉、平衡觉和视觉的各种信号，并伴有力量的练习、四肢协调的练习等，对幼儿感知能力、运动能力和感觉统合能力都十分有利。所以，对于成长中缺少爬行阶段的幼儿，可以用教育训练的手段，让他们多进行一些这种活动。例如钻山洞游戏、模拟动物爬行等，补上爬行这一课。

当然，教育训练还可以为幼儿提供其他各种丰富多彩的活动机会。在这些活动中，幼儿可以充分发挥他们已有的能力，去练习身体的运动技能，去感知周围事物，并感知他们自身。

2.幼儿感觉统合训练

感觉统合是人脑将各种感觉器官传来的感觉信息进行多次分析、综合处理，并作出正确的应答，使个体在外界环境的刺激中和谐有效地运作。感觉统合训练可改善儿童的运动技能和运动的协调组织能力，对儿童的粗大动作、精细动作和双侧协调能力均有促进作用，它通过调整大肌肉运动和小肌肉运动的协调能力，达到手、眼、脑的协调运动，从而改善了儿童的统合功能。

对于幼儿来说，感觉统合能力是一切学习能力的基础能力，可以从幼儿的生理发展开始培养，从而影响到幼儿的心理以及情商的发展。如果幼儿感觉统合能力失调，容易影响正常的生活与学习。所以应从幼儿阶段开始进行感觉统合训练，合理选择适宜的感觉刺激输入，促使感觉输入与身体运动的良好结合，为幼儿的能力发展奠定良好的生理基础。

任桂英将感觉统合训练应用于临床治疗，对儿童的行为问题、身体运动协调性、注意力集中情绪稳定和学习成绩的改善有较好的疗效。感觉统合训练的方法分为个别训练和集体训练两种形式，个别训练一般在各训练机构或家庭中进行，而集体训练更多在幼儿园和学校开展比较多。感觉统合训练具有游戏性、趣味性，如果能够根据儿童的个体差异制定个别化的训练目标，对于幼儿的感觉统合能力提高是大有裨益的。

（1）感觉统合训练的目标　幼儿感觉统合训练的基本目标是：提供给幼儿感觉信息，帮助改善脑神经生理压抑，开发中枢神经系统功能；帮助幼儿学会抑制和/或调节感觉信息，帮助幼儿提高手眼协调能力和知觉辨别能力；帮助幼儿对感觉刺激作出比较有结构的反应。感觉统合训练的最终目标是达到各种能力的提升，如组织能力、学习能力、集中注意的能力等。

（2）感觉统合训练的内容　幼儿感觉统合训练包括提供前庭、本体和触觉刺激的活动。训练中，指导幼儿参与各种活动，这些活动是对幼儿能力的挑战，要求他们对感觉输入做出适当的反应，即成功的、有组织的反应。新设计的活动逐渐增加对幼儿的要求，使他们能做出有组织的、更成熟的反应。在指导活动目标的过程中，重点应放在自动的感觉过程上，而非指导儿童如何做出反应。在一个学习活动中，涉及的感觉系统越多，学习效果越好。感觉统合训练过程几乎总是让幼儿感到愉快，对幼儿来说，治疗就是玩，成人也可以这样认为。但训练同时也是一个重要的工作，因为训练中有老师或训练人员的指导，幼儿不可能在没有指导的游戏中取得效果。设计一个游戏气氛不只是为了愉快，而是让幼儿更愿意参与，从而使他们从训练中获得更多的收益，为幼儿获得一个肯定的成长经验而设计这样一个训练。

（3）感觉统合训练的原则

① 训练的安全性。感觉统合训练是借助专门的器材进行活动，在器材无损坏的情况下，

幼儿生理、心理的安全教育都是至关重要的。一方面，在幼儿阶段，孩子的各生理器官发育还不够成熟，幼儿天生又有好动、好奇、好模仿的心理，会对身边的一切事物产生探索精神，但由于其生活经验不足，对自身的能力估计过高，会做出力不能及的判断和动作，在训练中会出现一定的安全事故问题。另一方面，安全性体现在幼儿的安全意识上，在感觉统合训练中，要积极培养幼儿的安全意识，增强幼儿的自我控制能力，提高自我保护能力，是解决安全问题的一种有效途径。

② 训练的游戏性。感觉统合训练不同于运动员的训练方式，绝大部分的感统器材结合幼儿体育游戏的内容，根据幼儿身心发展的需要设计符合幼儿阶段的游戏，使训练变得丰富多彩，训练的效果更加全面。如感觉统合的专用器材滑梯、平衡台、大滚球等，作为专项练习的器材显得比较机械枯燥，在专项的感觉统合训练中主要以"重复、加量"为目的机械地重复进行。但若感觉统训练中结合幼儿体育游戏方式，在游戏情景设置的情况下引导幼儿进行训练，创编"一物多用"玩法、个体玩法、集体玩法、竞赛性等游戏，将机械重复练习模式变成幼儿生活事件中的游戏来玩，更能唤起儿童的好奇心和求知探索的强烈活动欲望，使幼儿各方面的能力在游戏中充分体现出来。促使幼儿的视、听、动、触等多种感觉在同一时间内轻松愉快地进行交互重复。

③ 训练的全面性。感觉统合训练是通过多种感官刺激输入大脑进行活动，训练需要全面性，提倡以动静结合的方式为幼儿提供训练计划，根据幼儿的需要全方位地进行训练，提高幼儿各方面能力的发展。结合每个幼儿不同的情况，加强弱项的训练，巩固强项的优势，实施切实可行的训练计划，促进幼儿各项身体素质的全面发展。

④ 训练个体差异性。每个幼儿都是一个特殊的个体，应该获得不同的训练方式与方法。教师应针对个体差异，包括幼儿的年龄、体质、个性、活动经验、能力等不同情况因材施教制订教学目标。在幼儿原有的基础上循序渐进地提高强度，以适应每个幼儿的不同发展水平。训练过程中，教师注重幼儿的生理变化与心理引导，随时观察幼儿训练中遇到的问题，适当调整计划和目标，改善训练方法。同时，发挥每个幼儿的主观能动性，使每个幼儿发挥自身的特质，产生最大限度的成就感。

⑤ 训练强度科学性。幼儿的身体发育并不成熟，承受的强度一定要科学，不能盲目增加训练量，适宜的练习密度和强度是提高幼儿身体素质、促进幼儿各项能力发展的驱动力之一。对于感觉统合训练的每种游戏，力求愉悦轻松，每个环节连贯衔接。根据人体生理机能能力变化规律，关注每个时期客观因素的影响，合理安排活动的生理负荷，一般是从逐步上升到相对平稳，然后逐步下降，从简单到复杂，从易到难，循序渐进地组织训练，更为重要的是幼儿体育活动的强度密度要高低结合，体育活动中静态与动态要动静结合，这样更有利于幼儿各生理机能发展。

⑥ 训练的互动性。训练的互动性主要包括四种互动关系，即学生与学生之间互动、学生与老师之间互动、老师与家长之间互动、家长与孩子之间互动。学生与学生之间的关系融洽，幼儿能自信的表现，整个训练氛围轻松和谐，使幼儿感到轻松快乐，这是训练成功的最好环境，同时老师了解每位幼儿的需求，正确引导训练的方向，发挥老师的主导性，课后，教师与家长密切地沟通配合，使学校与家庭的教育方式达成一致性，训练的效果将事半功倍。

（4）感觉统合训练的途径　对于感觉统合失调的幼儿，我们可以通过家庭训练和幼儿园

训练来提高他们的感觉统合能力❶。

① 家庭训练项目。作为家长，在孩子出生后就应该有意识地加强这方面的刺激，给孩子提供适宜的活动环境，对已经表现出感觉统合能力失调的孩子，要不失时机地给予信息刺激。

发展平衡能力的游戏。走独木桥：用积木搭一座桥，或用粉笔划一座桥，让儿童走"独木桥"，看谁不会落入"水中"，训练孩子的平衡能力。滑旱冰：2岁以上的孩子可以尝试学滑旱冰，训练孩子的平衡协调能力。

发展触觉能力的游戏。捏泥游戏：让孩子用橡皮泥或和好的面团捏各种小动物，进行手部感觉刺激。洗澡操：配合音乐给儿童编一套洗澡操，让孩子自己用手搓脸、胳臂、腿及身上的皮肤，进行触摸刺激。盲人摸象：蒙上儿童的眼睛，用一个纸盒装上多种玩具，让孩子用手触摸物品并说出物品的名字，儿童一般会通过触摸物体的大小、形状、质地来进行辨认，可训练其触摸觉、区别能力和比较能力。

发展协调能力的游戏。串珠练习：让孩子用一根细塑料绳将盘中的小珠子串起来，训练手眼协调能力。球类游戏：包括传球、滚球、投球、追球、踢球、拍球，训练全身动作的协调能力和反应的灵敏性。

② 幼儿园训练项目。幼儿感觉统合训练的核心是进行体育游戏。教师可以充分利用各种感统器材，设计丰富多彩的游戏，以加强幼儿在触觉、平衡觉、本体感觉和手眼协调等能力方面的训练。

发展平衡觉的游戏。例如，坐独脚椅练习：让幼儿坐在独脚椅上，随音乐做滑稽动作，并保持平稳。走平衡木练习：让幼儿两手侧平举，眼睛平视前方走过平衡木，或让幼儿头顶沙包走过平衡木。滑滑板练习：让幼儿双腿伸直并拢，腹部贴紧滑板，两手同时向前滑行。

发展手眼协调能力的游戏。例如，跳蹦床活动：让幼儿站在蹦床上，边跳边接球。再如，秋千吊缆插棒游戏：在晃动秋千的同时让幼儿俯卧，头颈抬起插棒，训练其判断空间距离及左右手协调的能力。

促进前庭功能发展的游戏。例如，滚筒游戏：让幼儿仰卧地面，让滚筒从幼儿身上悬压过去数次，促进本体感；还可以让幼儿俯卧在滚筒上，教师抓紧幼儿双脚，前后摇晃。另外，也可让幼儿钻进滚筒，身体随滚筒一起翻滚，以促进幼儿前庭功能的发展。

通过家庭和幼儿园有意识的训练，可以有效地提高幼儿手眼协调能力及中枢神经系统对手部精细运动的控制能力，改善神经运动的速度和准确性。同时，这些训练还可以改善幼儿的注意力、情绪和记忆力，有效促进幼儿的全面发展。

第二节　幼儿的知觉

知觉是人脑对客观事物的整体属性的反应，是较为复杂的心理活动。在感觉能力的基础上，婴幼儿时期的各种知觉迅速发展起来，从而使幼儿将接收到的大量感觉信息系统地组织整理起来，能够比较深入地认识和了解世界。学前儿童观察能力的发展对他们认识客观世界尤其重要，因此要重视对学前儿童观察力的培养。

---

❶ 何汉荣，袁媛.浅谈对感觉统合失调幼儿的训练.学前教育研究，2004，（12）：27.

一、知觉的概述

1.知觉的概念

知觉是人脑对直接作用于感觉器官的客观事物的整体属性的反映。如幼儿看到一个苹果，他并不是对苹果的单一属性（颜色、形状、气味、味道等）产生反映，而是把这些属性综合起来做出整体的反映，因此幼儿知觉到的是一个又红又圆、闻起来香喷喷、尝起来甜甜的苹果。知觉是在感觉的基础上产生的，是对感觉信息的整合与解释。

2.知觉的种类

知觉可按不同的标准与维度进行分类，主要有以下几种。

① 根据知觉过程中起主导作用的分析器可以把知觉分为视知觉、听知觉、嗅知觉、味知觉和肤知觉等。如人们看书或参观时主要是视知觉，人们听录音机时主要是听知觉等。

② 根据知觉对象的不同，可以把知觉分为对物的知觉和对人的知觉。

对物的知觉主要有空间知觉、时间知觉和运动知觉。空间知觉是事物的空间特性在人脑中的反映，它包括形状、大小、方位、远近和立体等知觉。时间知觉是人脑对客观事物发展变化的顺序性和延续性的反映。运动知觉是人脑对物体的位置移动及其速度的知觉。

对人的知觉也有三种，即对他人的知觉、自我知觉和人际知觉。对他人的知觉是通过一个人的言语、行动来认识其整体的知觉。人们每时每刻都在和别人进行接触和交流，正确地认识和了解别人是交往成功的前提。

自我知觉是一个人对自己的认识，也即常说的自我认识，它是指人们对自己的需要、动机、兴趣、态度、情感等心理状态以及人格特点的感知和判断。自我知觉是在交往过程中随着对他人的知觉而形成的。通过对他人知觉的结果和自我加以对照、比较才会产生对自己表象的知觉。马克思曾指出："人降生是没有带镜子来的，他是把别人当镜子来照自己的。"

人际知觉是人与人进行交往时对人与人之间的关系的知觉。人与人交往时彼此间的情感与态度在一定程度上影响着这种知觉，如"首因效应"是人与人第一次交往中给人留下的印象，在对方的头脑中形成并占据着主导地位的效应。"晕轮效应"指人们对他人的认知判断首先是根据个人的好恶得出的，然后再从这个判断推论出认知对象的其他品质的现象，即"一好百好，一坏百坏"或者"爱屋及乌"。

③ 根据知觉的内容是否符合客观现实，可把知觉分成正确的知觉与错觉。

正确的知觉是人的知觉的主要方面，它是人脑对事物本来面貌的反映。

错觉是对客观事物不正确的知觉。错觉是在客观事物刺激作用下产生的对刺激的主观歪曲的知觉。错觉产生的原因很复杂，往往由生理和心理等多种因素引起。在各种知觉中几乎都有错觉发生。常见的错觉有图形错觉（图4-2）、大小错觉（图4-3）、方位错觉、形重错觉、运动错觉、时间错觉等。

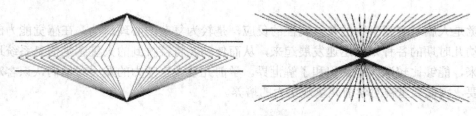

图4-2　图形错觉

图4-3　大小错觉

3.知觉的特性与规律

人对客观事物的知觉，受主客观条件的影响，有其特殊的活动规律。知觉过程的规律可以归纳为知觉的选择性、整体性、理解性和恒常性等四个基本特性。

（1）知觉的选择性　作用于人的客观事物是纷繁多样的，但在同一时间内，人不可能对众多事物进行感知，而总是有选择地把某一事物作为知觉对象，而把其他的事物作为知觉对象的背景，这种特性称为知觉的选择性。

在知觉过程中，知觉的对象和背景是可以相互转换的。如图4-4所示，前者我们既可以把它知觉为花瓶，也可以知觉为人脸；后者我们既可以把它知觉为人脸，也可以把它知觉为吹萨克斯的人。

从背景中选择知觉对象受许多主客观因素的影响，首先会受到客观刺激物特点的影响：刺激物强度大、对比明显、颜色鲜艳时容易成为知觉的对象；刺激物在空间上接近、连续，或形状相似时容易成为知觉的对象；刺激物符合"良好图形"原则，即图形具有简明性、对称性时，容易成为知觉的对象，在视野中，对称部分、具有良好连续的部分、存在简单结构的部分等容易组织为图形而成为知觉的对象；刺激物轮廓封闭或趋于闭合时容易成为知觉的对象。其次知觉选择性受人的主观因素的影响，如知觉者的需要和动机、兴趣和爱好、目的和任务、已有的知识经验以及刺激物对个体的意义等，都会影响到人对物体的知觉。

（2）知觉的整体性　知觉的对象有不同的属性，由不同的部分组成，但是人并不把知觉的对象感知为个别的孤立部分，而总是把它知觉为一个统一的整体，这种特性称为知觉的整体性。如图4-5所示，虽然图中直线、点线和圆圈都是孤立、不闭合的部分，并没有组成整体，但人们倾向于把它们看做正方形、圆形和三角形，这就是知觉的整体性。

图4-4　知觉的选择性　　　　图4-5　知觉的整体性

知觉的整体性有赖于人的知识经验。客观事物对人而言是一个复合的刺激物，由于人在知觉时有过去经验的参与，大脑在对来自各感官的信息进行加工时，就会利用已有的经验对缺失部分加以整合补充，将事物知觉为一个整体。对不熟悉的事物进行知觉时，更多地依赖于刺激物的接近、相似、趋合和连续等组合特点，把它们知觉为有意义的整体。

（3）知觉的理解性　人们根据已有的知识经验对感知的新事物进行加工处理，并用言语

把它的特征揭示出来的特性称为知觉的理解性。知觉的理解性是以知识经验为基础的，有关知识经验越丰富，对知觉对象的理解就越深刻、越全面，知觉也就越来越迅速、完整、正确。如图4-6所示，前者画面上只有一些斑点和线条，当凭借过去的经验一时分辨不清是什么时，只要有人说是"小孩和狗"，就被人理解了；后者我们倾向于把它看做一匹马。

图4-6　知觉的理解性

言语对人的知觉具有指导作用。言语提示能在环境相当复杂、外部标志不很明显的情况下唤起人的回忆，使人运用过去的经验来进行知觉。言语提示越准确、越具体，对知觉对象的理解也越深刻、越广泛。因此，知识经验和言语指导是影响知觉理解性的重要因素。

（4）知觉的恒常性　当知觉的条件在一定范围内发生变化时，知觉的映象仍然保持相对不变，这种特性称为知觉的恒常性。如图4-7所示，我们不会因为门开关的程度不同而使对门大小的知觉产生变化。

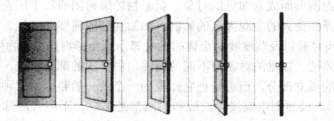

图4-7　知觉的恒常性

恒常性在视觉中最为明显，表现在大小、形状、亮度、颜色等知觉中，如强光照射煤块的亮度远远大于黄昏时粉笔的亮度，但我们仍然把强光下的煤块知觉为黑色，把黄昏时的粉笔知觉为白色。

二、幼儿知觉的发展

一般来说，知觉活动随着年龄的增长而不断发展。自语言在幼儿生活中产生之后，他们的知觉便在语言的指导下进行。幼儿借助于语言认识知觉对象，使知觉具有概括性和随意性。

1. 整体知觉和部分知觉的发展

我们周围有各种形状、大小和颜色的物体，它们之间存在各种各样的空间关系，如甲物放在乙物上面，丙物放在丁物里面等，我们成人会很自然地把这些物体视为各自分离的单一实体，而不会把它们"合二为一"。这就是对物体的整体性知觉。但婴儿是否具有、何时具有这种物体的知觉能力呢？心理学界一直很关注这个问题，并开展了大量关于整体知觉和部

分知觉的实验研究。

美国儿童心理学家埃尔金德和凯格勒等曾对儿童的整体知觉和部分知觉的发展做了研究。他们给195名5～9岁的儿童看一些图片，这些图片的每个图形虽然显得似乎是一个整体，但其各个个别部分描绘得很突出。研究者让儿童观看图片，并让儿童说出"看到了什么"，"它们看起来像什么"，如果儿童在回答中漏掉了部分或漏掉了整体，就再问他"你看还有别的什么"。

实验结果表明，儿童首先感知的是物体的个别部分（4～5岁），大都只看到了图形的个别部分，例如71%的4岁儿童只看到"两只长颈鹿"或"一个土豆"等。6岁开始能看见整体部分但不够确定。7～8岁既能看到部分，又能看到整体，但还未把两者联系起来。到了8～9岁则一眼就能看出部分与整体的关系，实现了部分知觉与整体知觉的统一。例如当呈现由水果组成的同一幅图片时，4岁的儿童回答为："一些水果"，7岁的儿童回答为："有一些水果，呵，一个小丑"，而8岁儿童说："我看见了一个用水果做的人"，而9岁儿童中79%均已达此水平。

2.空间知觉的发展

空间知觉是比较复杂的知觉，它是由视、听、触和动觉联合活动整合而成，是物体的形状、大小、远近、方位等空间特性在人脑中的反映。空间知觉包括形状知觉、大小知觉、方位知觉、深度知觉。

（1）形状知觉　形状知觉是对物体形状或几何图形的反映，是个体对物体各部分的排列组合的反映。

据研究，幼儿的形状知觉发展很快。一般在小班时已能辨别圆形、方形和三角形；中班幼儿能把两个三角形拼成一个大三角形，把两个半圆拼成一个圆形；大班幼儿能认识椭圆形、菱形、五角形、六角形和圆柱形等，并能把长方形折成正方形、把正方形折成三角形等。另有研究者要求幼儿从11种或12种几何图形中按直观范例、指认法、命名法找出相应的几何图形。结果发现，形状配对最容易，命名最难，幼儿掌握形状的次序，由易到难依次为圆形——正方形——三角形——长方形——半圆形——梯形——菱形——平行四边形。有人认为4岁是图形知觉的敏感期，应趁此时让幼儿学识汉字，因为汉字也是一种图形，一种特殊的有规则的图形。

上述研究带给我们的启示是：对幼儿进行形状教学时，应根据各年龄班幼儿掌握形状的特点提出不同的教学目标，由易而难，循序渐进；在教幼儿辨认形状的同时，要教会他们掌握各种形状的正确名称，这样有利于幼儿形状知觉的发展。

（2）大小知觉　大小知觉是人脑对外界物体大小的反映。它是靠视觉、触摸觉和动觉的协同活动实现的，其中视知觉起主导作用。

研究表明，6个月前的婴儿已经能够分辨大小。2～5岁的幼儿已经能够按照语言指示拿出大皮球或小皮球，3岁以后判断大小的精确度有所提高。

20世纪80年代初，我国学者杨期正等的实验，说明了幼儿大小知觉的能力随年龄增长而提高。研究者要求3～6岁的幼儿比较常玩的纸鸟的大小、正方形和三角形的面积及一系列面积不等的正方形的大小。结果表明：3岁幼儿一般已能判别图形大小，但完全不能判别不相似的图形（如正方形和三角形）的大小，即使到6岁也很困难。判别大小的能力随年龄增长而提高，幼儿逐渐能从凭简单的目测到多方面的比较、测试以确定大小。例如3岁幼儿在判别较复杂的物体（如两只纸鸟）的大小时，也只凭简单的目测决定；4岁能先找出两个物

体的相应部分进行比较；5～6岁的幼儿中甚至有个别儿童能借助其他中介物作为比较的量尺来判别大小。该研究同时还指出，幼儿判别大小能力的发展和教育条件密切相关，可通过日常生活和游戏，特别是搭积木等活动培养促进。

（3）方位知觉　方位知觉是个体对自身或物体所处位置和方向的反映，如对上下、前后、左右及东、南、西、北等的知觉。物体的方位总是相对的，是与所参照的客体的方位相比较而言的。如凳子在桌子的下面，书在桌子上，前后左右也可因参照物的不同而不同。

幼儿方位知觉的发展顺序为先上下，次前后，再左右。叶绚等曾研究过学前儿童空间定位能力的发展，发现：3岁儿童已经能正确辨别上下方位；4岁儿童开始能正确辨别前后方位，对于辨别左右方位还感到困难；5岁儿童开始能以自身为中心辨别左右方位；6岁虽然能正确地辨别上、下、前、后4个方位，但以自身为中心辨别左右方位的能力尚未发展完善。实验结果指出了不同方位辨别的难易次序是：上与下，后与前，左与右。

我国心理学家朱智贤等曾重复了皮亚杰与埃尔金德关于儿童左右概念发展的实验研究，结论基本一致。实验结果表明，儿童左右概念的发展，有规律地经历了以下三个阶段。

第一阶段（5～7岁）：能比较固定地辨认自己的左右方位。儿童大部分已能辨认自己的左右手（脚），但不能辨别对面人的左右。要到7岁左右才会把自己手脚的左右关系运用到物体左右关系上。

第二阶段（7～9岁）：初步地、具体地掌握左右方位的相对性。儿童不仅能以自己的身体为基准辨别左右，还能以别人的身体为基准辨别左右，同时还掌握了两个物体的方位关系。但这种认识仍是初步的、具体的。在辨别别人的左右时，常要依赖自身的动作或表象，在辨别两个物体的左右关系时常有错误。

第三阶段（9～11岁）：能比较灵活地、概括地掌握左右概念。在这个阶段上，儿童能正确地指出三样并排放着的客体的相对位置。如在中间的一个客体，既在一个客体的左方，又在另一客体的右方。可是在这之前，儿童在确定物体的方位时要经过很长一段时间的矛盾斗争，常常作固定化的回答，或者只说"在左边"，或者只说"在右边"，有的干脆说"在中间"。

由于方位本身具有相对性，儿童从具体的方位知觉上升到方位概念须经过较长一段时期，当幼儿还不能很好的掌握左右方位的相对性和方位词的时候，幼儿园老师往往把左右方位词与实物结合起来，例如，老师说"举起右手"，小班幼儿不知所措，如果说"举起拿勺子的手"，则小班幼儿都能完成任务。由于幼儿只能辨别以自身为中心的左右方位，因而在教学中要有意识地指导幼儿正确地知觉方位，比如在音乐、体育等教育活动中，要以幼儿的左右为基准，教师面对幼儿要做镜面操，即教师面向幼儿，如果要求幼儿伸出右脚，教师自己就应伸出左脚来示范，否则，幼儿就会顺着教师的方向，错误地伸出左脚。

（4）深度知觉　深度知觉是个体对物体远近距离即深度的知觉，是距离知觉的一种。

为了了解婴幼儿深度知觉的发展状况，美国心理学家吉布森和沃克选取了36名6.5～14个月的婴儿进行"视崖"实验。"视崖"是一种很好的测查婴幼儿深度知觉发展情况的装置。这种装置的上部以无色透明钢化玻璃为面，中间放一块略高于玻璃的中央板。板的一侧玻璃下面紧贴着红白格相间的棋盘布，因为它与中央板的高度差不多，看起来没有深度，像个"浅滩"，另一侧则将同样图案的棋盘布置于低于玻璃1.33米处，造成一个视觉上的"悬崖"（如图4-8）。实验时，将婴幼儿置于中央板处，母亲轮流在两侧呼唤婴儿。

实验假设，如果婴儿不能认识到不同的深度，那么无论母亲在"视崖"一边还是"浅滩"一边招呼他，他都会爬过去。结果发现，27名婴儿从中央板爬过"浅滩"来到母亲身边，只有3名婴儿爬过"悬崖"。母亲在"悬崖"一边招呼时，大多数婴儿不是朝母亲那边爬，而是向相反的方向爬，有些婴儿甚至哭叫起来，如图4-9所示。该实验说明，这一年龄段的幼儿已经具有了深度知觉，并对悬崖深度表现出害怕、恐惧。

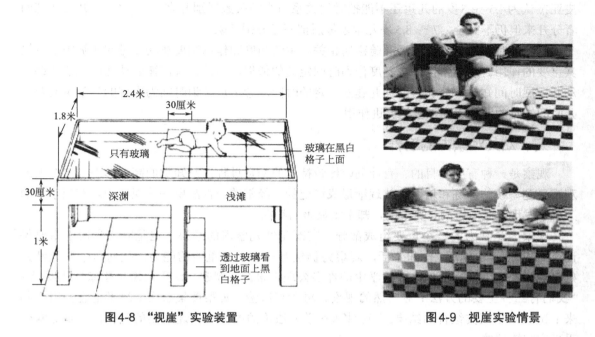

图4-8 "视崖"实验装置　　　　　　　　　　图4-9 视崖实验情景

深度知觉的发展受经验影响比较大，婴幼儿的深度知觉是随着经验的丰富逐步发展的。适宜的游戏和体育活动能够促进幼儿深度知觉的发展。

3.时间知觉的发展

时间知觉是个体对客观现象的延续性和顺序性的反映，即对客观事物运动过程的长短和先后的辨认。时间知觉本身没有直观形象，人也没有专门的时间分析器，所以人类无法直接感知时间，而只能通过一些中介。时间知觉的信息，既来自外部，也来自内部。外部信息有计时工具、宇宙的周期性变化如太阳的升落等。内部信息是机体内部的一些有节奏的生理过程和心理活动。用计时器测量出的时间与人体估计的时间不完全一致。

婴儿最早的时间知觉主要依靠生理上的变化产生的对时间的条件反射，即"生物钟"所提供的时间信息而出现的时间知觉。例如婴儿到了吃奶的时候，会自己醒来或哭叫，这就是婴儿对吃奶时间的条件反射。

以后逐渐借助于某种生活经验或环境信息来知觉时间，例如幼儿知道"早晨"就是起床，就是上幼儿园的时间，"下午"就是妈妈来幼儿园接自己的时间，或者"太阳升起来就是早晨"，"天快黑了就是傍晚"等。

幼儿中期，幼儿可以正确理解"昨天"、"今天"、"明天"，也能运用"早晨"和"晚上"等词，但是对于较远的时间概念，如"前天"、"后天"等理解起来仍存在困难。

学前晚期，在教育的影响下，幼儿能够辨别较远的时间概念，知道今天是星期几，知道春夏秋冬等，而且开始有意识地借助于计时工具或其他反应时间流程的媒介认识时间。但由于时间的抽象性特点，幼儿知觉时间比较困难，水平不高。

皮亚杰曾对儿童的时间知觉做过实验研究。实验者同时启动两个机械蜗牛给学龄前儿童

看，其中一个爬得快，另一个爬得慢。当快的蜗牛已经停止时，慢的蜗牛还在爬，可最终未赶上快的蜗牛。在这种情况下，学前儿童不能正确再现究竟哪个蜗牛用的时间少，大部分幼儿都说慢蜗牛用的时间少，因为它走的路程比较短，出现时空关系的混淆。在这一实验里，皮亚杰认为4.5～5岁的儿童还不能把时间关系与空间关系区别开来；5～6.5岁开始能把两者分开来但仍不完全；7～8.5岁儿童才最后把两者分别开来。

幼儿的时间知觉与其生活经验密切相关。生活制度和作息制度在幼儿时间知觉中起着极其重要的作用。幼儿常以作息制度作为时间定向的依据，因此，有规律的幼儿园生活有助于幼儿发展时间知觉，能够帮助幼儿建立一定的时间观念；以认识时间为内容的教学也会对幼儿时间知觉的发展起到积极的促进作用。

三、幼儿观察力的培养

观察是一种有明确目的、有计划、比较持久的知觉过程，是知觉的高级形态。一个人的观察受到系统的训练和培养，就逐渐形成稳定的、经常的个性品质——观察力。有观察力的人善于发现对象本质的、典型的，却不太显著的特征。

观察力是智力的一个重要组成部分，它既是幼儿学习的结果，也是完成学习的重要保证。对于他们将来的工作和生活，观察力仍然是一项十分重要的能力。任何科学研究都开始于观察，连数学也不例外，数学中的许多公理都来源于观察。法国启蒙思想家狄德罗说："我们有三种主要的方法：对自然的观察、思考和试验。观察搜集事实；思考把它们组合起来；试验则来证实组合的结果。"这种从科学方法论的高度来论述观察的重要性，是非常合乎事实和情理的。

1. 幼儿观察力的特点

幼儿期是观察力初步形成的时期，其特点主要表现在以下几个方面。

（1）观察的目的性　观察的目的性是指在观察的过程中幼儿需要注意什么，寻找什么，让观察有选择性和针对性。幼儿初期儿童还不能自觉地有目的地观察，观察中常会受到无关因素、事物突出外部特征或个人兴趣、情绪等的支配，在观察过程中常常会忘掉观察的任务。中、大班幼儿观察的目的性逐步增强，特别是大班幼儿能够排除一些干扰，按照成人规定的任务进行观察。我国学者姚平子曾进行过实验研究，将幼儿观察的有意性发展划分为4个阶段。

第一阶段（3岁）：不能接受观察任务，不随意性起主要作用。

第二阶段（4～5岁）：能接受任务，主动进行观察，但深刻性、坚持性差。

第三阶段（4～5岁）：接受任务后能分解出子目标，开始坚持较长时间的观察。

第四阶段（6岁）：接受任务后能不断分解子目标，能够坚持较长时间反复进行观察。

（2）观察的精确性　观察的精确性是指幼儿在观察过程中，根据观察目的对观察对象的细节部分进行观察的程度。幼儿的观察最初是笼统、粗略的，通常只看到事物的大概轮廓就得出结论，而忽略了事物的细节特征，难以发现事物各部分之间的联系，且在观察时常常伴有强烈的情绪。随着幼儿年龄的增长，他们对事物观察得更加仔细、精确，半数以上的幼儿在观察的精确性方面表现较好。

（3）观察的持续性　观察的持续性是指幼儿在观察过程中稳定观察所保持时间的长短。幼儿初期儿童观察的持续性较差，观察常常是不持久的，容易转移观察的对象。随着幼儿年龄的增长，观察目的性的增强，幼儿开始逐步学会持续地观察事物，观察持续的时间延长。

研究表明幼儿园小班男孩观察的持续性明显低于同龄女孩，到大班以后男孩女孩观察的持续性明显提高，男女不存在显著差异❶。

（4）观察的概括性 观察的概括性意味着发现事物的内在联系。幼儿初期观察的概括性还没有很好地发展起来。小班幼儿的知觉往往是孤立、零碎的，常常不能把所观察到的事物有机地联系起来。例如，让幼儿观察两幅图画，一幅图画是小孩打狗，另一幅画面是狗咬破了小孩的衣服。小班幼儿常常不能说出这两幅图画的关系，大班也只有50%的幼儿作出正确回答。让幼儿观察4张"猫和老鼠"的连环画片，要求幼儿说出观察的内容，大班幼儿也只有30%能够顺利完成任务❷。

2.幼儿观察力的培养

我们在对幼儿的教养和教育过程中，应该有意识地培养和发展幼儿的观察力。具体的途径和方法如下。

（1）保护好幼儿的感觉器官 幼儿感觉器官的正常健康发展，是提高其观察力不可缺少的生理条件。因此，保护幼儿感觉器官（尤其是视觉和听觉器官）的健康，防止缺陷发生，是非常重要的。

首先，必须保护幼儿的视力。从幼儿期就开始注意幼儿的用眼卫生，培养幼儿良好的用眼习惯：教给幼儿正确的坐姿和握笔姿势，眼睛离桌面和书本有足够的距离；告诉幼儿不要长时间地用眼，特别是不要过久地看电视，可参照《3～6岁儿童学习与发展指南》（以下简称《指南》）中的规定，3～4岁、4～5岁、5～6岁幼儿连续看电视等分别不超过15分钟、20分钟、30分钟；保证幼儿看书、画画等有充分的照明，告诉幼儿不在光线过强或过暗的地方看书；提供给幼儿看的书籍、图画等的字体和形象应该较大而清晰；经常检查幼儿的视力，发现视力减退的，应及时矫正治疗等。

其次，必须保护幼儿的听力。做好防病、治病工作，防止幼儿因感冒等疾病引起中耳炎，影响听力；不要让幼儿置身于嘈杂的环境，以免在强烈噪声的持续刺激下，幼儿的内耳听觉器官发生病变，产生噪声性耳聋；教育幼儿不要乱挖耳朵，不要将异物塞入耳道；要注意观察及时发现那些有听力障碍的孩子，给予必要的矫治。同时还要保护好幼儿的其他感觉器官。

（2）激发幼儿观察的兴趣 兴趣是最好的老师，是推动幼儿进行积极主动观察的动力。幼儿好奇心强，会天马行空提出各种问题，对于幼儿的问题成人有时可以不必急于回答，可以引导幼儿自己去观察，去发现，去寻求答案。例如幼儿问："虹是什么？天上为什么会有虹？"成人可以反问他："天上什么时候有虹？白天还是黑夜？雨天还是晴天？有太阳时还是没太阳时？"进而再引导他用三棱镜观察日光可分解成7种颜色的光，带领他在阳光下喷一口水，造一条人工小彩虹。让孩子通过观察得出结论：虹是太阳光以一定的角度照在水滴上产生的折射、反射等作用造成的现象。成人若经常用这种方法，以后幼儿遇到类似的情况，就会自己留心观察，兴趣盎然地去寻找答案，久而久之，养成爱观察的好习惯。

除了幼儿自发地提问外，成人还可根据幼儿的认知发展和知识水平提出适宜的问题，要求幼儿回答，引导其观察以前未注意到的事物，使之产生更大的兴趣，并逐步学会自觉地观察周围事物。

（3）创造鼓励幼儿观察的良好氛围 心理学研究表明，创造鼓励幼儿观察的良好氛围是

❶ 朱智贤著.儿童心理学.北京：人民教育出版社，1993.
❷ 陈帼眉.学前心理学.北京：人民教育出版社，2006.

培养幼儿观察能力的重要保障。我们在幼儿观察能力培养的过程中，应尽力创设有利于幼儿观察的空间、想象的空间和观察的环境，激发幼儿的观察兴趣。对于幼儿的观察行为，也应该多加鼓励，必要时开展观察竞赛活动，创造竞争的气氛，切忌一味压制和批评，以免压抑幼儿的观察兴趣和信心。

（4）帮助幼儿确立明确的观察目的和任务　所谓目的任务明确，就是要规定观察时应该从被观察的对象中寻找什么，使观察有选择性和针对性。幼儿初期还不能进行有组织、有目的的观察，知觉和观察常受无关事物或细节的干扰，致使原来的任务不能完成。到了中班，尤其是大班儿童，观察的有意性加强，能够排除一些干扰，完成规定的任务。

观察时抓不住要领，东张西望，无所收获，不利于观察力的提高。因此成人要注意有意识地向幼儿提出观察要求，指出从被观察物中寻找什么，使整个观察过程按一定目的进行，加强观察的选择性和针对性，以便抓住观察物的最本质的东西。例如，让幼儿观察公鸡和母鸡时，成人若能具体提出观察的目的与任务：公鸡和母鸡的头、身体、尾巴、脚、羽毛各是怎样的，公鸡与母鸡有什么不同，等等，幼儿观察的效果就会显著提高。这样将有利于幼儿逐渐培养起按目的、要求、较持久地有意观察的能力。

（5）教给幼儿有效的观察方法　观察方法直接影响观察效果，幼儿若掌握有效的观察方法，其观察能力将极大地提高。常用的观察方法主要有以下几种。

① 顺序观察法。即让幼儿从上到下、从前到后、从左到右、从头到尾、从近到远等有顺序地观察。这样能使观察较全面、细致，不致遗漏。例如观察动物猫时，一般可从头、身体、四肢到尾部依次观察，从而掌握猫的外形特征，再进而观察其生活习性，使幼儿获得对猫的整体认识。

② 典型特征观察法。即引导幼儿先观察最明显的特征，再过渡到一般特征。这样能很快激起幼儿的观察兴趣和积极性。例如观察蝴蝶时，幼儿首先注意的是蝴蝶的翅膀和美丽的颜色，可以让幼儿先观察这些特征部分，再过渡到观察其他部分如头、触须、胸、腹部和足等，形成对蝴蝶全貌的认识。

③ 解剖分解观察法。即将较复杂的物体分成几个部分，逐部分仔细观察，再综合起来了解全貌。这样能培养幼儿对复杂事物的综合观察能力。例如观察汽车，可让幼儿先看一下汽车的外形，再分别看车头、车厢、车轮，搞清每部分内有些什么、有什么用，然后综合起来，对汽车有一个整体的了解。

④ 比较观察法。是抓住事物的特点比较其异同的方法。这样既可以使观察的内容清楚明白，避免了观察内容的混乱，还可以培养幼儿辨别、分析、概括的能力。例如，男孩与女孩、桃花和杏花、公共汽车与卡车的比较等。

⑤ 追踪观察法。即观察事物的发展变化过程。这样有助于培养幼儿了解事物之间的联系、转化、因果等的能力。例如观察植物从种子萌芽到生根、长茎叶、开花结果等过程；观察蚕从卵到成虫、眠与蜕皮、吐丝、结茧、成蛹、变蛾、产子的过程等。

（6）充分发挥语言的作用　语言作为一种手段，可以用来表示被观察物的每一组成部分和特征，可以把观察到的结果及时加以概括和总结，巩固观察成果，同时语言参与知觉还有利于思维活动。因此语言的参与可以提高知觉的质量。语言的指导还可以有其他多种的作用，例如指明观察方向，明确观察任务；调动幼儿观察的积极性，鼓励幼儿持久地观察；提供有关知识，诱发过去经验，使幼儿更完整、深入地认识现象等。所以，成人在引导幼儿观察时，必须注意将观察与语言讲解正确地结合起来，以提高观察效果。

（7）及时总结　对幼儿所观察到的东西要及时加以概括总结，这种概括和总结可以是由教师的语言强化，也可以通过儿童本身的某项活动（如画图、造型等）来进行。对于在总结中发现的遗漏了的问题，应让幼儿重新回到观察对象那儿去再做一次仔细的观察。教师应对幼儿的观察活动予以关心和检查。

 思考与练习

1.幼儿感觉发展的特点有哪些？
2.教育训练对幼儿感觉发展有什么意义？
3.感觉统合训练的途径有哪些？
4.知觉有哪些特性？
5.试述幼儿知觉发展的特点。
6.如何培养幼儿的观察力？

拓展阅读

感觉轰炸

感觉轰炸是指向被试对象提供过多、过强、过杂、过长的感觉刺激，造成被试的感觉疲劳和抑制的不良情形。

受急功近利的人才观和立竿见影的教育观的不良影响，许多人急于"开发"婴儿的智力，用各种刺激集中轰炸婴儿的感官，对婴幼儿进行早期训练，并美其名曰为的是"不要输在起跑线上"。但实际上，还没有证据能够证明这些做法能产生出更聪明更优秀的"超级婴儿"。相反的，拼命地把刺激给那些还没有做好接受准备的婴儿反而会导致他们退却，并且会对他们学习兴趣和学习乐趣构成威胁。此外，当这些曾经信誓旦旦的做法并没有造成他们曾保证过的小天才时，他们会使孩子的父母们感到失望，会让父母们在孩子很小的时候就觉得他们是失败的人。这样做在孩子们走向成熟征程的开始阶段就剥夺了他们的心理健康，而且也剥夺了父母们在他们孩子的早年成长过程中既轻松又愉悦地参与活动的机会。

可见，"感觉轰炸"既伤害儿童的身心发展，也伤害父母的正常发展。一切具有社会责任感的儿童教育者应向社会大力宣传保护儿童的身心健康，不要让他们伤在起跑线上。

促进幼儿观察力发展的游戏

（1）明亮的眼睛　给幼儿看一些小物件，如1枚硬币、1张邮票、1只小球等，告诉他们这些东西将分别被藏在房间里某个地方。接着让幼儿离开房间，成人把这些物品藏在既较醒目又不太容易发现的地方。例如，把1枚硬币藏在烟灰缸里，把1根橡皮筋套在门把手上，把1只小球放在红色的床罩上等。然后让幼儿进房间来找。当幼儿发现某样东西后，就可跑到成人身边轻轻告诉成人，然后坐到位置上继续观察，在一定的时间里哪个幼儿发现的东西多为优胜。

（2）变得快　让幼儿观察房间里的各种东西，然后在幼儿不注意时悄悄移动某样东西或交换某些东西的位置。例如，把花瓶从橱上移到桌上，把收录机同座钟的位置对换一下。看幼儿能否注意到这些变化。也可启发幼儿："房间里有什么地方看起来和以前不一样？"

（3）是什么声音　让幼儿闭上眼睛，看其能否听出成人在敲什么或在发出什么声音。可以做这样一些动作：敲地板、墙或桌子；敲冰箱、饼干箱；用指甲轻击锅、碗、杯、瓶、匙等，用指甲轻刮砂纸、手纸或窗，用铅笔写字，用剪刀剪纸……

（4）我在吃什么　蒙上幼儿的眼睛，成人在嘴里咀嚼一些可以发出特殊声响的食物，如胡萝卜、花生米、瓜子、核桃等，让幼儿猜这是在吃什么东西。猜对了，可以让幼儿吃一小块猜中的东西。

（5）表在哪里　让幼儿围坐成一圈，圈中站一蒙住眼睛的幼儿。教师悄悄地把1只秒表递给围坐着的一个幼儿，让其开动秒表，发出"滴答"声。要求蒙眼的幼儿根据秒表的声音方向，猜出表在谁手里。可以记录每个幼儿猜对所需的时间，用时最少者为胜。

（6）瞎子摸人　蒙上一个幼儿的眼睛，让其扮瞎子，其余幼儿手拉手围成一个圆圈，围着"瞎子"慢慢转动。"瞎子"若拍3下手，圆圈便要停止转动。"瞎子"用手去拍圆圈，拍到谁，谁就到圆圈中来让"瞎子"摸。"瞎子"摸不出是谁，便仍然做"瞎子"，被摸的幼儿回到原位置，圆圈继续转动；摸出是谁，谁就与"瞎子"交换角色。

（7）考考你　让幼儿闭上眼，嘴里吃某种水果，同时在其鼻子底下放上另一种水果让其闻，看幼儿能否正确地说出自己在吃什么水果。孩子可能把闻到的水果说成是在吃的水果，特别是当两种水果的气味、味道比较接近时，较难分辨，因此更能锻炼幼儿的嗅觉和味觉。

（8）隐身人　事先选一个幼儿扮"隐身人"（不让其他幼儿知道），在其胸前或衣领上别一朵香味浓烈的花，或让其手拿一片切开的洋葱，或在其手帕上滴几滴香水。游戏开始，"隐身人"与其他幼儿一起在房间里走来走去，其他幼儿要凭嗅觉找出谁是"隐身人"。第一个找到"隐身人"的幼儿，可说："隐身人，隐身人，我抓到了隐身人！"然后由其他幼儿扮"隐身人"。

实践在线

1.案例分析

明轩，男孩，5岁，幼儿园大班，左右手仍然分不清楚，鞋子常穿颠倒，常莫名跌倒，原地转圈会眩晕，害怕上到高处，在家常打碎东西，在幼儿园害怕玩秋千。而且老师普遍反映明轩上课注意力不集中，爱做小动作，与班级幼儿很难友好相处，不能够与其他幼儿分享玩具，语言表达也比较困难。

请你根据所学理论知识分析明轩到底是怎么了，并为明轩的家长和老师提出切实可行的矫正措施。

2.小组讨论

问题：感觉剥夺和感觉轰炸有什么不同？两者分别会对幼儿的发展造成怎样的不利影响？针对现实中可能会存在的针对幼儿的感觉剥夺和感觉轰炸现象，你认为作为家长、教师、社会应树立怎样正确的教育观念？怎样做才能避免这些现象对幼儿可能造成的不良影响？

以小组为单位进行讨论，形成书面总结报告。

3.实践观察

下园进入班级，选择一名幼儿作为观察对象，观察该名幼儿观察力发展的情况，即在观察的目的性、持续性、精确性和概括性方面表现出怎样的特点？你认为针对该名幼儿观察力发展状况应制定什么样的计划促进其观察力的进一步发展？

幼儿的记忆与想象

记忆是个体心理过程的重要组成部分，没有记忆就不能将经历过的事物形象保存成为表象，也就不可能进而开展想象活动，更不能进行复杂的思维活动。记忆将感知觉与想象、思维联结起来。因此，重视记忆、重视对记忆的培养，对个体发展至关重要。

第一节　幼儿的记忆

掉进一颗石子的湖水会泛起阵阵涟漪，一张被折过的白纸也会留下折痕。自然界中的物体在受到外力作用时，或多或少都会留下痕迹。人的大脑也一样，经历过的事物会在大脑中留有一定的痕迹。

一、记忆的基本理论

1.什么是记忆

记忆是人脑对过去经历过的事物的反映，即在头脑中积累和保存个体经验的心理过程。人们感知过的事物，体验过的情感，思考过的问题，从事过的活动，都会在头脑中留下不同程度的印象，其中有一部分作为经验能保留相当长的时间，在一定条件下还能恢复，这就是记忆。

人们可以对上幼儿园时与老师一起游戏、唱歌、跳舞等活动场景记忆犹新，也可以对曾经喜欢的电影印象深刻，这些都是记忆在发挥作用。人类保存个体经验的方式有很多，如：图书、建筑、雕塑等，但只有在头脑中保存个体经验的过程才称为记忆。

2.记忆的分类

从不同角度出发可以对记忆进行不同的分类。

（1）根据信息保持时间的长短分类　瞬时记忆是指通过感觉器官获得的记忆信息，又称感觉记忆。

客观刺激停止作用后，感官收获的信息会在一个极短的时间内保存下来，约为0.25～2秒。瞬时记忆的信息是没有经过加工的信息，是记忆系统的最初阶段。众所周知，电影的影像是静止地定格在胶片之中的，但是我们在观看电影时看到的影像却是运动的，这正是瞬时记忆的功劳。瞬时记忆的容量较大，其中有很大一部分信息来不及加工就已消退，只有少部分信息因注意而得到了进一步加工，从而进入短时记忆。

短时记忆指获得的信息在头脑中大约保存5秒～2分钟，属于瞬时记忆和长时记忆的中间阶段。短时记忆一般分为两种：输入头脑的信息没有经过进一步的加工，属于直接记忆，例如我们临时记忆一个电话号码，待电话拨完，该号码也就不再保持在头脑中了。这种记忆容量比较有限，只有7±2个单位（不是指绝对数量，一般指组块的数量）。另一种则是将输入的信息进行编码，记忆的容量会随之扩大，实际上这已与长时记忆建立了联系。短时记忆的编码效果受到以下因素的影响：大脑皮质的兴奋水平；组块；加工深度。

长时记忆是指信息经过充分的、有一定深度的加工后，在头脑中长时间保留下来。保存时间较长，从1分钟到许多年甚至终身。长时记忆的容量没有限度，只要能够把信息按其意义加以整理、归纳，整合于已有的信息系统中，该信息就能在记忆中保持下来。长时记忆较大一部分来源于对短时记忆的复述，也可以由于印象深刻而一次获得。

以上三种信息虽然在信息的保持时间与保存量上存在着差别，但作为记忆系统的不同阶段，彼此间密不可分（如图5-1所示）。

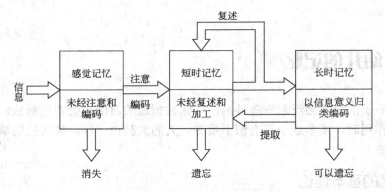

图5-1　记忆的系统及其关系

（2）根据记忆的内容分类

形象记忆：是指以事物的具体形象作为内容的记忆。这个形象不仅仅指视觉形象，也可以是听觉的、味觉的、嗅觉的，甚至是动觉的。如保持在记忆中的动画人物形象、橘子的清香酸甜、喜欢的乐曲的美好旋律等。

运动记忆：指以实际行动、技巧、动作作为内容的记忆。如对游泳、骑车、开车、体操等各种动作的记忆，都属于运动记忆。

情绪记忆：指以体验过的情绪和情感为内容的记忆。如，考上大学时与父母分离而产生的痛苦与焦虑，许多人都会记忆犹新。

逻辑记忆：指以概念、判断、推理等抽象逻辑思维为内容的记忆。例如，对单词、公式、定理、法则的记忆；对现象本质、联系等的记忆。因为这些内容都是以语词符号表达的，所以这种记忆也叫语词—逻辑记忆。

以上四种对记忆的分类，是为了便于学习和研究。在生活实践中，这四种记忆是密切联系的。比如，要记住某一事物，可能既需要记忆其形象，同时也需要记住本质特征。同时，由于每个人个体先天素质及后天的实践活动不同，每种记忆类型在不同个体身上发展的程度也是不一样的。例如，画家的形象记忆更好；数学家的逻辑记忆更强。

（3）陈述性记忆与程序性记忆

陈述性记忆：是指对事实和事件的记忆。这一类记忆可以通过语言传授而一次性获得，在提取时通常也是以语言的形式表达，并且需要意识的加入。比如，我们所学习的各种原理、规则、口诀等。

程序性记忆：是指对怎样做事情的记忆，包括对认知技能、运动技能、知觉技能的记忆。这类记忆的提取通常是通过具体的行动表现出来的，往往不需要意识加入。例如，"在学习游泳之前，我们可能读过一些有关的书籍，记住了某些动作要领，这种记忆就是陈述性记忆；以后我们经过不断练习，把知识变成了运动技能，真正学会了在水中游泳，这时的记忆就是程序性记忆了"。

3.记忆过程分析

记忆是一种心理过程，它需要一定的时间展开，可以区分为前后联系的几个阶段。

（1）识记　就是把信息输入头脑并进行编码的过程。这是记忆的第一步，是记忆的基础，科学有效的识记可以大大提高记忆的效果。

根据识记的目的性与自觉性，可以将识记分为有意识记和无意识记。有意识记是根据某一特定目的或任务采取各种思维活动的一种识记，它是有目的的、自觉的识记。例如，考试之前的复习；为了获得父母的表扬而认真背一首唐诗等。有意识记具有一定的紧张性，通常其效果比无意识记好。无意识记是无目的的、不需要意志努力的识记。通常来讲，无意识记受刺激物的新颖性、活动性等特征影响。

还可以按照识记是否建立在对内容的理解的基础上，把识记分为机械识记和意义识记。机械识记指在对识记材料没有理解的基础上，只是根据先后顺序等外部联系，机械重复地识记。比如，古时的儿童对诗词中描述的怀才不遇或离愁别绪并不能真正理解，只是采用机械的识记去记忆。通常，人们在记人名、电话号码等信息时会使用机械识记。这种识记虽然属于低级的识记途径，但在生活中仍然是不可缺少的。所谓意义识记，顾名思义则是指建立在对信息理解的基础上的识记。"有学者在实验中观察到当幼儿听到一个故事是关于翅膀受伤、无助生物的时候，他们记住了一只鸟，即使那个生物并没有被明确地提及，幼儿借助以往的知识经验去理解信息，将编码后的信息输入大脑"❶。可见，意义识记的效果是优于机械识记的。

（2）保持　识记过的事物在大脑中保存和巩固的过程，就是保持。保持是实现回忆的前提保证。

识记过的信息在大脑中并不是像拍好的照片一样，一成不变地保持着原来的样子。随着时间的推移和后续经验的影响，识记信息会发生量与质的变化。量变是指信息容量的减少，如在课堂上所学的知识当天还记得很清楚，隔几天就已经记不全面了。质变是指人们会根据自己对信息的理解，对其进行加工与改造。例如："让许多人读一篇关于印第安人和鬼打仗的故事，过一段时间让他们把故事回忆起来。结果，经常阅读鬼怪故事的人对鬼的内容增加

---

❶ 史献平.幼儿心理学.北京：高等教育出版社，2009.

了许多细节；而无鬼论者和逻辑性强的人则大大删去了鬼的内容，把故事编制得更合乎逻辑。"❶

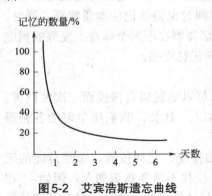

图5-2 艾宾浩斯遗忘曲线

保存在大脑中的信息没有准确地保持住，就会发生遗忘的现象。遗忘是一个发展过程。在世界范围内最早对遗忘开展系统研究的人是德国心理学家艾宾浩斯。艾宾浩斯以自己为研究对象，开展了一系列研究。他学习了一些没有任何意义的音节，如asww、cfhhj、ijikmb、rfyjbc等，计算出记住它们所需要的时间。隔一定时间后重新学习，计算出重新记住时可以节省多少时间，节省的时间多就表示保持的多。实验结果表明，在学习音节之后隔20分钟重新学习时，可以节省时间58.2%；1小时以后学习节省时间44.2%；第一天结束时，节省时间33.7%；6天以后学习，节省时间已缓缓下降到25.4%。艾宾浩斯将得到的数据绘制一个曲线，就是著名的艾宾浩斯遗忘曲线（如图5-2所示）。

艾宾浩斯遗忘曲线告诉人们遗忘是有规律的：遗忘的进程并不是均衡的，在记忆的最初阶段遗忘的速度最快，然后逐渐减慢，相当长的时间后，几乎就不再遗忘了。由此可知，学习过的知识应该抓紧时间复习，否则很快就会遗忘掉大半。

（3）回忆 回忆是对大脑中保存的信息提取并输出的过程。回忆是识记和保持的结果，是记忆效果的最终表现。回忆有两种水平：再认与再现。

再认就是再次识别出识记过的信息。比如，当你多年不见的朋友再次出现在你面前时，你还能把他认出来。再现是对识记过的信息的重现。根据再现是否有预定目的，可以将再现分为无意再现和有意再现。无意再现事先没有预定目的，不需要意志努力，在特定的情景下自然而然回忆起过去的经验，通常我们所说的"触景生情"就属于无意再现。有意再现是根据某一特定任务，自觉地再现某些经验。比如，考试时思考某一问题的答案就是有意再现。

4. 记忆对个体心理发展的作用

（1）记忆对知觉发展的作用 记忆必须以知觉为基础才可以进行，知觉的发展离不开记忆。知觉中包括经验的作用；知觉的恒常性也与记忆密切相关。比如，2岁的孩子往往会伸手要求在楼上的妈妈抱。这说明他的空间知觉发展不足，而空间知觉的发展又和孩子对空间距离的知觉经验有关，掌握这种经验则需要记忆的发展。再如，婴儿听见母亲的声音就安静下来或活跃起来；婴儿如果经常用奶瓶吃奶或喝水，那么当他只看见奶瓶的一个侧面时，就"知道"那是可以提供食物的东西。这些对奶瓶的知觉或对母亲声音的知觉，都已经和经验发生了联系，而它之所以能够和过去经验相联系，依靠的正是记忆。

（2）记忆与想象、思维的发展 个体想象和思维的过程都是需要记忆作为基础的。正是记忆使经验过的事物保存为表象，使知觉和想象、思维联结起来，儿童才能够把知觉到的材料进行想象和思维。

（3）记忆与语言的发展 个体学习语言同样依靠记忆的发展。第一，我们必须记住某个声音代表的意义，才能理解这个语词。第二，在语言交流过程中，当听对方讲完一句话之前，应该把这句话前面那部分词暂时记住，才能把其与后面的词联系起来理解；自己讲完一

---

❶ 史献平.幼儿心理学.北京：高等教育出版社，2009.

句话，也要把自己说过的词或句暂时记住，才能做到前后连贯。幼小的儿童有时说了后面的话就忘了前面的，就是记忆不足的原因。

（4）记忆与情感、意志的发展　通过记忆，个体对与经验相关的事物产生一定的情感体验，丰富的情感由此而来。例如，曾经伸手体验过火而引起痛觉的幼儿，以后见到火就会产生恐惧的情感体验，这种怕火的情感，正说明了记忆的作用。

意志活动也需要依靠记忆。意志是有目的的活动，在行动过程中必须始终记住行动的目标。推动记忆能力的个体往往在行动过程中忘记了原来激起行动的动机和目的。

总之，在个体心理发展的过程中，记忆将各种心理过程联系起来，使之形成系统。

二、幼儿的记忆

记忆是随着年龄和经验的增长而不断发展的。有研究表明，个体记忆在不同的年龄段发展速度是有差异的，3～6岁的幼儿记忆发展的速度高于7～14岁的儿童。可见，3～6岁是个体记忆发展的一个关键期。因此，了解3～6幼儿记忆发展的特点，并对其开展有意识地培养和训练，就变得尤为重要。

1.幼儿记忆发展的特点

（1）以无意记忆为主导，有意记忆逐渐发展　幼儿既不会有意识地完成向他们提出的具体识记任务，也不善于给自己提出识记目的。他们大多数经验是在日常生活和游戏的过程中无意识地自然而然记住的。国外专家曾做过这样一个实验：实验桌上画了一些假设的地方，如花园、厨房、午休室等，要求幼儿用图片在桌上做游戏，把图上画的东西放到实验桌上相应的地方。一共15张图片。图片上画的是幼儿熟悉的东西，如狗、水果、水杯等。游戏结束后，要求幼儿回忆所玩过的东西，即对其无意识记进行检查。另外，在同样的实验条件下，要求幼儿进行有意识记，记住15张图片的内容。实验结果表明：即便到了幼儿中期和晚期，记忆的效果都是无意识记优于有意识记。

那么，幼儿的无意识记通常能记住哪些事物，不记哪些事物，取决于事物的哪些特征呢？

第一，事物的性质。一般来讲，幼儿集中注意力、容易被幼儿在无意中识记的事物，都是具体的、鲜明的、直观形象的。比如：穿着鲜艳颜色衣服的阿姨、黄黄的小鸭子、警察叔叔严肃的形象等。

第二，与主体的关系。通常，能激起幼儿兴趣的事物、对幼儿生活有重要意义的事物、能引发幼儿某种强烈情感的事物，都容易成为幼儿无意识记的内容。

第三，是否是幼儿活动的目标。"发给幼儿15张图片，每张图片中央画有幼儿熟悉的物体，图片的右上角画有同样醒目的符号，如△、＋、○等。把幼儿分为两组，一组的任务是按物体的特点分类，如猫和狗放在一起，另一组的任务是按符号分类，如把有△符号的放在一起。分类完毕后，要求幼儿回忆各图片上的物体。结果，记忆按图形分类的幼儿，平均只记住3.1种物体。说明由于活动中辨别的主要对象不同，对图形的无意识记效果也不同。"❶可见，如果把识记对象变为幼儿活动的任务或目标或者与完成任务和目标相关的信息，幼儿在活动过程中始终都要依靠对这个目标的认知，对其的无意识记效果则比较好。

第四，活动的动机。活动的动机不同，无意识记的效果也不尽相同。例如，同样是对图

---

❶ 陈帼眉.学前心理学.北京：人民教育出版社，2006.

片上的物体开展无意识记，以学习为动机的识记，其效果远远低于以竞赛为动机的无意识记的效果。

第五，多种感官的加入。将同一年龄班的学生分为两组，同时学习一首儿歌，一组听儿歌的同时观看图片，另一组不看图片。结果通过视听双渠道识记的幼儿识记程度高于只使用一种感官的幼儿。

随着幼儿语言能力、思维水平的不断提高，幼儿有意识记在幼儿中期开始逐渐发展。值得注意的是，幼儿有意识记并不是自发产生的，是在生活中、在成人的教育下逐渐产生的。例如，幼儿园老师嘱咐幼儿回家向爸爸妈妈转述某些信息；或者成人在讲故事之前，预先要求幼儿尽快记住，然后要求他们复述故事内容等。幼儿有意识记效果依赖于幼儿对活动任务的认知。例如：在幼儿经常玩的"超市"游戏中，扮演超市工作人员的角色，超市工作人员应该十分熟悉超市有哪些商品并为顾客提供帮助，扮演这一角色的幼儿意识到这个角色的任务，因此也努力去识记各种商品，其有意识记的效果也会很好。

总之，随着幼儿年龄的增长，其无意识记和有意识记的效果都是在提高的，但在整个幼儿期，有意识记的效果还是不如无意识记。因此，在对幼儿开展教育的过程中，成人应该在利用幼儿无意识记的基础上，采取多种方法培养有意识记。

（2）机械识记多于意义识记　通常来讲，幼儿的知识经验匮乏，分析、综合的思维能力较差，同时拥有的词汇量也不大，所以他们在识记事物时往往依靠事物本身的一些外部特征，即为机械识记。但是，许多材料证明，幼儿对理解了的材料，记忆效果更好。比如：识记专门为幼儿编写的儿歌比识记唐诗要快得多。到学前晚期，由于幼儿知识经验增加，理解力也不断增强，幼儿在复述故事时，就不再一字一句地背，而是按照自己对故事的理解进行记忆，对一些不熟悉的、抽象的词，也能在教师的指导下，在理解的基础上背诵了。

实际生活中，也会发现有许多幼儿很容易就记住了一些他们不理解甚至没有意义的材料，甚至有的幼儿这种机械识记的能力还相当惊人。比如，有的幼儿不懂得数量的含义，却能流利地数100个数甚至更多；有的幼儿可以将只听了几遍的故事一字不漏地复述出来。这是怎么回事呢？这是因为：首先，幼儿虽然不理解材料的内容，但他们却知道这些材料的重要性，他们按自己的理解来领悟材料内容，把那些容易理解的东西突出出来，从而引起特别注意。另外，幼儿可能会对材料的某个方面如音律，产生某种特殊的情感，激起了对材料的兴趣，通过游戏等活动，他们就记住了这些材料。

总之，整个幼儿期都是以机械识记为主的，意义识记也开始发展并且取得更优的效果。所以，在培养和发展幼儿记忆力时，既要注意培养意义识记，也不能忽略了机械记忆能力的提高。

（3）形象记忆占优势，语词记忆逐渐发展　形象记忆是指根据具体的形象来记忆各种材料。语词记忆是指通过语言的形式来识记材料。在幼儿语言发展之前，其只有形象记忆，随着幼儿语言的产生和发展，语词记忆也逐渐发展，幼儿的记忆系统也逐渐积累了一定数量的语词记忆。但是，从记忆的效果来讲，还是形象记忆占优势。这一点从幼儿识记语词的效果也可以得到证实：给出一系列的词如橘子、桌椅、蔚蓝、守株待兔、春意盎然等，让幼儿去识记。一般幼儿最容易记住那些关于实物，即具体形象的词，最难记住的是抽象的词。

某实验中，让不同年龄的幼儿分别记三种材料：熟悉的物体、熟悉的物体名称、不熟悉的物体名称，结果如表5-1所示。由此实验可知，幼儿期形象记忆的效果优于语词记忆的效果。同时，由实验也可看出，随着年龄的增长，二者的差距不断缩小，趋于接近。

基于以上事实，在学前儿童的教育中，必须考虑教学内容的直观形象性，教学方法上追求生动性，注意把形象记忆和语词记忆结合起来，增强幼儿的记忆效果。

表5-1　幼儿形象记忆与语词记忆效果的比较 ❶

年龄	平均再现数量		
	熟悉的物体	熟悉的词	生疏的词
3～4岁	3.9	1.8	0
4～5岁	4.4	3.6	0.3
5～6岁	5.1	4.3	0.4
6～7岁	5.6	4.8	1.2

（4）保持时间延长，回忆迅速发展　良好的记忆不仅要记得又准又快，更要保持长久，回忆快速而准确。

幼儿期记忆保持的时间有所延长。"3岁以后的儿童对特定事件的描述则更具有组织性，并逐渐增加个人对这一事件的感受。4岁幼儿能准确报告发生于2岁半以前的事件。5岁幼儿能将关于某一事件的记忆保持到6年以后。"

回忆包括再认和再现。再认能力在婴儿期就已有所表现，两岁的婴儿对图片的再认比成人还准确。再认能力随着年龄的增长还会不断提高。在某项研究中，4岁的幼儿可以100%正确地完成再认任务，即使图片之间只有极细微的差异，幼儿再认的正确率仍能达到90%。

（5）记忆的精确性较差　让一个4岁的幼儿记忆一串数字1313313331，很容易会出现遗漏。幼儿记忆的精确性较差，与其年龄特征密切相关。他们不善于针对材料的复杂性进行精细的分析，所以在识记材料时经常会出现歪曲、不准确等现象。

记忆精确性差，很容易导致幼儿回忆的错误。所以成人要重视幼儿记忆中的这一现象，注意培养幼儿记忆的精确性。

2.幼儿记忆的培养

幼儿记忆的发展直接影响到其他心理的发展，因此，成人根据幼儿记忆发展的特点，有目的、有计划地培养幼儿的记忆力成为一种必要。

（1）影响幼儿记忆发展的因素

① 生理成熟。随着个体生理的不断成熟，幼儿的认知水平也在不断提高，可见生理成熟对幼儿心理发展的重要作用。皮亚杰经过大量实验也证明了，随着认知能力的提高、运算水平的提高，记忆结构也随之进行重组，记忆水平也会明显优于先前的成绩。

② 知识经验。幼儿在生活中积累的经验越多，拥有的知识量越大，对新知识的加工速度就越快，相对应的记忆水平也越来越高。有研究者认为，幼儿知识经验对记忆的影响比智商的影响还要大。

③ 情绪状态。通常人们都有这种经验：高兴时学习效果比较好，心情郁闷时学习的效果就会很差。对于幼儿来说，这种现象更为明显。最新的研究表明，令人愉快的、可预测的活动和游戏是幼儿学习和记忆的最佳时机，这时候学习能力可能得到最大限度发挥，学习效果也最好。

④ 外在动机。幼儿心理活动的自觉性和主动都较差，因而，幼儿记忆效果很大程度取决

---

❶ 李庶泉.学前心理学.北京：北京师范大学出版社，2012.

于外部的控制。我们常常能看到，幼儿为了获得小红花或其他奖励，可以努力地去完成成人布置的任务，如背一支儿歌。可见，在幼儿期，外部动机可以明显提高幼儿的记忆效果。

虽然，幼儿期记忆的量和质都能达到一定的水平，但是由于其具体的年龄阶段特征，也会出现一些这一年龄段容易出现的问题。

（2）幼儿记忆常见问题

① 由于记忆的有意性差，记忆效果不好。有一个对4～7岁幼儿有意识记和无意识记的实验："将各年龄幼儿分成两组，用两套各10张画有常见物体的图片依次向两组幼儿呈现1分30秒，然后要求幼儿在1分钟内回忆。研究者对一组幼儿事先提出识记任务（有意识记），对另一组幼儿没提出识记任务（无意识记）。实验结果表明，对于同样熟悉、理解和感兴趣的事物，各年龄组幼儿的有意识记效果都比无意识记效果要好，表现为各年龄组有意识记回忆量均高于无意识记回忆量。"

如前所述，幼儿记忆发展的一个特点正是记忆的有意性、目的性较差，因此记忆的效果不尽如人意，也是幼儿期记忆容易出现的问题。

② 偶发记忆现象。在幼儿园，经常会看到这样的现象，老师请小朋友说出所出示的图片中有几只小鸭子时，幼儿回答小鸭子是黄色的。这种现象就是偶发记忆，是指当要求幼儿记住某样东西时，他们往往记住的是和这件东西一起出现的其他物体。出现这种现象是由于幼儿注意的选择性较差，注意的目的性不明确，就会将偶发的课题给记住了，结果记忆的任务反而完成不好。所以，成人应该重视培养幼儿的选择注意，引导幼儿有意识记的提高。

③ 不会使用恰当的记忆方法。幼儿意义识记的水平较低，除了是因为幼儿自身知识经验不足，还与其不会选择使用恰当的记忆方法密切相关。有一个研究：让幼儿和小学生运用一种方式（言语复述）对其意义识记的能力进行测验。向幼儿和小学生呈现一系列图片，请他们记住图片的内容。结果发现，在识记的过程中，只有极个别的幼儿会自言自语地复述，而一半左右的二年级小学生和所有的五年级小学生都使用了这种方法。凡是用自言自语复述的幼儿对图片都有较好的记忆效果，儿童言语活动越多，其实验测定的成绩越好。因此，有目的地对幼儿进行记忆方法的训练，可以有效增强幼儿记忆的效果。

3. 幼儿记忆培养的策略

（1）创设有效环境　幼儿记忆效果与其自身状态有很大关系。情绪积极、自信心强、兴趣强烈，都可以有效增强幼儿的记忆效果。因此，成人应该有意识地创设愉快的、有趣的环境，培养和激发幼儿对识记材料的兴趣，让每一个幼儿都能在这样的环境中体会记忆的乐趣。

（2）丰富生活经验　大量的实验与事实都证明了，幼儿观察到的事物越多，获得的知识经验越多，记忆的内容就越丰富，记忆得越扎实。丰富幼儿的生活经验可以从以下几个渠道着手。

第一，教师组织活动丰富幼儿生活经验。幼儿园教育是有目的、有计划的教育活动。丰富幼儿生活经验可以通过正式教学和其他活动两种形式来进行。

在正规教学中，教师依据活动的目标、内容，结合本班幼儿的实际情况设计活动，使幼儿系统地掌握知识经验。在"玻璃制品与塑料制品"这一活动中，老师提供了各式各样色彩不同的玻璃和塑料制品，让幼儿通过摸、看、比较等操作，认知到玻璃与塑料制品各自的特点及二者的区别。使幼儿在愉快的操作中掌握了知识。

除正式教学外，可以在晨间、课间、散步时间，甚至吃饭、喝水的时间，抓住一切契机不断丰富幼儿的生活经验。"一次午餐散步时，幼儿发现柏树上有许多小点点，走近一看，原来都是小甲虫，第一个发现的幼儿首先叫起来：快来看，这是什么虫？叫什么名字？在干什么？一连串问了许多问题，引得其他幼儿也争相观察。于是我趁机引导幼儿观察这些虫子的形状与不同点，最后幼儿发现了这些虫子除了颜色不一样，身上的斑点也不一样，也知道了七个点的是七星瓢虫，是益虫，应该保护；而十八个点的是十八星瓢虫，是害虫等。以后，只要看到这些虫子，就能说出哪些是益虫，哪些是害虫等。这样在不知不觉中，幼儿掌握了知识，积累了经验。"

第二，家长帮助幼儿积累生活经验。家长是幼儿的第一任老师，幼儿的许多生活经验都源自家长。因此，丰富幼儿的生活经验家长是必不可少的力量。家长可以多带领幼儿进行郊游、参观、远足等活动，使其在广阔的自然与社会生活中开阔视野、扩充知识与生活经验。

第三，发挥电视媒体的作用。当前，幼儿可能观看到的电视节目越来越多。我们也可以利用各种各样的电视节目来丰富幼儿的生活经验。比如，专门为幼儿拍摄的动画片中包含着许多常识、道理等，许多孩子看了《大耳朵图图》之后明白了上幼儿园有什么作用，知道了小朋友要懂礼貌等。还有一些适合的纪录片也可以让幼儿适当地观看，这些纪录片涵盖了地理、天文、动物、河流等十分广阔的范围，幼儿通过观看这些纪录片可以获得更加开阔的视野，更为广博的经验。

（3）发挥游戏的价值　游戏是幼儿的基本活动和主要的学习方式。培养幼儿的记忆自然要充分利用这一途径。生动活泼的操作性活动可以尽量调动幼儿的各种感官活动，用生动直观的具体形象吸引幼儿的注意力，使幼儿参与其中，让幼儿在无意识的情况下记住需要掌握的知识。

下面介绍几个以培养幼儿记忆力为目标的游戏方案。

5.1.1　找物品

准备10种不同的小物品，如皮球、积木等，让孩子注意着家长把它们分别藏在房间里的各个地方。全部藏好后，再让孩子按家长提出的物品名称，依次或打乱次序把这些物品一一找出来。

5.1.2　飞机降落

将一张大纸作为地图贴在墙上，纸上画出一大块地方作为"飞机场"。再用纸做一架"飞机"，上面钉一只图钉，还可写上孩子的名字。让孩子站在离地图几步或十几步远的地方，先叫他观察一下地形，然后蒙上眼睛，让他走近地图，并将"飞机"恰好降落在"飞机场"。增加难度时可以在地板上设置障碍物，前进时人不能与障碍物相碰。

5.1.3　开火车

三人围坐一圈，每人报上一个站名，通过几句对话语言来开动"火车"。如，父亲当作北京站，母亲当作上海站，孩子当作广州站。父亲拍手喊："北京的火车就要开。"大家一齐拍手喊："往哪开？"父亲拍手喊："广州开。"于是当广州站的儿子要马上接口："广州的火车就要开。"大家又齐拍手喊："往哪开？"儿子拍手喊："上海开。"这样火车开到谁那儿，谁应该马上接口。"火车"开得越快越好，中间不要间歇。

注：这个游戏由于要做到口、耳、心并用，因此能让注意力高度集中，同时也锻炼了思维的快速反应能力，而且这种游戏气氛活跃，能调动人的积极性，孩子玩起来乐此不疲。

（4）培养有意识记　本书前面已论述过，幼儿有意识记在2岁半以后逐渐萌芽，同时，由于有意性较差会导致记忆效果不尽如人意，所以，培养幼儿记忆的有意性是培养幼儿记忆的重要部分。这时，家长和老师无论是讲故事还是说具体的事情，都要向幼儿提出明确的记忆要求，让幼儿凭借自己的能力与意志力去完成。在给幼儿讲完故事后，要多花时间与其讨论故事中的人物、情感、故事情节等，并向其提出一些简单的问题，使他们能够记住故事中的一些内容。也可以在平时的生活中，让幼儿帮忙传达一些简单的话，帮助成人做一些力所能及的事。还可以通过提问幼儿回忆他们最近几天的经历，让他们表达所见所闻。在这些要求下，幼儿会努力地去记住一些事情，久而久之也促进了他们有意记忆的发展。

（5）提高意义识记的水平　如果用重复与跟读的方法教幼儿背诵唐诗《春晓》，可能需要较长的时间，而且一些词或句由于幼儿理解不透，还会经常出错。但是，如果先把诗里表达的内容与意境画成美丽的图画，再以故事形式讲给幼儿听，进而引导幼儿对诗中提到的"眠"、"晓"等进行讨论与总结，结合幼儿的生活经验帮助理解，很快，幼儿就能顺利地记住这首诗，并且经久不忘。可见，幼儿对记忆材料理解得越深，记得就越快，保持的时间也越长。因此，教师应该采取多种多样的方法，尽量帮助幼儿理解所识记的材料。

（6）及时合理复习　幼儿记得快，忘得也快。依据个体遗忘规律，及时合理地组织复习，可以增强幼儿记忆的效果。需要注意的是，复习时尽量避免简单重复、靠机械记忆来复习。可以通过游戏、谈话、讨论等方式让幼儿在活动中强化需要记忆的内容，提高记忆的准确性。

第二节　幼儿的想象

爱因斯坦说过："想象力比知识更重要，因为知识是有限的，而想象力概括着世界上的一切，推动着进步，并且是知识进化的源泉。"在幼儿令人惊叹的想象力中，蕴藏着巨大的创造力。

一、想象的概述

1.什么是想象

想象以表象为素材。表象是指经验过的事物不在面前时，人们在头脑出现的关于事物的形象。想象是对头脑中已有的表象进行加工改造形成新形象的过程。

所谓新形象是指主体从未接触过的事物形象。这种形象一方面可能是现实中存在但是个体还没有接触过的事物形象，例如：尽管我们没有见过宇航员在宇宙中失重状态下是什么样的，但我们可以想象宇航员漂浮在太空舱中的情景。新形象的另一种情况是现实中尚未有或者不可能有的、纯属创造的形象，例如：著名的丘比特形象，一个长着翅膀飞在天空中的小男孩，就属于这种想象。

2.想象的功能

（1）预见功能　想象可以预见活动的结果，指导人活动的方向。例如，我们要策划一次商业活动，想象可以帮助我们预见到活动的过程及结果，指导对活动的准备工作。再如，我们在建一座高楼大厦之前也是通过想象在头脑中形成它最终的形象。

（2）补充知识经验的功能　在生活中、学习中，许多事物和知识都是我们不可能直接感知的，如原始社会的生活场景、文学作品中的人物形象等。但是，我们可以在理解文字描述的基础上，充分利用自身的想象还原这些场景和形象。例如"《红楼梦》中王熙凤的形象就是无法直接感知的，但当我们读到'一双丹凤三角眼，两弯柳叶吊梢眉，粉面含春微不露，丹唇未启笑先闻'的人物描写时，人们通过已有的丹凤三角眼、柳叶、粉面、丹唇等表象的作用，就能在头脑中想象出王熙凤的形象。"

（3）代替功能　幼儿想玩娃娃家的游戏，但是没有现成的娃娃，他们就用一个小枕头代替娃娃。幼儿想玩开车的游戏，但是由于他们的能力所限不能实现，他们就在游戏中将小板凳想象成汽车，手握方向盘开起了汽车。所以，当人们某些愿望不能得到实际满足时，可以利用想象得以实现。

（4）调节机体生理活动的功能　近年来人们对生物反馈的研究证明想象对人体的机体有调节控制的作用。心理治疗的过程中，医生也会经常利用病人的想象帮其缓解病情。

3.想象的种类

按照想象活动是否具有目的性，可将其分为无意想象和有意想象。

（1）无意想象　无意想象是一种没有预定目的、不自觉地产生的想象。例如：当我们仰望天空中连绵的浮云时，可能会把它想象成柔软的棉花、成群的绵羊、层峦的山脉等。这些都属于无意想象。无意想象的典型形式是梦。

（2）有意想象　有意想象是按一定目的、自觉地进行的想象。比如：小说家笔下鲜明的人物形象、跌宕起伏的情节；科学家设计出的各种模型，都是有意想象的结晶。

在有意想象中，根据想象的新颖程度和形成方式的不同，可以分为再造想象和创造想象。

① 再造想象　再造想象是根据言语的描述或图样的示意，在人脑中形成相应的新形象的过程。工人制造机械时根据图纸想象出机器的主要构造，就属于再造想象。没有领略过冰雪魅力的南方人，通过诵读《沁园春·雪》，也可以想象出北方冰雪纷飞、寒冰封山的景象。

再造想象可以帮助人们摆脱时间或地域的限制，生动形象地认识自己没有感知过的事物，从而拓宽视野，充实自身经验。

再造想象依赖充分的记忆表象，表象越丰富，再造想象的内容也越丰富。同时，因为再造想象是在言语指导下进行的形象思维过程，所以再造想象也与言语思维密切相关。因此，培养和发展幼儿的再造想象既要扩充其记忆表象又应该提高其言语水平。

② 创造想象　创造想象是创造活动中，根据一定的目的、任务，在人脑中独立地创造出新形象的过程。这种形象不是根据别人的描述形成的，而是想象者根据自己的经验，在头脑中构成的前所未有的新形象。创造想象具有首创性、独立性、新颖性的特点。

创造想象比再造想象更复杂、更困难，需要对已有的感性材料进行深入的分析、综合、加工改造。

二、想象对幼儿心理发展的重要作用

1.帮助幼儿学习

尽管人们对直接感知的事物记忆更深刻，但是人类认识的过程决定了人们不可能做到事

事都亲身感知，大部分认知都属于间接认知。想象在幼儿的学习活动中能够帮助幼儿掌握复杂的知识和抽象的概念，创造性地完成学习任务。例如，在学习运算时，对抽象的5可以分成3和2的概念，幼儿可能无法理解，但是老师可以引导幼儿利用已有的记忆表象进行学习，如可以想象5个橘子是由2个橘子再加3个橘子组成的。总之，在幼儿学习的过程中离不开想象的过程。

2.支持幼儿游戏

想象在幼儿游戏中起着关键性的作用。玩"医院"的游戏时，幼儿需要通过想象来构建医院的空间特点，比如这里是挂号室、左手边是诊疗室、右手边是静点室等。常见的娃娃家游戏中，幼儿把自己想象成爸爸、妈妈，用木棍做菜刀，把纱布想象成包子、馒头等。在幼儿的各种游戏过程中都需要想象的加入。

3.想象是幼儿创造性思维的核心

一个人的创造力高低主要体现在其创造性思维上，而创造性思维的核心正是其想象力。通常，我们评价幼儿的创造性也是从想象力入手的，丰富的想象力是幼儿创造性的具体表现。

三、幼儿想象的特点

幼儿因其生理、心理尚未完全发育成熟，其想象也呈现这一年龄段独有的特点。

1.无意想象占主导地位，有意想象逐步发展

幼儿想象中无意想象占有重要地位，在幼儿早期更为突出。表现出了如下特点。

（1）目的不明确　幼儿的想象经常是事先没一个明确的目的，往往由外界刺激直接引起，并且随着外界刺激的变化而变化。在小班的绘画活动时，老师如果问"你在画什么？"他不会明确地回答，如果看到别的小朋友在画小鸭子，他就会说"我在画小鸭子"。给他积木，他只知道摆得很开心，直到初见轮廓时，他可能会说我在摆"汽车"、"高楼"。

（2）想象的主题不稳定　幼儿想象的目的确定后不一定能坚持下去，容易从一个主题转到另一个主题。幼儿随意画出的几笔线条与轮船相似，他就会兴奋地说"在画轮船"，一会儿再画几笔，画上的线条可能又像其他形象了，他们绘画的主题又会发生变化。在游戏活动时，也表现为一会儿玩这个一会儿玩那个。

只有到幼儿中、晚期，在教育影响下，随着幼儿语言的发展、经验的丰富，目的不确定、主题不稳定的现象才逐渐好转。大班的幼儿在想象活动之前，基本可能有一个明确的主题，并且能按照预定的主题，稳定地进行想象。

2.再造想象占优势，创造想象开始发展

整个幼儿期，幼儿想象的再造成分都很大。主要表现为以下特征。

（1）常依赖于成人的语言描述　在游戏和学习中，幼儿的想象往往要根据成人的描述来进行。这在幼儿早期尤为突出，一个较小的女孩玩娃娃家，可能只会抱着娃娃静静坐着，这时老师过来说"你的娃娃好像不舒服，我们带他去医院吧"或"娃娃困了，我们带她去睡觉吧"，她才会展开活跃的想象。再大一点儿的幼儿，可能想象内容会更丰富，但仍旧离不开老师的语言引导。如果只给幼儿单纯看图片，而没有语言的描述，幼儿再造想象的效果则会大打折扣。

（2）多为表象的简单加工，缺乏新异性　让一个3岁的小女孩玩医院的游戏，她可能会

将娃娃一个个排坐好充当病人，自己做医生，她的言谈举止、面部表情都是在模仿自己生病时给她看病的医生。可见，幼儿想象出的形象都是对其记忆表象的简单加工。

到幼儿中、晚期，由于知识经验的丰富和抽象水平的提高，幼儿想象中的创造性逐渐显现，慢慢地出现创造想象。一个中班的幼儿在按照老师的要求画一棵树时，可能还会在树的周围画上花、草、小房子，天空上漂着白云等。在游戏时，想象出的游戏场景更广阔、情节更复杂。

3.想象的内容趋于丰富、完整

幼儿早期的想象内容相对比较贫乏、零散。让小班的幼儿手握方向盘开车，他们只会想象自己是一名司机，不会想到车子开向哪里，干什么去等。他们想象的内容囿于平常生活中比较接近的事物形象，如爸爸、妈妈、娃娃、小汽车、小狗等。

到5岁、6岁时，幼儿的想象不仅能细致地展现身边最接近的事物，而且内容更为丰富。他们可能会想和月亮做朋友、随鱼儿一起去遨游海底世界。同时，他们还能赋予想象中的形象以完整性，考虑到各种形象之间的相互关系。逐渐形成比较丰富、完整的想象系统。但是，总体水平还是比较低的。

4.想象容易脱离现实或与现实混淆

这是幼儿期的一个典型心理现象。

一方面，幼儿的想象具有夸张性，容易脱离现实。幼儿绘画时，常常会把自己喜欢的东西画得很大。童话故事夸张的巨人国、拇指姑娘、长鼻子公主都让幼儿十分着迷，他们对自己身边的人和事也喜欢夸张地描述，如"我哥哥长得比巨人还高"。

另一方面，幼儿也容易把想象与现实混淆。他们尚不能把想象与现实严格区分开来，常常以为想象的就是真实的，也会把自己渴望的、臆想出来的内容当成真的。比如，幼儿还没有完全意识到童话故事是虚构的，听狼外婆的故事，有的幼儿也会吓得哇哇大哭。在幼儿中也经常会出现这种现象：一个幼儿听到小伙伴讲述自己去游乐场玩得特别高兴，他在羡慕的同时想象自己去游乐场玩的景象，会说"我妈妈也带我去了"。这并不说明幼儿在说谎，只是他将渴望的事情当成了现实来叙述。

到幼儿后期，这种"失实"现象会逐渐减少。因为，他们已经开始可以很好地区分现实与想象了。

四、幼儿想象的培养

"没有想象，一个人既不能成为诗人，也不能成为哲学家、有机智的人、有理性的生物，也就不能称其为人。"——法国启蒙思想家狄德罗。幼儿期是个体一生中想象力最为丰富的时期，也是培养想象力的关键期。那么，我们应该怎样激活和培养幼儿的想象力呢？

1.丰富感性知识和生活经验

在教师组织的户外活动中，看着蔚蓝天空下的朵朵白云，有的幼儿会说"云彩好像我爷爷养的小绵羊啊"，有的幼儿却说"白云软软的，多像棉花糖，我好想吃啊"。可见，幼儿的想象与他们的感性知识和生活经验是多么密切相关。针对同一事物，成人的想象之所以比幼儿的想象要更广、更深入，是因为成人的知识经验更丰富。因此，培养和发展幼儿的想象力的基础，就是帮助他们不断积累感性知识和生活经验。为此，家长和老师要有计划地带幼儿到公园、乡村、博物馆、动物园、社区去参观、旅游，让幼儿多听、多看、多

观察、多模仿，这些活动可以积累感性知识、丰富生活经验，从而为幼儿的想象积累更多素材。

2.开展各种游戏推动幼儿想象

游戏是幼儿的基本活动。因此，应积极组织幼儿开展各种游戏，让幼儿在用玩具、游戏材料代替实物的过程中想象游戏情节，从而促进其想象的发展。在各种游戏中，角色游戏与构造游戏最能激发幼儿的想象。比如，"幼儿会拿着玩具电话，对着话筒说：'喂！你是谁呀？'并进行一番煞有介事的对话，最后说：'再见！'并挂断电话。他们甚至还会告诉妈妈：'刚才月亮爷爷打电话给我了，他要我乖乖听妈妈的话，做个好宝宝，不然不请我到月亮上去玩儿呢！'"

因此，家长和老师应该经常为幼儿安排各种游戏，玩水、玩沙、听音乐、看图画、积木游戏、听故事、大小肌肉游戏、各种假想游戏等，在轻松的游戏氛围中，让幼儿的想象力得到充分发展。

几个培养幼儿想象力的游戏如下。

5.2.1 想象字母

在纸上写下一些字母并运用字母的外形创造其他事物。将大写的"M"当作骆驼，将大写的"B"当作蝴蝶的半边翅膀。让幼儿自由地想象和创造。

注：这个游戏锻炼字母的辨认与记忆技能，激发想象。

5.2.2 拼贴画

让孩子把一些零散的东西，如细绳、毛线、小塑料片、彩纸片、烟盒纸、包装用糨糊黏或用胶带贴，任孩子按自己的想象去创造，怎么摆都行，最后构成一幅图画。

5.2.3 吹一吹 猜一猜

准备：光滑的桌子一张、清水一杯。

过程：桌子收拾干净后，倒少量清水在上面，让孩子观察像什么。然后一边吹桌子上的水，一边问孩子像什么，也可以用手指弹水，变出各种各样的图形来。

注意事项：倒水时不要过多，避免洒在地上。吹和弹都可以让孩子自己做。

意义：材料简单、毫不费力，却可以发挥孩子丰富的想象力是这个游戏最大的优势。

玩具和游戏材料也是引发幼儿想象的物质基础，它们能引起大脑皮层的复活和连通。幼儿的玩具不必太复杂、太逼真，否则会限制幼儿的想象。只要能满足幼儿想象力的发展需要，能促进幼儿智力的发展，都可以作为幼儿游戏的材料。

3.充分利用艺术活动激发幼儿想象

幼儿园开展的可激发幼儿想象的艺术活动是多种多样的，其中常用的有讲故事、音乐活动、绘画、舞蹈活动等。

充满想象的童话故事最能引幼儿以遐想，故事中可爱的小动物、勇敢的王子、神奇的魔法……都让幼儿对世界充满了好奇。所以，家长和老师要有意识地选择合适的读物，培养幼儿的阅读兴趣，激活幼儿的想象。幼儿再大点儿还可以鼓励他们发挥想象为故事续编。

除此之外，利用音乐和美术活动发展幼儿想象力，效果更为显著。鼓励幼儿根据对音乐的理解自己创编动作和情节。例如："音乐欣赏时老师放一段音乐，让幼儿去听、去想、去思考，当老师播放激昂的进行曲时，幼儿会雄赳赳地大踏步前进，还说自己是解放军，自己是小海军等到；当播放一段轻音乐时，幼儿会很安静，有的说：'老师，我做了个梦，梦见自己变成了蝴蝶，在花丛中飞啊飞，我好美啊！'"还可以通过命题绘画、填充画等形式，让幼儿自己想，自己画，大胆想象，别出心裁。

值得注意的是，在幼儿按照自己的想象进行各种艺术活动时，老师不要干涉、不要代替幼儿想象，要给予幼儿充分的自由，让其享受独立想象的快乐。

以下是几个以培养和发展幼儿想象力为目标的艺术活动方案。

5.2.4　想一想　说一说

准备：一则故事、一个故事本。

过程：家长讲故事，讲到一个环节停一下，和孩子一起想象主人公下一步会怎么做？然后两个人讨论是否合理，接着看原故事是怎样进行的，继续讲下去。这样边停边讲，直至讲完。可以把孩子编的故事组合起来，一起写成一个新故事。

注意事项：选择故事最好是孩子喜欢的类型，以调动他（她）续编故事的积极性；和孩子一起续编时，先让孩子说，以免孩子模仿家长的思路；在讲故事时不要强调书上编的是最好的，而要肯定孩子，增强他的自信心。

意义：边听边讲的过程中，让孩子将自己的想象和别人的想象做了对比，从而达到取长补短的效果，发展了语言能力和想象力。

5.2.5　折纸

折纸是一种很富有创造性的活动。折纸需要的材料极其简单：废旧纸张和剪刀。教会孩子对边折、对角折、四角向中心折、连续几次向中心折、双正方形折、双三角形折等，并在此基础上折成各种玩意儿。小一些的孩子可折钱包、房子、船、飞机，再大一些可学折青蛙、鸭子、金鱼、手枪、裤子、书包等。

5.2.6　海底探秘——培养孩子想象力的语言训练游戏

目标：引导幼儿学习正面人物头像的画法；通过环境创设引导幼儿想象海底世界，并用语言表达出来。

准备：在墙上布置出简单的海底动植物；纸、彩色笔、剪刀等。

过程：

第一、继续引导幼儿观察正面人物头部的五官结构，进一步学习人物头像的画法，要求画满整张纸。

第二、帮助幼儿将画好的头像剪下后粘贴在墙饰的适当位置，布置并完成墙饰《海底探秘》。

延伸：引导幼儿想象海底世界有些什么，它们是什么样的，并用连贯的语言表达出来；和幼儿一起制作海底动植物，进一步完善墙饰，感受墙饰的整体美。

4.保护好幼儿的好奇心

人们常说，想象是创造力的源泉。那么，想象的动力是什么呢？答案是：好奇心。历史上许多有成就的科学家、发明家，在童年时期都有着极强的好奇心。比如，著名的发明家爱迪生就曾因好奇而做出过孵小鸡的"傻事"。心理学的研究也表明：好奇心与创造力的发展是成正比的。因此，家长和老师必须珍视幼儿的好奇心，无论孩子的想象多么离奇，都要保护好孩子这种想象的欲望，并且要进一步激发幼儿的好奇心，使其想象始终处于活跃的状态。

好奇与想象是知识的萌芽

达尔文，英国生物学家，进化论的奠基人。曾乘贝格尔号舰做了历时5年的环球航行，对动植物和地质结构等进行了大量的研究和采集。1859年出版了《物种起源》这一划时代的著作，在生物科学上完成了一次革命。

达尔文从小就爱幻想。他热爱大自然，尤其喜欢打猎、采集矿物和动植物标本。他的父母十分重视和爱护儿子的好奇心和想象力，总是千方百计地支持孩子的兴趣和爱好，鼓励他去努力探索。这为达尔文写出《物种起源》这一巨作打下了坚实的基础。

有一次小达尔文和妈妈到花园里给小树培土。妈妈说："泥土是个宝，小树有了泥土才能成长。别小看这泥土，是它长出了青草，青草喂饱了牛羊，我们才有奶喝，才有肉吃；是它长出了小麦和棉花，我们才有饭吃，才有衣穿。泥土太宝贵了。"听到这些话，小达尔文疑惑地问："妈妈，那泥土能长出小狗来？""不能呀！"妈妈笑着说，"小狗是狗妈妈生的，不是泥土里长出来的。"达尔文又问："我是妈妈生的，妈妈是姥姥生的，对吗？""对呀，所有人都是他妈妈生的。"妈妈和蔼地回答他。"那最早的妈妈又是谁生的？"达尔文接着问。"是上帝！"妈妈说。"那上帝是谁生的呢？"小达尔文打破沙锅问到底。妈妈答不上来了。她对达尔文说："孩子，世界上有好多事情对我们来说是个谜，你像小树一样快快长大吧，这些谜等待你去解呢！"

达尔文的父亲还把花园里的一间小棚子交给达尔文和他的哥哥，让他们自由地做化学试验，以便使孩子们智力得到更好的发展。达尔文十岁时，父亲还让他跟着教师和同学到威尔士海边去度三周的假期。达尔文在那里大开眼界，观察和采集了大量海生动物的标本，由此激发了他采集动植物标本的爱好和兴趣。

没有好奇心，没有想象力，就没有今天的进化论。而达尔文的父母最成功之处就在于特别注意爱护儿子的想象力和好奇心。

5.创设情境，鼓励幼儿大胆想象

老师在教幼儿画一只小鸟在天空飞翔的图画，却有一名幼儿画了三只小鸟在天空上。他说：一只小鸟太孤单了，它会害怕的，一家三口在一起玩，才有意思。如果，这时候老师武断地批评了这个幼儿，也就此扼杀了他的创造性。一个唯唯诺诺，做事不敢想、不敢干，只会机械重复的，思想行动被条条框框束缚的人是很难有所作为的。因此，创造一个宽松、开放、自然的情境，让幼儿大胆想象，成为培养幼儿想象力的一种必要。

6.在日常生活中引导幼儿想象

教育活动是有限的，广阔的生活才是无限的，充分利用幼儿日常生活中的契机培养想象力，是对教育活动的有效补充和延伸。例如，吃饭的时候主食是圆圆的烧饼，有的幼儿说："烧饼圆圆的，好像月亮啊"。老师可以顺势引导幼儿想一想"生活中还有什么东西是圆的啊？"幼儿们可以随意展开想象，如：太阳、车轮、元宵、饭碗等。这样做既可以培养幼儿想象的有意性，又可以发展幼儿的创造想象。需要注意的是，在日常生活中引导幼儿想象一定要营造丰富而宽松的环境。在这个环境中，利用一切机会，全方位、多角度地鼓励幼儿大胆想象。

思考与练习

1. 什么是记忆? 记忆有哪些种类?

2. 幼儿记忆有哪些特点?

3. 影响幼儿无意识记的因素有哪些?

4. 幼儿记忆过程中存在着哪些问题?

5. 怎样培养幼儿的记忆?

6. 什么是想象? 想象可分为哪几种?

7. 想象有什么作用?

8. 幼儿想象具备哪些特点?

9. 怎样培养幼儿的想象?

 **拓展阅读**

想象力的辩护

在美国,曾发生过这样一个故事:1968年,内华达州一位叫伊迪丝的3岁小女孩告诉妈妈,她认识礼品盒上"OPEN"的第一个字母"O"。这位妈妈听后非常吃惊,问她是怎么认识的。伊迪丝说是"薇拉小姐教的"。

令人想不到的是,这位母亲一纸诉状把薇拉小姐所在的幼儿园告上了法庭,她的理由令人吃惊,竟是说幼儿园剥夺了伊迪丝的想象力,因为她的女儿在认识"O"之前,能把"O"说成苹果、太阳、足球及鸟蛋之类的圆形东西,然而自从幼儿园教她识读了"O"后,伊迪丝便失去了这种能力。诉状递上去之后,幼儿园的老师们都认为这位母亲大概是疯了,一些家长也感到此举有点莫名其妙。

3个月后,此案在内华达州州立法院开庭,最后的结果却出人意料,幼儿园败诉,因为陪审团的23名成员都被这位母亲在辩护时讲的一个故事感动了。

这位母亲说:"我曾到东方某个国家去旅行,在一家公园里见过两只天鹅,一只被剪去了左边的翅膀,一只完好无损。剪去翅膀的被放养在较大的一片水塘里,完好的一只被放养在一片较小的水塘里。当时我非常不解,那里的管理人员说,这样能防止它们逃跑。他们的解释是,剪去一边翅膀的天鹅无法保持身体的平衡,飞起后就会掉下来,因此可以放在大水塘里;而在小水塘里的天鹅,虽然没有被剪去翅膀,但起飞时因没有必需的滑翔路程,也会老实地待在水塘里。当时我非常震惊,震惊于东方人的聪明和智慧。可是我也感到非常悲哀,今天,我为我女儿的事来打这场官司,是因为我感到伊迪丝变成了幼儿园的一只天鹅,他们剪掉了伊迪丝的一只翅膀,一只幻想的翅膀,他们早早地把她投进了那片小水塘,那片只有26个字母的小水塘。"

这段辩护词后来竟成了内华达州修改《公民教育保护法》的依据,其中规定幼儿在学校必须拥有的两项权利:① 玩的权利;② 问为什么的权利,也就是拥有想象力的权利。

实践在线

1. 案例分析

如果你是幼儿园老师，你班上的一个小朋友说"我爸爸是超人"，其他小朋友都说他在说谎。针对幼儿的这种"说谎"现象，你应该怎么做？

2. 小组讨论

你认为应该创设怎样的环境，在这个环境中可以有效地发展幼儿的记忆与想象。

3. 实践观察

访问一位幼儿教师，请他谈谈保护幼儿的好奇心，丰富幼儿想象力的心得体验。

幼儿思维与言语

思维是智力的核心因素，一个人思维活动的水平和能力是其智力的核心体现。思维的发生与发展意味着幼儿认识过程的完全形成，对幼儿心理发展具有重大意义，它使幼儿的心理开始成为具有一定倾向性的、稳定而统一的整体。言语既是学习的工具，也是学习的内容，在学前期，幼儿最主要的学习之一就是言语的学习。思维和言语本身又存在着密切的联系，思维活动借助语言而实现，语言在一定程度上又是思维的外在表现。因此，本章主要介绍幼儿思维和言语的产生与发展，以及如何促进幼儿思维和言语的发展。

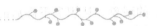

第一节　幼儿的思维

思维是物质发展的最高成就，恩格斯曾把"思维着的精神"称为"地球上最美丽的花朵"。思维是高级的认知活动，它是在感知觉、记忆的基础上产生的，但比它们更复杂。

一、思维概述

1.思维的概念与特点

（1）思维的基本概念　　思维是人脑对客观现实间接的概括的反映，是人认识的高级阶段。思维反映的是客观事物的本质及其规律性联系。人们日常所说的思考、考虑、沉思、深思熟虑等都是思维活动的表现形式。

① 思维和感知觉。思维与感知觉一样都是人脑对客观事物的反映，但又有本质的区别。感知觉是对当前事物属性的直接反映，是对信息的接受和识别，而思维却是对客观事物属性的间接的、概括的反映，是对信息进行加工的过程；感知觉反映的是事物的外部特征和外在联系，思维反映的是客观事物的本质特征和内在规律性联系。感知觉属于感性认识，是认知过程的初级阶段，思维是理性认识，是认知过程的高级阶段。

思维又与感知觉有着联系，幼儿期这种联系尤为密切。在对客观事物感知的基础上产生了思维，它是认识的高级阶段，如果没有客观世界大量的感知材料，思维就无从产生。幼儿期正处于思维发展的初级阶段。幼儿思维的发展离不开感知觉的发展。

② 思维和语言。人的思维活动是以大量感性材料为基础，凭借语言而实现的。思维与语言是密不可分、相互依存的。首先，思维活动是借助语言而实现的。这是由于语言本身所具有的概括性所决定的。人们通过语言把同一类事物典型的、共同的、本质的特征概括出来，如"车"一词就是对各式各样的车的概括。如果没有标识现实东西的词，思维就无法进行间接概括的反映。其次，语言也离不开思维。因为构成语言的词汇和语法规则是思维的结果。词义则正是概括化的思维或概念。语言和词汇的意义，也正是靠思维的日益充实和丰富而不断地深化和发展的。

在幼儿的思维发展中，语言作为思维的工具，与思维的关系尤为密切，所以发展幼儿的语言对发展幼儿的思维具有非常重要的意义。

（2）思维的特点　思维具有间接性和概括性两个基本特点。

① 思维的间接性。思维的间接性是指人们借助已有的知识经验或其他媒介来认识客观事物的特性。思维的间接性可以使人们摆脱感觉和知觉的限制。如我们早晨起来看到屋外地上都是湿的，不用亲眼看到下雨过程，我们就知道昨天夜里下雨了。由于人的思维具有间接性的特点，所以人们可以推测过去，如通过考古所获得的文物等资料来了解人类古代社会的情形，并能预测未来，如通过卫星云图来了解未来几天天气的变化情况，世界上许多无法直接感知的事物，都是通过思维活动去认识的。

② 思维的概括性。思维的概括性是指思维所反映的是一类事物所具有的共同属性，反映的是事物之间的本质的、规律性的联系。由于这一特性，人能够通过事物的表面现象和外部特征而认识事物的本质和规律。如我们判断昨天夜里下了雨，是因为我们多次见到这样的现象，认识到下雨后的共同特征就是屋外都是湿的。这是人们通过思维对下雨这一现象的概括。

2.思维的种类

（1）根据思维过程中的凭借物或思维形态的不同来划分

根据思维过程中的凭借物或思维形态的不同来划分，可把思维划分为动作思维、具体形象思维和抽象逻辑思维。

动作思维是指在思维过程中以实际动作作为支持的思维。动作思维也称实践思维。3岁以前儿童的思维主要属于动作思维。他们的思维活动往往是在实际操作中，通过触摸、摆弄物体而进行的。例如，幼儿在进行简单加减运算时，需要借助手指进行计算，实际活动一停止，他们的思维便立即停下来。

具体形象思维是指运用头脑中的具体形象来解决问题的思维。这种思维在幼儿期有明显的表现。例如，幼儿数数就是借助头脑中的实物表象，如苹果、糖果等进行的。

抽象逻辑思维是借助概念、判断、推理等形式来反映客观事物的运动规律，对事物的本质特征和内部联系加以认识的过程。例如，学生要证明数学中某一命题或定理，就要运用数学符号和概念来进行推导和求证；或者运用牛顿定律来解释力学的基本问题。

（2）根据思维探索方向的不同来划分　根据思维探索方向的不同，思维可划分为发散思维和聚合思维。

发散思维是指沿着不同方向探索多种不同的解决问题方案的思维方式。发散思维有助于人们开阔思路，得出各种解决问题的办法，虽然有时想出来的办法不一定实用，但有些非同寻常的想法可能会成为创造性解决问题的基础。如美国学者奥斯本提倡的"头脑风暴法"就是借助发散思维解决问题的一种具体表现。头脑风暴法是按照打破常规、出奇制胜的原则，致力于找到数量众多的解决问题的方法的一种思维形式，它能为问题的解决提出多种可能的路径。

聚合思维就是指把问题所提供的所有信息集中起来，从中选择一个最佳解决方案的思维方式。它是对发散思维提出的多种可能性进行比较后选择某一种最佳、最适合的方法来解决问题的思维形式。

（3）根据解决问题使用方法的独创性来划分　根据解决问题所使用方法的独创性，思维可分为常规思维和创造性思维。

常规思维是指运用已知的、现成方法解决问题的思维。例如，我们学习先辈们积累下的丰富经验，在我们遇到相同或类似的问题时，就可以运用现成的解决问题的方法，既节省了问题解决的时间，同时也提高了工作效率。但人们在解决某一问题时，如果用某一方法成功解决了一系列类似问题，往往会倾向于使用同一种方法解决其他问题，虽然有时它是简单有效的，但有时却会走弯路，这就是习惯定势。这种定势有时有助于提高人们解决问题的速度，但有时也会成为解决问题的障碍。思维定势是已有经验对判断或解决当前问题所造成的内在准备倾向。定势具有两重性，既可易化问题的解决，缩短判断、决定的时间，也可形成适应新情境的障碍，使人们不问情由、不分析具体条件地按经验办事。当解决问题的人具有某种定势支配倾向时，就会固守于某种通常可以解决许多问题、但恰恰是不能解决当前问题的方法或策略。

创造性思维是指运用了与已知常规方法完全不同的方法来解决问题的思维。无论是作家创作新的作品、科学家的新发明，还是幼儿园小朋友用积木搭建不同的建筑物、自己创编或改编故事、自己画一幅作品，都需要运用创造性思维。创造性思维是人类思维的高级形态，是智力的高级表现。一个人在生活、学习和工作中，遇事不盲从、独立思考，多问几个为什么，敢于提出与众不同的看法，养成独立思考的习惯，个人的创造性思维就会获得不断的发展。

3.思维的过程

人类思维活动的过程表现为分析、综合、比较、分类、抽象、概括和具体化等。其中，分析和综合是思维的基本过程。

（1）分析和综合　分析是在头脑中把事物的整体分解为各个部分、个别特性或方面的过程。综合是在头脑中把事物的各个部分、个别特性或方面结合起来形成一个整体的过程。例如我们把植物分解为根、茎、叶、花、果实、种子来认识思考，是分析的过程；相反把根、茎、叶、花、果实、种子组成整株植物来思考就是综合。

分析和综合是方向相反而又紧密联系的过程，是同一思维过程中不可分割的两个方面。分析，反映事物的要素；综合，反映事物的主体。只有分析没有综合，就是"只见树木，不见森林"；而只有综合没有分析，就是"只见森林，不见树木"。

（2）比较和分类　比较是在认识上确定事物之间存在共同点和差异点及其关系的过程。人们经过分析和综合认识事物的许多特点和属性，为进一步认识和分辨某一事物，需要在分

 幼儿心理学

析和综合的基础上，对与这一事物相似或对立的事物进行比较，通过比较找出它们之间的共同点和差异点。比较可以是同中求异或异中求同，也可以是横向比较或纵向比较。

（3）概括和抽象　抽象是在认识上抽取同类事物的本质特征，舍弃非本质特征的过程。概括是在认识上把同类事物的本质特征加以综合并推广到同类其他事物的思维过程。例如舍弃图形大小、宽窄比例等非本质特征，只抽取出四角相等或四边相等的本质特征，把四角相等的四边形概括为矩形，把四边相等的四边形概括为菱形。

（4）具体化和系统化　具体化是把概括出来的一般认识同具体事物联系起来的思维过程。如学生用所学的定理、公式解决某一具体问题。系统化是指把学到的知识分门别类地按照一定的结构组成层次分明的整体系统的过程。如三角形可以分成直角三角形、锐角三角形、钝角三角形。系统化的知识便于在大脑皮层上形成广泛的神经联系，使知识易于记忆，也只有掌握了系统的知识结构，才能真正理解知识，在不同条件下运用知识。

4.思维的基本形式

（1）概念　概念是反映事物本质属性的基本形式。例如"玩具"这个概念，它反映了皮球、娃娃等供幼儿玩的物品所具有的本质属性，而不涉及它们彼此不同的具体特性。

每个概念都有其内涵和外延。内涵即含义，是指概念所反映的事物的本质特征。外延是指属于这一概念的一切事物。例如，"平面三角形"这个概念的内涵是：平面上三条直线围绕而成的封闭图形；外延是：有直角三角形、锐角三角形、钝角三角形。概念不是一成不变的，随着社会历史的发展及人们认识的深入，概念的内涵和外延也在不断变化。例如，武器、交通工具等概念，都随着时代的改变、科学技术的发展而产生了很大的变化，因此，概念是人类历史的产物。

（2）判断和推理　判断是肯定或否定某种东西的存在或指明某种事物是否具有某种性质的思维形式，如"猫是一种动物"、"鲸鱼不是鱼"、"鸟会飞"等。思维过程要借助于判断去进行，思维的结果也是以判断的形式表现出来的。

推理是从已知的判断（前提）推出新的判断（结论）的思维形式。推理的主要形式有两类：归纳推理和演绎推理。

归纳推理是从特殊事物推出一般原理的推理。如从"燕子长着两只脚，喜鹊长着两只脚，麻雀长着两只脚"推出"鸟长着两只脚"。演绎推理是从一般原理到特殊事物的推理。例如，由"3岁后幼儿要上幼儿园，乐乐3岁半了"推出"乐乐也要上幼儿园"。

概念、判断和推理是相互联系的。概念的形成往往要通过一定的判断、推理过程。获得判断也需要经过推理，实际上，推理是思维的最基本形式。

5.思维的品质

人与人之间的思维活动有着明显的差异，这些差异具体表现在思维品质方面。

（1）思维的广阔性和深刻性　思维的广阔性是指一个人思维的广度方面的特点。思维具有广阔性的人，善于全面地看问题，能够抓住事物间各方面的联系和关系来思考。他们不仅善于抓住整个问题的基本轮廓，而且也不遗漏问题的重要细节；同时还善于在不同知识和实践领域内从多方面创造性地进行思维。思维狭隘的人往往片面地看问题，只凭有限的知识经验去思考问题，抓住一点不及其余；容易一叶障目，只见树木，不见森林。

思维的深刻性是指一个人思维深度方面的特点。思维深刻的人在思维活动中，能够透过问题的表面现象，深入到问题的内部核心，发现其本质规律；善于揭露现象产生的原因，预

见事物的进程及发展结果。思维肤浅的人，在思维过程中往往被事物的表面现象所迷惑，看不到问题的本质；时常对重大问题熟视无睹，轻易放过；满足于一知半解，缺乏洞察力和预见性。

（2）思维的独立性和批判性　思维的独立性是指一个人独立思考方面的特性。具有思维独立性的人，不依赖于现成的答案，善于独立思考，独立发现问题、分析问题，并善于运用新方法、新途径去解决问题。与思维独立性相反的是思维的依赖性。具有依赖性的人遇事不能独立思考，缺乏主见，易受暗示，常轻易放弃自己的观点，过分崇拜权威，盲目迷信，人云亦云。

思维的批判性是指一个人能否依据客观标准进行思维并解决问题的品质。具有思维批判性的人，有明确的是非观念，善于根据客观的实践标准评价自己和他人的思维结果。他们既能正确评价别人的思维成果，又富有自我批判性；既能坚持正确的东西，又能随时放弃自己曾坚持的错误观点。与思维批判性相反的是思维的随意性。思维具有随意性的人考虑问题时往往主观自负，自以为是，得出结论时随心所欲，评判事物不能坚持客观标准，缺乏自我批判性，易受个人情感的左右。

（3）思维的灵活性和敏捷性　思维的灵活性是指思维活动的灵活程度方面的品质。思维灵活的人，有很强的应变能力，不受固有模式和成规的束缚，能根据客观条件的变化，及时打破思维定势，摆脱偏见，随机应变，采取有效措施解决问题。与灵活性相反的品质是思维的固执性。具有思维固执性的人表现为固执、刻板，思想僵化、墨守成规，坚持己见，不顾条件的变化，按老一套办事。

思维的敏捷性是指思维活动速度方面的品质。思维敏捷的人思路流畅，有较强的直觉判断能力，对复杂的问题能进行周密的思考，很快地理出思路，抓住问题的关键，当机立断。与思维敏捷性相反的品质是思维的迟钝，这种品质表现为思路堵塞，优柔寡断，在新的情况面前束手无策，一筹莫展。

（4）思维的逻辑性　思维的逻辑性是指一个人思维条理性方面的特点。思维逻辑性强的人，能够严格按照逻辑规律进行思维。提出问题明确而不含混，考查问题遵循逻辑顺序，进行推理合乎逻辑规则，论证有条不紊，表述层次清晰，有理有据，结论有充分的说服力。缺乏思维逻辑性的人，思路混乱且跳跃性大，论述缺乏证据，推理易出现错误逻辑，陈述无顺序性，常出现语无伦次的现象。

二、幼儿思维的发展阶段与特点

1.幼儿思维的发展阶段

儿童思维的发展水平在每个年龄段是不一样的。两岁左右孩子的思维发展水平与三岁左右孩子的发展水平不同；三岁左右的孩子考虑问题又明显与六、七岁左右的孩子不同。

（1）直观行动思维　儿童最初的思维以直观行动思维为主。直观行动思维的主要特征表现在以下两个方面。

首先，思维依赖于一定的情境。2～3岁的幼儿直观行动思维表现非常突出。3～4岁幼儿的身上也常有表现。这种思维更多依赖于一定的具体情境，依赖于对具体事物的感知和对动作的概括。处于这种水平的幼儿离开了实物就不能解决问题，离开了玩具就不会游戏。例如，当他手里有一个娃娃时，他就会想起抱娃娃并能玩娃娃家的游戏，当娃娃被拿走，他的

游戏也就结束了；如果老师又提供了娃娃的衣服，还有小碗、小勺和药品、注射器等，那他们就不仅会给娃娃穿衣服，还给娃娃喂饭、喝水、打针等。

其次，直观行动思维离不开幼儿自身的行动。幼儿的思维只能在动作中进行，常常表现为先做后想，边做边想，动作一旦停止，他的思维活动也就结束了。如幼儿正在画一条线，他说是毛毛虫，可是所画的线一弯，他就又说画的是香肠。这个阶段思维的特点之一就是行动之前没有事先的计划和目的，也不会预见行动的后果。

（2）具体形象思维　3～6岁的儿童的思维，以具体形象思维为主。例如这个阶段的幼儿在开展游戏活动、扮演各种角色、遵守规则时，主要依靠他们头脑中的有关角色、规则和行为方式的表象。思维的具体形象性是在直观行动性的基础上形成和发展起来的。具体形象思维是幼儿思维的典型方式。

（3）抽象逻辑思维　6岁以后，儿童的思维开始进入逻辑思维阶段。抽象逻辑思维反映事物的本质特征，是靠语言进行进行的思维活动，是人类所特有的思维。幼儿阶段只有抽象逻辑思维的萌芽。

儿童思维发展的趋势是由直观行动思维发展到具体形象思维，最后发展到抽象逻辑思维。

2.幼儿思维发展的特点

（1）幼儿的思维以具体形象性为主，抽象逻辑性开始萌芽　在幼儿期的每一个年龄段，其思维特点是不同的。

幼儿初期，即3岁左右，思维具有直观行动性的特点。其思维活动离不开对事物的直接感知，并依赖于自身的行动。在幼儿园小班初期的绘画和游戏活动中，思维的直观行动性表现得非常明显，如幼儿坐在凳子上，会想到"骑马"的游戏，离开凳子，游戏就结束了；小班幼儿在画之前通常没有明确的目的，通常是边画画看着像什么就说画的是什么，放下画笔，思维也就停止。

在直观行动思维的基础上，幼儿思维的具体形象性逐渐发展。幼儿期思维结构的材料主要是具体形象或表象，而不是依靠理性的材料来进行的。具体形象思维的特点主要表现为以下几点。

① 具体性。幼儿思维的内容是具体的。幼儿在思考问题时，总是借助于具体事物或具体事物的表象。幼儿容易掌握那些代表实际东西的概念，不容易掌握抽象概念，如"植物"这个词比"柳树"、"杨树"等词抽象，幼儿较难掌握。幼儿对具体的语言容易理解，对抽象的语言则不易理解，如老师说"喝完水的小朋友把杯子放到柜子里去！"刚入园的幼儿都没有反应。但老师如果说"佳佳，把杯子放到柜子里去吧！"这时佳佳才理解老师的意思。对刚入园的幼儿来讲，"喝完水的小朋友"是不具体的，而每个幼儿的名字才是具体的。

② 形象性。幼儿思维的形象性表现在幼儿依靠事物的形象来思维。幼儿头脑中充满着各种颜色、形状、声音等生动的形象。比如爷爷总是留着白胡子，奶奶总是头发花白的，解放军总是穿军装的叔叔，兔子总是"小白兔"，猪总是"大肥猪"等。

③ 经验性。经验性是指幼儿的思维常根据自己的生活经验来进行。比如幼儿把热水倒进鱼缸里，问他为什么时，他说老师说了喝开水不生病，小鱼也应该喝开水。再比如一位教师向幼儿布置"解迷津"的任务，说："假装这里是一座山，你必须走过这座山才能回家。现在老师和小朋友们都走过去了，就剩下你一个了，再不走过去，天就要黑了，有野兽来的。"幼儿说："我不会到那样的地方去的，再说妈妈总是和我在一起的。"幼儿拒绝接受老师的逻

辑推理，他从自己的具体生活经验出发进行思维。

④ 拟人性。幼儿往往把动物或一些物体当做人。他们把自己的行动经验和思想感情加到小动物或小玩具身上，和它们交谈，把它们当做好朋友。如他们认为太阳公公能够看到小朋友在玩。他们还经常提出一些拟人化的问题，如"风是车轮放出来的吗？""月亮飞得高还是星星飞得高？"幼儿喜爱童话故事，也是因为童话故事的拟人化手法符合幼儿的思维特点。

⑤ 表面性。幼儿思维只是根据具体接触到的表面现象来进行，往往只是反映事物的表面联系，而非本质联系。如一个5岁的幼儿注意地看着阿姨给新生儿喂奶，看见奶水从阿姨的乳房里流出来，他认真地问："阿姨，那里面（指乳房）也有咖啡吗？"幼儿只从表面理解事物，因而不理解词的转义。比如，幼儿听妈妈说："看，那个女孩子长得多甜！"他问："妈妈，您舔过她吗？"

⑥ 片面性。由于不能抓住事物的本质特征，幼儿的思维常常是片面的。他们不善于全面地看问题。幼儿喜欢问："谁是好人？谁是坏人？"他们的思维逻辑是：不是好人就是坏人。在解决问题的过程中，幼儿常常只照顾到事物的一个维度，而不能同时兼顾两个维度。比如，把一个杯子里的水先后倒入形状不同的两个杯子里，其中一个杯子比另一个杯子高而窄，或矮而宽，幼儿就认为水变多了或少了。他们不能把握高矮与宽窄两个维度的相互关系。

⑦ 固定性。幼儿思维的具体性使幼儿的思维缺乏灵活性。幼儿较难掌握相对性的概念，比如问"小明比小毛高，小东比小毛矮，谁最高？谁最矮？"幼儿面临这种问题时，感到困难。在日常生活中，幼儿往往"认死理"，比如两个幼儿在抢一个玩具，老师拿出一个同样的玩具，让他们各玩一个，幼儿往往一时转不过来，谁都要原来的那一个。

⑧ 近视性。幼儿只能考虑到事物的眼前的关系，而不会更多地去考虑事情的后果。比如，一个男孩摔破了头，左右额上都缝了几针，父母感到不安，担心他将来留下疤痕。可是孩子特别高兴，他说："我这样就像汽车了，两个车灯。"他不停地做出开汽车的动作，跑来跑去。正是由于幼儿思维的这种近视性，常常导致成人和幼儿的矛盾。成人给幼儿的告诫，他们往往不能理解。

上述这些特点都是思维的具体性和形象性的不同表现。

具体形象思维是幼儿期思维发展最主要的特征。这种特征在幼儿各种思维活动中都有表现。但是在不同年龄段，表现程度有所不同。

幼儿晚期抽象逻辑思维开始萌芽。幼儿初期，由于思维水平和生活经验的局限，只能认识事物的外部特征。但是到了幼儿晚期，特别是5岁以后，明显出现了逻辑思维的萌芽。这具体表现在分析、综合、比较、概括等思维基本过程的发展，概念的掌握、判断和推理的形成，以及理解能力的发展等方面。

（2）幼儿思维过程的发展　幼儿思维过程的发展突出表现在分析与综合、比较和分类能力的发展。

幼儿在分析综合活动中，还不能把握事物复杂的组成部分。对3～6岁的幼儿来说，要求分析的环节越少，相应的概括完成就越好。

幼儿分类能力的发展经历了随机分类、知觉分类、功能分类、概念分类四个阶段。幼儿分类能力的发展为其理解概念的内涵奠定了基础。苏联心理学家维果斯基曾用一些大小、颜色、形状不同的几何体做实验，要求幼儿将几何体进行分组。研究发现，低龄幼儿在分组时不断改变分类标准，一会儿以形状，一会儿又以颜色或大小作为分类标准，证明年龄小的幼

幼儿心理学

儿分类具有随机性的特点，他们有时也会根据对物体的知觉特征进行分类。年龄稍大的幼儿逐步倾向于根据物体的功能或主题关系进行分类，如幼儿倾向于把牛、青草和牛奶分为一类，因为牛吃草能产牛奶。直到幼儿后期，幼儿才开始根据事物之间相对较为严密的逻辑关系进行概念分类。

（3）幼儿思维形式的发展　概念、判断和推理是思维的基本形式。幼儿思维形式的发展也表现出具体形象性的特点。

① 幼儿对概念的掌握。幼儿掌握的概念主要是日常的、具体的，有关熟悉的物体和动作的，如鞋子、帽子、电视、电脑、汽车，走、跑、跳、拿、举等。在环境和教育的影响下，幼儿晚期还可以掌握一些较为抽象的概念，如勇敢、礼貌、关心等。幼儿所掌握的概念还不太稳定，容易受周围环境的影响。

有研究者通过下定义方式来研究幼儿掌握实物概念的特点，发现以下特点。

幼儿初期，幼儿所掌握的概念主要是他们熟悉的事物。给物体下定义多属直指型。如问幼儿"什么是狗"，他们就会指着画上的或玩具说"这是狗"。

幼儿中期，幼儿已能在掌握事物某些比较突出的特征的基础上获得事物的概念。他们给事物下定义多属列举型。这时幼儿对上面的问题就会回答："狗有四条腿，还长着毛呢！看见小花猫就汪汪叫。"

幼儿晚期，幼儿开始掌握某一实物的较为本质的特征，如功用的特征，或若干特征的总和。他们给物体下定义多为功用型。但仍有对事物的描述。他们对上面问题的回答"狗是看门的"，"狗还可以帮人打猎"，"狗也是动物"，"狗狗最厉害"等。

此外，幼儿掌握空间概念和数概念都晚于实物概念，而且掌握起来比较困难。

② 幼儿对事物判断、推理的特点。幼儿已经能够进行初步的判断和推理，但幼儿思维的具体形象性使得幼儿在判断事物时从事物外在或表面的特点出发。如幼儿对事物的判断、推理往往不合逻辑；幼儿常常把直接观察到的事物之间的表面现象或事物之间偶然的外部联系作为判断事物的依据，如让幼儿比较三支铅笔，问幼儿"为什么第一支和第三支比第二支长？"不少幼儿会回答说："因为它是黄色的，我妈那天还给我削铅笔呢！"幼儿常以自身的生活经验作为判断、推理的依据，即幼儿对事物进行判断、推理时，常以自身感受或经历过的事情为依据，例如，问一个中班幼儿"为什么皮球会滚下来呢"，幼儿根据自己的经验回答说："因为它不愿意待在椅子上。"5岁左右的幼儿在回答"大红旗多还是小红旗多"的问题时，说"小红旗多，因为小红旗可以剪好多，大红旗费纸，就剪得少"。

③ 幼儿理解能力的发展。理解是个体运用已有的知识经验去认识事物的联系、关系及其本质和规律的思维活动。幼儿理解事物的水平不高，不深刻，常受外部条件制约。

幼儿对事物的理解常是孤立的，不能发现事物之间的内在关系。年龄越小的幼儿，这个特点表现越明显。如让幼儿看一幅画，幼儿初期的孩子常常看到的只是个别的人或物。

幼儿对事物的理解主要依靠事物的具体形象。如幼儿在听故事时，常需要有图形或实物来辅助，或者依靠生动的语言引起头脑中的事物形象来帮助理解。

幼儿对事物的理解往往是表面的，不能理解事物的内部含义。如一个小朋友想上厕所，其他幼儿也要去，教师生气地说"去，去，去，都去！"这时幼儿根本不理解教师的意思，反而高高兴兴地一拥而去了。因此，我们在实际工作中一定要注意幼儿理解的特点，幼儿不能理解反话中的内部含义。要坚持正面教育，要多结合具体形象的事物来帮助幼儿去理解和作出判断。

三、幼儿思维的培养

1.提供丰富的感知材料促进幼儿思维的发展

幼儿初期的思维特点仍带有一定的直观行动性。在组织幼儿开展各种活动的过程中，要充分认识和理解这一特点，才能有效地开展活动，促进幼儿思维的发展。因此要为幼儿提供大量可以直接感知的玩具与活动材料。没有充分的玩教具和活动材料，幼儿的活动将不会有效地开展。小班幼儿的游戏和活动水平很大程度上取决于游戏材料和玩具提供的水平。因此，为了有效促进幼儿思维的发展，使幼儿的认识能力得到进一步的提高，应该有目的、有计划、合理地为幼儿提供活动的各种材料。

2.通过观察、操作，促进幼儿思维过程的发展

首先，通过观察，对具体事物进行分析综合。在丰富的活动中培养幼儿的分析综合能力，是促进幼儿思维发展的有效途径。通过观察具体事物，让幼儿充分感知事物的各个方面，对事物的具体特征进行分析综合。例如，幼儿通过对蚯蚓的观察，感知到蚯蚓身体是一环一环的，它们的活动方式是爬动或蠕动。

其次，通过操作，对事物进行比较、分类。幼儿通过对物体的操作，能够对具体事物的特征直接感知，进行直接对比，找出物体之间的不同之处或相同之处。通过对物体相同之处的概括和判断，幼儿能够逐渐对物体进行分类。如，对一堆插片，幼儿通过摆弄，可以把具有相同形状的插片进行归类。在整理物品中也能够获得比较具体物体的经验。通过操作和对具体事物的比较，可以促进幼儿分类能力的发展。

3.通过提高幼儿的语言水平，促进幼儿思维的发展

幼儿的思维一方面借助具体事物的刺激，另一方面借助语言来进行，进而形成概念。语言能力与思维能力的发展有着密切的关系，事实上，思维很多时候会涉及对一些并不在眼前出现的具体事物的想象，教师和幼儿以及幼儿与幼儿之间，经常通过语言来进行交流、讨论。以听取别人的意见为例，如果要弄清楚别人说话的意思，便要对对方说话的内容进行分析、综合、抽象、概括等，如果幼儿语言能力强，在交流、讨论等过程中，便能够不停地进行思维并掌握有关概念。

当幼儿遇到不理解的事物时，他就会提出问题。著名科学家爱因斯坦说过："提出一个问题比解决一个问题更重要。"巴尔扎克也说："打开一切科学大门的钥匙，毫无疑问是问号。"当幼儿提出"是什么"或"为什么"的问题时，它不仅仅说明幼儿想知道什么，更重要的是说明幼儿的思维在积极地活动。所以，我们应该以积极的态度鼓励幼儿多想、多问，为幼儿的思维活动创造宽松的氛围，培养幼儿思维的热情。

4.尊重幼儿的探索和创造性

尊重幼儿的探索和创造性就是在探索过程和创造过程中不过分强调给幼儿一个唯一正确的标准答案。幼儿的经验多是自己的生活体验，每个幼儿的体验不同，经验不同，因而幼儿的探索活动和创造性活动会不同。过分强调单一的标准会抑制和束缚幼儿思维的发展。因此可以设计一些具有多种答案或方案的问题。例如，在玩沙、玩水、玩泥的游戏中，可以让幼儿自己进行探索和创造，也可以对同样的玩具玩出多种形式，赋予游戏更多的内涵，让幼儿获得更多探索和创造的机会。

5.培养幼儿良好的思维品质

首先，培养幼儿思维的广阔性。要求幼儿能够抓住问题的本质和事物之间的规律性的联

系，广泛地扩展思维。幼儿思考一件事，通常是按着一个思路想下去，忽然有人提出一个新问题，又接着这个思路想下去，缺乏思维的广阔性。因此，引导幼儿思维扩展的过程中，不断提出新问题，开阔新思路，是相当重要的。

其次，培养幼儿思维的深刻性。要求幼儿善于运用各种思维能力，深入思考问题，发现问题的本质。如在幼儿数概念形成中，要使幼儿理解任何一个数都是由1组成的，如2是由2个1组成，2里有2个1；3是由3个1组成，3里有3个1……以此类推，引导幼儿从数的组成中概括出一条基本原理："任何一个数都是由1组成的，几里就有几个1。"在掌握这一原理时，幼儿的思维经过从具体到抽象，再从抽象到概括的过程。这个过程，他们充分地运用了判断和推理的逻辑思维能力，最终认识了事物的本质，掌握了数的组成的原理。

第三，培养幼儿思维的灵活性和敏捷性。灵活性就是要求幼儿的思维能够根据具体条件的变化而灵活转变。思维灵活性是思维能力发展的重要标志之一，它要求幼儿对学过的知识不仅能在情节完全相同的情况下运用，而且能在更广泛的不同范围内正确运用。敏捷性就是要求幼儿在认识事物的过程中，能够迅速而正确地作出决定和结论，达到认识事物的目的。有的幼儿思维敏捷，有的则思维迟缓，教师的任务就是使幼儿思维在认识事物的过程中反应得越快越好，做到快而准。

第四，培养幼儿思维的独立性。幼儿要有自己的思维，不要把幼儿变成教师或家长的应声虫，当他们提出问题时，不应一律给予圆满的答案，应让他们学会用自己的大脑去思考、去探索。"少年数学家"麦克斯韦6岁时曾问父亲："肥皂泡为什么是五颜六色的？"父亲并没有直接回答他的问题，而是从书架上取下一本书说："你的问题，写这本书的人解释过，不过还是初步的，他的名字叫牛顿，你以后从他的书里可以找到答案。""牛顿是谁？""他是一个大物理学家，不过我说过他的解释只是初步的，不一定都对，你可以怀疑。"

以上几个方面是相互依存、相互作用的。培养幼儿良好的思维品质，将为他们以后提高学业成绩和工作效率打下良好基础。

第二节　幼儿的言语

幼儿言语的发展是指人类个体在出生后的一定时期内掌握本族语的过程。幼儿从刚出生只会发出简单的语音到掌握丰富的词汇，从不会说话到能够说简单句、复杂句，能够正确表达自己的思想并能够与他人进行交流，甚至能够认识简单的字词，这个过程是在学前期逐步完成的。这一时期是幼儿掌握本民族语言的关键期，因此学前期的重要任务之一就是促进幼儿言语能力的发展。

一、言语概述

语言是在人类进化和个体发展历程中极其重要的能力之一，也是人类区别于其他动物的重要标志之一。人们借助语言进行相互交流、相互理解，人们还借助于语言进行思维活动，总结出事物发展的本质和规律。人与动物心理的本质不同也在于人类有语言。

1.语言和言语的概念

日常生活中，人们常常将"语言"和"言语"两个概念混淆起来使用，其实"语言"和

"言语"是两个彼此不同而又紧密联系的概念。

（1）语言　语言是人类在社会实践中逐渐形成和发展起来的交际工具，是一种社会上约定俗成的符号系统。语言是一种特殊的社会现象，每一种语言都有自己特定的语音、语义、词汇和语法系统。语言是以词为基本结构单位，以语法为构造规则的符号系统。词是一种符号，标志着一定的事物。词按照一定的语法规则组合在一起，构成短语和句子，反映着人类思维的逻辑规律。语言是人类最重要的交际工具，人们用语言交流思想、表达感情、传递信息。"普通话"、"闽南语"、"英语"及"西班牙语"等都属于语言，它是一种社会历史现象，不同的社会，由于历史文化不同，语言也就不同。

（2）言语　语言符号被个体使用的过程被称为言语。即言语是个体运用语言材料和语言规则来表达自己的思想或与他人进行交际的过程。言语交际的具体过程，实际上就是在社会交往中运用语言的过程，必须遵循一定的语法规则。听、说、读、写的活动都属于言语活动。言语活动有不同的形式，如聊天、演讲、报告等。言语活动是人类所特有的，是在个体身上进行的活动，是一种心理现象，具有个体性。

（3）语言和言语的关系　语言和言语是两个不同的概念，我们要把它们区别开来。但是，语言和言语又有着密切的联系。一方面，言语活动是依靠语言材料和语言规则来进行的，个体只有遵循语言中的词汇和语法结构规则，才能够准确地表达自己的思想和情感。个体的言语能力受其对语言掌握程度的制约。另一方面，语言也离不开言语活动。因为语言是在人类具体的言语交际活动中形成和发展起来的，并且任何一种语言都必须通过人们的言语活动才能发挥其作为交际工具的作用。人们的言语活动及其产物是语言客观存在的基础。语言的发展、完善、更新，都离不开人们的言语活动。如果某种语言不再被人们用来进行交流活动，最终必然会在人类社会中消失。因此，语言和言语是密不可分的。

2.言语的分类

（1）外部言语　幼儿在言语发展过程中，由于受其思维发展局限性的影响，心理活动必须借助于具体的、可感知的物体才能够进行。因此幼儿最初言语的发展需要借助于有声言语或书面言语来维持心理活动的过程。根据幼儿言语活动借助对象的不同，幼儿的外部言语又可分为口头言语和书面言语。

① 口头言语。口头言语是指一个人凭借自己的发音器官所发出来的某种语言声音表达自己的思想和情感的言语。通常以对话和独白的形式来进行。

对话言语是3岁以前的幼儿与成人进行交际的主要形式。他们的对话言语只限于向成人打招呼、请求或简单地回答成人的问题。往往是成人逐句引导，他们逐句回答，有时他们也向成人提出为什么。

到了学前期，随着独立性的发展，幼儿在离开成人进行各种活动中获得了自己的经验和体会，在与成人的交际中也逐步运用报道、陈述等独白言语。幼儿期独白言语的发展还是很初步的，最初由于词汇量不够丰富，表达会显得不够流畅，叙述时常会用"这个……这个……"或者"然后……然后……"。在正确的教育下，一般到6～7岁时，幼儿就能比较清楚地、有声有色地描述看过或听过的事件或故事了。

② 初步的书面言语。书面言语是人们凭借文字来表达自己的思想感情及传授知识经验的言语。它的出现晚于口头言语，具有随意性、开展性和计划性的特点。书面言语可以突破时间和空间的限制，可以反复阅读、回味和推敲。

幼儿的书面言语主要指书写和阅读，基本单位是字，由字组成词、句以及文章。书面言语包括认字、写字、阅读、写作。其中认字和阅读属于接受性的，写字和写作属于表达性的。幼儿书面言语的产生如同口头言语一样，是从接受性的言语开始，即先会认字，后会写字；先会阅读，后会写作。

（2）过渡言语 在外部言语向内部言语的发展过程中，常常出现一种介乎外部言语和内部言语之间的过渡言语形式，即出声的自言自语。

（3）内部言语 内部言语是一种特殊的言语形式，是非交际性言语，指个人不出声思考时的言语活动。内部言语是对自己的言语，外部言语是为了和别人交往而发生的，内部言语不执行交际功能，是为自己用的言语，因而一般来说，它比外部语言简略，常常是不完整的。内部言语突出了自觉的分析综合和自我调节功能，与思维具有不可分的联系。人们不出声的思考往往就是利用内部言语来进行的。

3.言语的作用

（1）概括作用 言语中的词，是客观事物的符号，代表着一定的对象或现象。言语不仅标志着个别对象或现象，还标志着某一类的许多对象或现象。如当我们指着某一个布娃娃说"这是娃娃"时，"娃娃"一词只是某个具体娃娃的符号；但当我们说"娃娃是一种玩具"时，它就不是指某一个具体的娃娃，而是指各式各样的娃娃。

言语的概括作用，加快了人们对事物的认识。人们可以根据一类事物的共同特征，概括性地认识同类事物。例如，幼儿吃过梅子知道梅子是酸的，后听说山楂很酸，幼儿不用直接尝山楂便知其味酸。

（2）交流作用 言语是人与人之间进行交际、沟通思想情感的桥梁，也是人们相互影响进行交际的工具，同时也是人们传递时代经验的途径。

因此，幼儿言语发展的过程，也是其社会化的过程。幼儿言语是为交际而产生的，也是在交际过程中发展的。随着语言的发展，幼儿表达自己的愿望、请求或命令，保持自己和别人的关系，获得知识，发表见解，与别人商量，对事物进行评价等，都是幼儿社会化的过程。

（3）调节作用 言语对心理和行为起着调节作用。通过言语，人们不仅能够认识客观事物，也能认识自己的心理和行为，从而使人的心理活动具有自觉的性质。人在活动之前，可以在头脑中以词的形式预设行动目的，设想行动结果，制订行动计划。而在心理活动过程中，又能按照预定的计划，用词调节自己的心理和行动，以求达到预定的结果和目的。

二、幼儿言语的发展

儿童出生后，在环境的影响和成人的教育下，其言语不断地发展。在学前期，儿童言语发展主要表现在口头言语的发展和书面言语的学习两个方面。

1.口头言语的发展

随着幼儿发音器官、神经组织的成熟，加上受到成人的语言教育，幼儿的语言不断发展，进入一个新的时期。幼儿口头言语的发展主要表现在掌握语音、词汇、语法以及语言表达能力的发展。

（1）语音的发展 随着发音器官的成熟、大脑皮质机能的发展及语音听觉系统的发展，幼儿的发音能力迅速增强，发音机制开始稳定和完善，基本掌握本族语的全部语音。幼儿语音发展具有如下特点。

① 发音水平逐步提高。幼儿发音水平随着年龄的增长而逐步提高，具体在不同的年龄段又表现出鲜明的年龄差异。

3～4岁幼儿的发音特点：发音器官不够完善，细小肌肉群活动不灵活，听觉的分化能力差，对近似音不易辨别。如把"早"说成"捣"，把"好"说成"搞"，把"老师"说成"老西"或"老基"。

4～5岁幼儿的发音特点：发音器官基本完善，在正确引导下，基本上都能正确发音。但也有少数幼儿对个别难发的音感到困难，如把"树"说成"富"，"水"说成"匪"等。

5～6岁幼儿的发音特点：发音器官健全，建立了语言的自我调节机制，能够辨别声音的细微差别，所以在发音方面已经没有问题。不仅能够正确地发出语音，还能够根据语句的内容，清楚地分出四声。但也有个别儿童发音不清楚的现象，因此语音教育仍不可忽视。

② 基本掌握本族语的全部语音。1～1.5岁儿童开始发出第一个类似成人说话时用词的音，在整个学前期，儿童的发音水平逐步提高，3～4岁是进步最为明显的时期，是儿童语音发展的飞跃阶段，4岁的儿童一般能掌握本民族语言的全部语音。所以，3岁左右是培养儿童正确发音的关键期，教师应实施正确的语音教育。

③ 语音意识的发生。儿童语音的发展，除了受生理和环境因素的影响，语音意识也起着重要的作用。语音意识是指语音的自我调节机制。

儿童要学会正确的发音，必须具备两种能力：一是要有精确的语音辨别能力，二是要能够控制和调节自身发音器官的活动。当儿童开始能够自觉地辨别发音是否正确，主动地模仿正确的发音，纠正错误发音，那么就可以说儿童的语音意识开始形成了。

（2）词汇的发展　言语是由词以一定的方式组成的，因此，词汇的发展可以作为言语发展的重要标志。

① 词汇量随幼儿年龄的增长而增加。幼儿在1岁左右开始说出第一批真正有意义的词汇，但最初说出的词数量极少。3～6岁是人一生中词汇量增加最为迅速的时期。据相关资料统计表明，各年龄段的词汇量大体上可以描述为：3～4岁时为1600个词左右；4～5岁时为2300个词左右；5～6岁时为3500个词左右。

由于词汇的掌握在很大程度上直接取决于幼儿的生活条件和教育条件，因此幼儿之间掌握词汇量的个别差异极大，有研究证明，同是3～4岁的幼儿，最高词汇量可达2346个，最低词汇量只有598个。

② 词类的范围日益扩大。幼儿词汇的发展，还表现在他们所掌握的词汇范围日益扩大，这也表明幼儿言语和智力发展水平的提高。

词从语法上可分为实词和虚词两大类。实词是指意义比较具体的词，它包括名词、动词、形容词、数词、量词、代词等。虚词意义比较抽象，一般不能单独用来回答问题，包括副词、介词、连词、助词、感叹词等。在学前儿童掌握的词汇中，实词的绝对量是很大的，虚词的量则很小。实词中，又以名词为最多，其次为动词，再次是形容词，最后是副词。学前儿童也开始逐渐掌握一些虚词，如介词、连词等。

同时，学前儿童词汇的内容也在不断扩大。他们不仅掌握了许多与自身日常生活直接相关的词，也掌握了不少与日常生活距离较远的词，如"博客"、"恐龙"等。在词汇性质上，从掌握具体词汇，到掌握抽象性、概括性比较高的词汇，如过去只能掌握具体的实物概念，如"积木"、"娃娃"、"桌子"、"椅子"等，后来逐渐能掌握"玩具"、"家具"等较为概括的词汇。

③ 对词义的理解逐渐准确和深化。幼儿不断增加的词汇量促使其对所掌握的每一个单词

本身的含义理解也逐渐加深。在这一过程中，幼儿对词义的理解出现了一种有趣的现象，即词义理解的扩张和缩小。

词义理解的扩张指幼儿最初使用一个词时，容易倾向于过分扩张词义，无意中使词义中包含了比成人更多的含义。他们可能使用"狗狗"一词指称一只猫或一只兔子，一切全身长毛的、四脚的、有尾巴的动物。这种过度扩张的倾向在1～2岁时最为明显，大约有三分之一的词汇被扩大运用，到3～4岁时逐渐有所克服。有两种原因可能会解释这一现象。原因之一在于幼儿理解力差，他们还不能理解界定一个概念的核心特征，另一种可能在于幼儿缺乏相应的词汇。如幼儿不知道"苹果"，则他可能仅仅是为了达到谈论"苹果"的目的，而使用某种相似客体的名称（如"球球"）。幼儿除了用某一熟悉的客体的名称来指代不熟悉的客体外，还会为不熟悉的客体杜撰一个新词以达到指代的目的，这一颇具创造性色彩的现象即"造词"现象，它会随着幼儿词汇量的进一步增加而减少。

在词义理解扩张的同时，幼儿还有词义理解缩小的倾向，即把他初步掌握的词仅仅理解为最初与词结合的那个具体事物。比如，"桌子"一词仅仅指他家里的某张桌子。这种缩小倾向与扩张倾向一样，都表明幼儿最初对词义的理解是混沌、未分化的。只有经过进一步发展，幼儿才能从具体到抽象地逐步理解词义。

此外，幼儿口语中的积极词汇逐渐增多。积极词汇又称主动词汇，是指幼儿既能理解，又能正确使用的词汇。同时，在他们口语中还有许多消极词汇，而且也在增多。消极词汇又称被动词汇，是指能够理解却不能够正确使用的词汇。幼儿受知识经验的限制，对于许多词不能正确理解或有些理解却不能正确使用，以致出现乱用词或乱造词的现象。如把"一条裤子"说成"一件裤子"；把"一只猫"说成"一个猫"等。

总的来说，幼儿对词义的理解不够丰富和深刻。对于多义词，幼儿通常不能掌握它的全部意义，只能掌握其最基本和最常用的意义。对词的转义几乎不能掌握。

幼儿的词汇无论是从数量上还是质量上都有了发展，但是从整个学前期幼儿词汇发展来看，词汇还是贫乏的；词类的运用还偏重于动词、名词、代词、形容词等；词义的概括性还比较低；词的理解和运用还常常发生错误。总之，词汇的发展还不够完善。

（3）语法的发展 词汇是言语的构成材料，语法是组词成句的规则，幼儿要掌握语言，进行言语交际，必须掌握语法体系，否则，很难与他人进行正常的交流，既不能很好地理解别人的言语，也不能清楚地表达自己的思想。研究表明，我国幼儿语法的发展表现出以下趋势。

① 从不完整句发展到完整句。幼儿在句子习得的过程中，最初出现的是单词句，如"狗狗"，可能指的是所有有毛的、四脚的动物。后来发展到双词句（由两个词组成的不完整句，有时也由三个词组成，也称为电报句），如"妈妈，饭饭"，它可能表示"饭是妈妈的"，也可能是指"妈妈在吃饭"。

幼儿最初的句子常常还是不完整的，缺漏句子成分或者句子排列不当，导致句子的意思不明确，别人如果不了解幼儿说话的情景，就很难理解幼儿所要表达的意思，如幼儿可能会向成人转述他所看到的某一情景："摔了一跤，在滑梯上，她哭了"，他是想告诉成人有个小朋友在滑梯上摔倒了，哭了。造成这种现象的原因可能与幼儿思维的自我中心有关，他们误以为自己明白的事别人也明白。

2岁以后，幼儿开始出现比较完整的句子，3岁半以后的幼儿，逐渐掌握句子成分之间的复杂而严格的关系，出现了较复杂的修饰语句，如有介词结构的"把"字句；"他们把绳子接起来跳"、"小白兔把萝卜放在桌子上"。到6岁左右，幼儿98%以上使用完整句。

完整句又可分为简单句和复合句，陈述句与其他多种句型，如疑问句、祈使句等。

② 从简单句发展到复合句。幼儿前期也出现了一些复合句，但大部分是简单句。有研究发现，2岁左右的孩子所说的句子中，简单句占96.5%，到幼儿中期，简单句仍占多数，但是随着年龄的增长，复合句所占的比例逐渐增加。4岁以后还出现了各种从属复合句，幼儿还能够使用适当的连接词来构成复合句，以反映各种关系。如会用"如果……就"反映假设关系，应用"只有……才"反映条件关系，应用"因为……所以"反映因果关系等。

③ 从陈述句发展到多种形式的句子。在整个幼儿期，简单的陈述句仍然是幼儿最基本的句型。同时，其他形式的句子也逐渐发展起来，如祈使句、感叹句、疑问句等。其中，疑问句产生的比较早。在幼儿的言语实践中，可以看到他们由于受简单陈述句句型模式的影响，往往会对某些复杂的句型不能理解从而产生误解。如5～6岁的幼儿会对被动句不易理解，因而把"小猫被小狗推着走"误认为"小猫推小狗走"；对双重否定句更难理解，因而把"那个盒子里没有一个娃娃不是站着的"误解为"没有娃娃站着"，或者根本不理解。

④ 句子从无修饰语到有修饰语，长度从短到长。有研究表明，随着幼儿的成长，幼儿在运用句子时逐渐使用修饰语，2岁的幼儿在运用句子时，极少使用修饰语，仅有20%左右的幼儿使用，3岁时使用修饰语的能力就显著增强，达到50%左右，6岁时可达到90%以上。

随着幼儿词汇量的增加，使用修饰语能力的增强，幼儿所使用句子的长度也在增长。据研究，2岁时幼儿句子的平均长度为2.9个词，3.5岁时为5.2个词，到了6岁时增长到了8.4个词。句子长度的增长表明了幼儿言语表达能力的进一步提高。

（4）口语表达能力的发展　随着幼儿词汇的丰富及基本语法结构的掌握，幼儿的口语表达能力逐步发展起来，具体表现如下。

① 从对话言语过渡到独白言语。就交际方式而言，口语可以分为对话式和独白式两种形式。对话是指发生在两人（或多人）之间的谈话，如聊天、座谈、讨论等；独白则是一个人独自向倾听者讲述，如报告、讲座等。

幼儿的言语最初是对话式的，只有在和成人的交往中才能发生，3岁前，幼儿大多是在成人的陪伴和帮助下进行活动，幼儿和成人的言语交际大多也是在这种协同活动中进行的。所以，幼儿的言语大多采取对话的形式，他们往往只回答成人提出的问题，或只是向成人提出问题或要求。

随着幼儿独立性的增强，幼儿的活动范围扩展，他们逐渐获得了更多的经验、体会和印象，为了和周围人更好地交流，幼儿就要讲述自己的知识经验，表达自己的思想感情，于是报道、陈述等独白语言就发展起来了。当然，幼儿的独白语言发展水平还比较低，尤其是在幼儿初期，3～4岁幼儿虽然能够主动向成人讲述自己经历的事情，但是由于幼儿词汇不够丰富，表达不够流畅，因此在表述时常带一些口头语，如"这个这个"、"后来后来"等，来帮助缓解表达的困难。到幼儿晚期，幼儿不但能够系统叙述，而且能大胆自然地、生动有感情地描述事情。

② 从情境性言语过渡到连贯性言语。情境性言语是指幼儿在独自叙述时不连贯、不完整并伴有各种手势、表情，听者需要结合当时的情景，审查手势、表情，边听边猜才能懂得其所要表达的意思的言语。连贯性言语的特点是句子完整、前后连贯，能反映完整而详细的思想内容，使听者从语言本身就能理解所讲述的意思的言语。

3岁前幼儿的言语主要是情境性言语。单词句和电报句都不能离开具体的情境。他们只能进行对话，不能独白，决定了其言语带有很强的情境性。

3～4岁幼儿的语言仍带有情境性。他们在表达中运用很多不连贯的、没头没尾的短句，并且辅以各种手势和面部表情。他们对自己所讲的事情不做任何解释，似乎认为对方已经完全了解他们所讲的一切。如果别人听不懂他的意思，要他作解释，他会反感或显得很困惑。

随着年龄的增长，幼儿连贯性言语逐渐得到发展。到6～7岁，幼儿开始能把整个思想内容前后一贯地表述，能用完整的句子说明上下文的逻辑关系。连贯性言语使幼儿能够独立、完整地表达自己的思想。在此基础上，幼儿才能独白。连贯性言语和独白言语的发展，不但促进幼儿言语表达能力的提高，而且促进幼儿逻辑思维的形成和独立性的加强。

（5）内部语言的产生　言语可按活动的目的和是否出声，分为外部言语和内部言语。内部言语是言语的高级形式，它发音隐蔽，不发出为人觉察的声音，但言语的发音器官、肌肉组织仍然有活动，它向大脑皮层发送动觉刺激。内部言语比外部言语更加压缩和概括。

幼儿前期没有内部言语，到了幼儿中期，内部言语才产生。幼儿时期的内部言语是一种介乎外部言语和内部言语的过渡形式，即出声的自言自语。幼儿时期的内部言语有两种形式，即"游戏言语"和"问题言语"。

游戏言语是幼儿在游戏或绘画等活动中出现的言语，其特点是一边做动作，一边说话，用言语补充和丰富自己的活动。这种言语通常比较完整、详细，有丰富的情感和表现力。如，幼儿喂娃娃吃饭，边喂边说："快吃，不要把饭弄洒了，不要挑食……"

问题言语是幼儿在活动中遇到困难时产生的言语，用来表示困惑、怀疑、惊奇等。这种言语一般比较简单、零碎，由一些压缩的词句组成。例如幼儿在拼图过程中自言自语："这个放在哪呢……对了……不行，再试试……"

3～5岁儿童游戏言语占多数，5～7岁儿童则问题言语增多。幼儿中期以后，内部言语逐渐在自言自语的基础上形成，原来由自言自语所负担的自我调节功能，也随年龄的增长逐渐由内部言语来实现。

2. 书面言语的学习

幼儿掌握母语口语为进行书面言语的学习奠定了基础。在适宜的环境及教育影响下，幼儿的书面言语开始萌生。幼儿的书面言语主要包括早期阅读和早期的书写准备。

（1）早期阅读　幼儿可以在学习口头言语的同时，接触文字的语言。幼儿的早期阅读最早是依靠成人给他讲；然后是自己尝试去看（包括看画册）、去读。阅读是幼儿掌握更多的词汇、语法和练习语言能力的途径，这种练习又提高了幼儿对阅读的兴趣和能力。

（2）早期书写准备　幼儿很早就开始涂鸦，这是书写能力的基础。幼儿手部活动能力相对于其他运动能力发展得比较晚，尤其是手部力量及精细动作的发展更是相对较晚。所以学前期幼儿一般是没有书写活动的。

但这一时期却已经开始了书写活动的准备，包括手部小肌肉活动能力的提高、手眼协调能力的发展；智力活动水平的提高，如注意力、记忆力和思维能力等，都有利于幼儿将已有的言语和书写动作联系起来，使之成为一种新的沟通、交流工具。

三、幼儿言语能力的培养

1. 创设良好的语言环境，提供幼儿交往的机会

生活是语言的源泉，创设良好的语言环境，就是指要丰富幼儿的生活内容，为幼儿提供更多的语言学习与交往的机会。因此，成人要组织丰富多彩的活动，使幼儿能够广泛地认识周围环境，开阔眼界，丰富知识，增加词汇。

同时要为幼儿提供更多的交往机会，尤其是和同伴交往的机会，在与同伴的交往中，幼儿之间相互沟通、练习使用语言，能够有效促进幼儿言语能力的发展。要重视幼儿用词的正确性，并鼓励幼儿说完整的句子。当幼儿见多识广，语言也就丰富了。

2. 成人应树立良好的言语行为榜样

我国教育家陈鹤琴曾讲到，好模仿是幼儿的典型的心理特征。幼儿所接触的成人的一言一行，都会成为幼儿模仿的榜样。尤其是幼儿园教师的言语行为更是对幼儿起着重要的影响作用，也是幼儿最易模仿的对象。教师说什么、怎样用词和造句、用什么言语来表达情感甚至说话时的态度、表情和手势等，都对幼儿起到示范作用。

因此，教师说话时，除了吐字清楚、发音准确、辅之以自然的表情和恰当的手势外，还要注意语言的表达力，包括运用适当的音量、语调、速度等。教师在下达指令时，一定要使用具体简明的句式，使幼儿容易理解。例如"去操场玩之前，先脱下外衣"对小班幼儿来讲，理解上存在困难，幼儿会弄不清先做什么才对。不过，幼儿通常会依句子出现的词序来行动，因此，教师如果说"先脱下外衣，然后去操场玩"，小班幼儿就容易明白了。

3. 重视对幼儿言语能力的训练

（1）开展有目的、有计划的幼儿园语言教育活动　幼儿园的语言教育活动是依据《幼儿园工作规程》、《幼儿园教育指导纲要（试行）》（以下简称《纲要》）精神，有目的、有计划地对幼儿施加影响的活动。在幼儿园的语言教育活动中，教师应要求幼儿发音正确、用词恰当、句子完整、表达清楚连贯，并及时帮助幼儿纠正语音，好的予以鼓励、表扬；即使幼儿讲错了，也不要急于改正而打断他的话，要等他讲完之后，用正确的语言重复他讲的内容，不要过分强调他的错误。因为培养幼儿说话的自信心远比说话确切更重要。因此教师要运用有效的教学方法，调动幼儿说话的积极性，并给幼儿更多的重复练习的机会，教师自身也要做好良好的榜样示范，促进幼儿语言的发展和言语的规范化。

（2）把言语活动贯穿于幼儿的一日生活之中　幼儿园专门的语言教育活动空间局限、时间有限，因此，幼儿教师还应该在日常生活中培养幼儿的言语能力。首先要训练幼儿善于观察周围的事物，鼓励幼儿用语言来表述，鼓励他们多说话，让他们在说话过程中适当加上自己的感受；其次，教师要有耐心倾听他们的表述，并能愉快地与他们交流。在交流过程中，用正确的语言引导他们。再次，教师还可以通过组织幼儿收听广播、看电视、阅读图书等活动来丰富和积累幼儿的文学语言。总之，通过观察生活获得大量的感性认识，并复习、巩固和运用在专门的教育活动中所学习的语音和词汇，更多地学习新词汇，学会用清楚、准确、连贯的语言描述周围的事物，表达自己的情感，这是进行幼儿语言教育的另一重要方式。

（3）正确对待幼儿的口吃现象　口吃是语言的节律障碍、说话中不正确的停顿和重复的表现。幼儿的口吃，部分是生理原因，更多的是心理原因所致。口吃出现的年龄以2～4岁为多。2～3岁一般是口吃开始的年龄，3～4岁是幼儿口吃常见期。

幼儿口吃的原因之一是幼儿思维的速度往往超过他说话的速度，幼儿说话时过于急躁、激动、紧张。幼儿想说的东西太多，却又一时找不到合适的语言把它表述出来，反而变得说话不连贯，或经常重复说同一个词或语句。另一种原因可能在于幼儿的模仿。幼儿的好奇心和好模仿的心理特点，使得幼儿觉得口吃"好玩"，加以模仿，不自觉的形成习惯。在幼儿园，口吃有时似乎像一种"传染病"一样迅速蔓延，原因就在于此。

成人对于幼儿的口吃现象不要大惊小怪。解除幼儿的紧张情绪是矫正口吃的重要方法。特

别是4岁以后，幼儿已经出现对自己语言的意识，如果成人对他的口吃现象加以斥责或急于纠正，将会加剧幼儿的紧张情绪，使口吃现象恶性循环。甚至由此导致幼儿回避说话，或回避说出某些词，难以矫正口吃。甚至还会对幼儿将来的性格形成不良的影响，导致孤僻等性格特征。

4.鼓励幼儿言语的创造性

幼儿在学习和使用言语中的创造性不可低估。在幼儿的言语活动中，要主动性和积极性、模仿性和创造性相结合。幼儿对自己不懂的问题，有模仿倾向，而对自己根本不知道的词句，一般不会模仿，他们会根据自己的经验去创造。如有的幼儿会说出"脚下巴"，把脚后跟和下巴外形相似的特点组合在一起，把脚后跟称为"脚下巴"；有的幼儿说"一双裤子"，是从"一双鞋子"推出来的。因此，幼儿的模仿与创造，是他语言学习的重要方面，成人要鼓励幼儿的言语创造。

5.注重个别教育

由于每个幼儿的智力发展水平与个性特征存在明显差异，其言语的积极性和驾驭语言的能力也有不同。有的幼儿未到2岁便已能够说出很多话，有的幼儿到了3岁还存在发音不准确或说婴儿话的现象。只要幼儿在智力、情绪或生理上都表现正常，便不需要为他语言发展缓慢而担心，因为通常语言上有障碍的儿童在身心其他方面的发展也会存在缺陷。

教师在教育活动中，要注意对幼儿的个别教育。如，对言语能力较强的幼儿，可向他们提出更高的要求，让他们完成有一定难度的言语交流任务；对言语能力较差的幼儿，教师要主动接近和关心他们，有意识地和他们交谈，鼓励他们大胆讲话，给他们提供更多的语言实践机会进行讲述与表达，从而提高他们的言语能力。

6.培养幼儿的读写兴趣

学前期是幼儿口头言语发展的时期，在书面语言方面，只是处于准备阶段。因此，学前期最重要的是培养幼儿的读写兴趣，而不是书写技能，不要使儿童在还没有学会书写时就对学习读写产生厌烦心理。教师在小班和中班应以培养阅读的兴趣为主，在幼儿园大班鼓励幼儿学习的积极性，肯定幼儿的学习态度和成绩，关注幼儿的早期阅读行为，为阅读和书写奠定良好的心理基础。

? 思考与练习

1.什么是思维？思维的特点是什么？

2.思维的品质有哪些？

3.简述幼儿思维发展的阶段。

4.教师应如何培养幼儿的思维？

5.如何理解语言和言语的关系？

6.试述幼儿言语发展的过程与特点。

7.如何培养幼儿的言语能力？

拓展阅读

皮亚杰的三山实验

瑞士心理学家皮亚杰认为，幼儿的思维具有"自我中心"的特点，即无论是直觉动作

思维还是具体形象思维，幼儿都是以自己的直接经验为基础，习惯于从自己的立场和观点出发，而不太容易从客观事物本身内在的规律或者他人的角度去思考和理解问题。具体表现为幼儿思维的不可逆性、绝对性、泛灵论。

他设计了著名的"三山实验"来揭示幼儿思维发展的"自我中心"的特点。他在桌子上放置三座山的模型，在高低、大小和位置上，三座山有明显的差异，如图6-1所示。在实验中，把大小不同的三座山摆放在桌子中央，四周各放一张椅子。先让一个三岁的幼儿坐在一边，然后将一个布偶娃娃放置在他对面。实验者问幼儿两个问题：一是"你看到的三座山是什么样子"，二是"布娃娃看见的三座山是什么样子"。结果发现，三岁幼儿两题的答案是一样的，即只会以自身视角去看两座山的关系（如大山后面两座小山），不会设身处地从布偶娃娃角度去说（即两座小山后有座大山）。

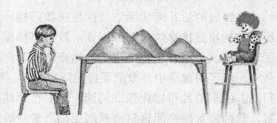

图6-1 三山实验

幼儿早期阅读的指导策略

早期阅读是指幼儿从口头语言向书面语言过渡的前期阅读准备和前期书写准备，其中包括知道图书和文字的重要性，愿意阅读图书和辨认文字，掌握一定的阅读和书写的准备技能等。教师的指导对于幼儿的阅读是十分重要的。

1.从兴趣入手，激发幼儿阅读的内部动机

在阅读过程中，幼儿的内部动机可以保证阅读活动的顺利进行并取得积极的阅读效果。但并不是每个人生来就喜欢看书，而且部分幼儿对图书的好奇心最初也只是受潜在的动机力量驱使，需要通过实践获得成功和乐趣才能逐渐形成和稳固下来。因此，培养幼儿的内部动机是十分必要的。除了向幼儿推荐有趣、高质量的读物之外，教师可着重从以下两方面入手。

（1）创设适当的问题情境，激发幼儿的求知欲　这主要指教师在读物内容和幼儿求知心理间制造一种"不协调"，将幼儿引入一种与问题有关的情境中。如："一只凶狠的大灰狼说晚上要去吃小羊，可最后小羊却把大灰狼赶跑了，你们知道大灰狼是怎么被赶跑的吗？这本书会告诉我们所发生的一切。"创设问题情境时应注意问题要小而具体，新颖有趣，有适当的难度并具有启发性，易造成幼儿心理上的悬念。

（2）利用兴趣的迁移　即使幼儿不喜欢阅读，但他总有自己喜欢的事物或活动，教师可以因势利导地把幼儿对其他事物或活动的兴趣转移到阅读中来。如教师可以向一个对恐龙感兴趣的幼儿推荐说："这本书叫《恐龙的时代》，里面有好多关于恐龙的故事呢，你想不想看？"

2.重构图式，增长知识

要提高幼儿的阅读理解力，重构图式、增长知识是特别重要的。教师可以首先通过与幼儿谈话、讨论、向其提问等方式了解他们的所知和未知，然后再致力于发展幼儿的新知识（图式）。具体说来，教师可以从以下几方面入手。

（1）增进幼儿已有的知识　教师可以让幼儿在阅读前就某些主要内容进行发言、讨论，引

起幼儿知识的联想，把原有知识与当前的阅读任务联系起来，发展理解当前读物所需的新图式。

（2）口头提供背景知识　教师在阅读前后口头向幼儿提供他们理解读物所需的知识。

（3）提供真实的生活经验　真实的经验可以帮助幼儿在已有知识与新的经验之间建立类比，重构新的图式，如教师可以指导幼儿在角色游戏中进行社会活动、人际交往，在结构游戏中搭建各种桥梁、房屋等，这都有助于幼儿对阅读的理解。

（4）鼓励并指导幼儿通过广泛的阅读获取经验。

3.设计合理的阅读活动结构

有组织的幼儿阅读活动往往是在教师指导下渐次进行的，因此教师是否设计出合理的活动结构将直接影响幼儿的阅读。教师可根据不同的年龄班、不同的阅读重点设计合理的活动结构。一般说来，小班一开始要从教师先读、师幼共读慢慢过渡到幼儿自己阅读。在师幼一起读的过程中，教师要提出适当问题，帮助幼儿把握情节、关系，最后再进行讨论、归纳。中班幼儿可以先独立阅读，然后在师幼共读的过程中通过教师的提示和提问加深理解，教师还可围绕阅读重点开展绘画、游戏等活动以巩固幼儿的阅读成果。大班同样有幼儿自己阅读和师幼共读活动，与小、中班相比，其不同之处在于在阅读前后可以加上较为正规的文字认读活动，开始了由运用口头语言向运用书面语言的过渡。早期阅读是一项丰富多彩的活动，因此不可按照一个模式进行，教师可发挥自己的优势，结合幼儿与读物的特点进行活动设计。但不论如何设计，活动结束之前教师（或个别幼儿）要将阅读内容完整讲述一遍。

4.阅读方式渐次由画面感知转向文字感知

作为一种前期书写准备，教师还要通过早期阅读使幼儿逐渐识别部分汉字，认识口语与文字的对应关系。考虑到幼儿的年龄特点，识字应以游戏化的方式进行。教师可以制作一些大而清晰的汉字卡片帮助幼儿认读。随着汉字学习的积累，在阅读中由画面感知转向文字感知，这是幼儿从早期阅读向正规而成熟的阅读过渡的关键。

实践在线

1.案例分析

小华，男孩，4岁，幼儿园中班，性格比较内向。在陌生人面前或上课回答老师问题时，说话会比较频繁地重复一个词的第一个音，如："老老师，这本书的名名字叫小猫钓鱼。"这一现象持续不断，教师和家长都为此焦虑不已。

请你根据所学理论知识分析此现象，并为小华的老师和家长提出切实可行的矫正措施。

2.小组讨论

问题：成人中有没有某些"幼儿期"思维的特征，如自我中心、简单推理等。如果有，这种现象主要发生在什么情境之下？是什么原因导致成人有时也会出现这种思维方式？应如何改善？

以小组为单位进行讨论，形成书面总结报告。

3.实践观察

下园进入班级，观察班级中幼儿谁"爱说话"？谁沉默少言？你认为教师针对这两种幼儿应分别进行怎样的教育？

幼儿的情绪、情感与意志

非智力因素作为决定人生成功与否的关键，它的发展尤为重要。一个智力水平较高的人，如果他的非智力因素没有得到很好的发展，往往不会有太多的成就。情绪、情感、意志即归属于非智力因素。目前，我国独生子女的家庭结构极易造成孩子娇气、任性、依赖、脆弱等不良行为，一旦生活道路遇到波折或坎坷将难以适应，由于孩子心理脆弱而酿成悲剧的事也多次发生。所以，培养幼儿积极的情绪、情感，加强意志力的培养，已刻不容缓。

第一节　幼儿的情感

一、情绪和情感的概述

1.情绪和情感的含义

情绪和情感是人对客观事物是否符合自己的需要而产生的态度体验及行为反应。

情绪和情感总是由客观事物引发的，即客观事物是情绪和情感的源泉，没有具体的客观事物，人是不能够产生情绪和情感的。但由于人对客观事物有着不同的认识，因此会形成不同的态度，也就出现了不同的情绪和情感。其中，态度主要是源于客观事物是否符合了主体的需要。当该事物符合并满足主体需要时，主体持肯定的态度，就会产生满意、愉快、高兴等内心体验，相反，如果该事物不符合、不满足主体的需要，那么主体就会持否定的态度，产生忧愁、痛苦、恐惧、愤怒等内心体验。

2.情绪和情感的区别与联系

情绪和情感是两个既有区别又有联系的概念。

它们的区别表现为：第一，情绪是和有机体的生物需要相联系的体验形式，如常见的喜、怒、哀、惧等；而情感是与人的高级社会性需要相联系的一种复杂又稳定的体验形式，如与遵守行为规范准则相关的道德感、与精神文化需要相关的美感、理智感等。第二，情绪

发生较早，是原始的，人和动物共有的，而情感体验则是人类特有的，是个体发展到一定的年龄阶段才产生的。情绪发展先于情感体验。例如，婴儿出生后因冷、饿而哭就是一种对身体舒适状态做出反应的情绪，而经过一段时间产生的对于妈妈的依恋的情感，就是一种在不断的关爱下，愉快情绪持久、稳定而逐渐形成的。第三，情绪不稳定、比较短暂，会随着环境的变化而变化，如因愤怒而出现的暴跳如雷，因狂喜而出现的手舞足蹈等，而情感则较为稳定、持久，如对家乡的热爱、对偏见的憎恨、对成就的自豪等。

情绪和情感虽然不尽相同，但实际上二者却又是密不可分、相互联系的。因此，人们时常把情绪和情感通用。一般来说，情绪是情感的基础，情感是在多次情绪体验的基础上发展形成的，并通过情绪的形式表现出来，反过来，情绪的表现和变化又受已经形成的情感的制约。当人们从事某一项工作时，总是体验到轻松、愉快，久而久之，就会爱上这项工作；相反，在人们对工作建立起深厚的感情之后，会因工作的出色完成而欣喜，也会因为工作中的疏漏而伤心。由此可以说，情绪是情感的基础和外部表现，情感是情绪的深化和本质内容。

3.情绪和情感的作用

在人类生活中，情绪和情感对人的心理活动、社会实践有着重要的作用，这些作用主要表现在以下几个方面。

（1）动机作用　动机是推动人从事某种活动，并朝一个方向前进的内部动力，由动机引发、维持的行为是有组织、有目的、有方向的活动。情绪和情感对行为的动机作用表现为，既有推动，也有干扰。例如消费者在网购的过程中，同样选择了一种商品，一家客服人员十分热情，耐心解答，消费者会产生愉快的情绪，继而选择购买；另一家客服人员比较冷淡，解答问题惜字如金，甚至答非所问，消费者会产生厌恶的情绪而放弃购买。再如，焦虑这种情绪，通常情况下，过于松弛或极度紧张都会导致考生失利，而中等程度的紧张则能使考生达到最佳情绪状态，利于考生正常水平的发挥。

情绪和情感对于幼儿的心理活动和行为的动机作用更加明显。愉快的情绪往往能促进幼儿的积极行为，而不愉快则导致各种各样的消极行为。如某幼儿所在班级老师总是大喊大叫，幼儿缺乏向老师问好和进入班级的良好情绪和动机，入园时不愿意与父母分离，傍晚离园时则情绪十分愉快，愿意立刻和父母回家。再如，某5岁男孩兴致勃勃作画，并请正在洗衣服的妈妈快来看他的小兔子，妈妈十几分钟后来看时，发现画上的小兔子被男孩擦掉了，问其原因，男孩说"兔子走了，回家了"。

（2）信号作用　情绪和情感在人际交往中具有传达信息、沟通思想的作用，这种信号作用主要是通过情绪情感的外部表现形式——表情来实现的。表情作为思想的信号，是人际交往的形式之一。面部表情、音调变化、身体姿态都能够呈现出主体的情绪状态，人们可以通过这些外部表现，去了解一个人对事物的态度、看法。如微笑的表情，常常表示需要得到满足或者对他人的行为表示认可、赞赏；气愤的表情，意味着对某些人和事持否定态度。

与婴幼儿的交往中，父母、教师的表情也能发挥一定的作用，成人微笑、点头，孩子就知道他是被接纳的，他的行为是被许可和鼓励的；当孩子出现违反规则的行为时，成人也可以通过眼神的直视告诉孩子"这不对"、"这不行"。

人们可以通过表情准确而微妙地表达自己的思想感情，也可以通过表情去辨认对方的态度和内心世界。所以，表情作为情感交流的一种方式，被视为人际关系的纽带。

（3）感染作用　在特定的条件下，一个人的情绪、情感能够影响别人，使别人产生同样的情绪、情感,这就是情绪的感染作用。

情绪的感染作用,在生活中十分常见。比如北京申奥成功时,电视直播中播出了我国申奥委员会成员及当地华人的欢呼,大家在电视机前也非常兴奋;我们在读小说、看影视作品时,常常会随主人公的悲喜而流泪和开心;新入园的孩子,会因与家人的分离及陌生的环境而哭泣,一个班级里,一两个孩子的哭泣会引发其他孩子跟着一起哭;一个单位的管理者长年保持一张扑克脸,很容易在办公室里面形成一种郁闷、压抑的气氛,从而不利于员工的正常发挥,影响公司的业绩。这些都是情绪的感染作用。

(4)适应作用 现代社会科学技术不断进步,文化不断发展,社会价值、社会规范、社会观念也随之不断地变化,使得个人对环境的适应产生了一定的困难。现代人适应现代社会发展的要求,往往通过调节情绪来对付日趋复杂的工作和人际关系。当一种新观念、新情况出现,人们不能用以往有效的方式作出适当的反应时,就会出现某种情绪的困扰。如果这种情绪困扰不能在短期内缓解,人们就不能适应正常的学习、工作和生活,这不仅影响到工作效率,而且对身心健康更加不利。长期的情绪困扰,会导致压抑、焦虑,导致诸如胃溃疡、高血压、偏头疼等疾病,现在人们常常提到心身疾病,其实就是情绪不适而产生的。医学心理学研究和临床经验表明,情绪因素既能致病,也能治病。当一个人能够对自己的情绪进行调控和宣泄,其身体健康状况也会有所好转。在媒体报道的癌症案例中,有个别患者在被医生宣告生命期限后,积极乐观地参与锻炼、生活,不乏病情好转甚至症状消失的。因此,情绪的调节、控制对于人们适应复杂的社会生活,更好地工作,保持身心健康都是有积极作用的。

4.情绪和情感的种类

情绪和情感多种多样,非常复杂,因此要对其进行准确的分类就显得比较困难。古今中外,许多研究者对此进行了长期的探索,其中有两种分类方法较为具有代表性。

(1)情绪的基本形式 人类具有四种基本的情绪:快乐、愤怒、悲哀和恐惧。

快乐是一种追求并达到目的时所产生的满足的情绪体验。如亲人团聚、朋友相见时的开心,学习、工作取得好成绩时的愉快,都是快乐的情绪。快乐的程度取决于愿望满足的程度,即快乐有强度上的差异,一般可以分为满意、愉快、快乐、狂喜四个层次。

愤怒是由于受到干扰而使人不能达到既定目的时所产生的情绪体验。引起愤怒的原因很多,不公的对待、恶意的中伤都能够引发这种情绪。愤怒的发展取决于对干扰物的意识程度。当人们不知道是什么人、什么事在干扰他达到目的,愤怒不会明显地表现出来,只有清楚意识到干扰物时,愤怒才会发生,有时还伴有对引起愤怒对象的攻击性行为。按照愤怒的不同强度,可以把其分为不满意、生气、愠怒、激愤、狂怒等。

悲哀是在失去心爱的对象或愿望破灭、理想不能实现时所产生的情绪体验。悲哀情绪体验的程度取决于对象、愿望、理想的重要性与价值。人们常常因失去亲人而悲痛,也会因丢失了贵重的物品而难过。悲哀按程度分为失望、难过、悲伤、哀痛等。悲哀有时伴随着哭泣,这是一种释放紧张、缓解压力、宣泄情绪的形式。但悲哀并不总是消极的,它在一定的条件下可以转化为力量。

恐惧是企图摆脱、逃避某种危险情景又无能为力时所产生的情绪体验。人们常常在面对危险、灾难、意外时出现恐惧。引起恐惧的一个重要原因是缺乏处理可怕情境的能力与手段,当个体习惯了可怕的情景,或者掌握了应付可怕情境的一些办法时,恐惧就会降低或不再发生。日本作为地震的高发地,其国民具有丰富的抗震经验,因此在地震中非常的镇静和有序。

快乐、愤怒、悲哀和恐惧是四种基本的情绪，在这四种基本情绪的基础上，还可以派生出众多的复杂情绪，如厌恶、羞耻、嫉妒、同情、爱、恨等。

（2）情绪的基本状态　情绪状态是指在某种事件或情境的影响下，在一定时间内所产生的激动不安的状态。依据情绪发生的强度、速度、紧张度、持续性等指标，可将情绪分为心境、激情和应激。如表7-1所示。

表7-1　情绪状态一览表

情绪状态	发生强度	持续时间	情绪表现	产生原因	作用
激情	猛烈的	短暂的	愤怒、狂喜、恐惧、绝望等	外界强烈的刺激、对立意向的冲突、过度的抑制等	积极的，可以成为人们行动的动力；消极的，使人对周围事物的理解力和自制力下降
心境	微弱的平静的	持久的弥散的	高兴、舒畅、心灰意冷、百无聊赖等	人际关系、学习成绩、环境变化、健康状况等	积极的，使人欣喜，头脑清楚，提高工作、学习效率；消极的，使人厌烦、消沉
应激	紧张的	短暂的	紧急情况下的当机立断或措手不及	突然出现困难或危险情况	积极的，使人思维敏捷、动作准确灵敏；消极的，使人处于抑制状态，手足失措、行动紊乱

心境是一种具有弥漫性的、比较平稳而持久的情绪状态。当人处于某种心境时，会以同样的情绪体验看待周围事物。比如人在伤感时，会见花落泪，对月伤怀。"忧者见之则忧，喜者见之则喜"。心境的持续时间有很大差别，少则持续几个小时，长则几周或数月，有的甚至一年以上。

一般来说，事件越重大，引起的心境就越持久。人逢喜事精神爽，当个体处于这种心境时，会多日保持看什么都顺眼，做什么都起劲的状态。当亲人离世，个体往往会产生较长时间的悲伤心境。

心境产生的原因是多方面的，工作中的成功或失败、人际关系的融洽与否、个体的健康状况、天气的好坏等都可以成为引起某种心境的原因。心境有积极和消极之分，积极乐观的心境，是个体行动的动力，可以提高人的活动效率，激发个体的主动性、创造性，有益于健康；悲观消极的心境，会使人萎靡颓废，妨碍个体的工作和学习，降低活动效率。因此，人应该充分发挥自己的主观能动性，树立正确的观点和信念，去调节并保持良好的心境。

激情是一种爆发快、强烈而短暂的情绪体验。如在突如其来的外在刺激作用下，人会产生勃然大怒、暴跳如雷、欣喜若狂等情绪反应。在这样的激情状态下，人的外部行为表现比较明显，如暴怒时的咬牙切齿、肌肉绷紧、怒发冲冠，狂喜时的手舞足蹈、眉开眼笑、合不拢嘴等。激情状态下，生理的唤醒程度也较高，因而很容易失去理智，甚至做出不顾一切的鲁莽行为。因此，人们要注意培养坚强的意志品质，主动调控自己的情绪，以避免激情下的冲动行为。

应激是指当人面临危险或突发事件时所产生的如肌肉紧张、心率加快、呼吸变快、血压升高、血糖增高等情绪反应。正常行驶的汽车遇到突然横穿马路的行人，司机紧急踩刹车；家庭主妇面对压力锅爆炸，手足无措，这些情况下，人们所产生的紧张的情绪体验，就属于应激。

应激状态下，人通常有两种表现：一种是当机立断，急中生智，沉着冷静，及时摆脱险情，一种是手足无措，呆若木鸡，瞬间陷于无意识状态。危险或突发事件，如地震、突然遭受的恐怖袭击、公交车起火等，都是应激状态出现的原因。在这种情况下，人能否迅速做出判断和决策，与个体的果断、坚强等意志品质及是否具备处理类似情况的经验有很大关系。长期处于应激的状态，人的体力和心理能量会大量消耗，对身体健康十分不利。

（3）情感的种类　情感是与人的社会性需要相联系的高级的主观体验，是人类特有的心理现象之一。高级的社会性情感包括道德感、理智感和美感。如表7-2所示。

表7-2　情感种类一览表

情感种类	反映内容	表现方式	意义
道德感	关于人的言行是否符合道德标准的体验，是人的行为与道德需要之间关系的反映	爱祖国、爱人民、爱科学、爱集体、有同情心、责任感、友谊感等	对人的行为有着调控作用，使人的精力用于有益的活动，做出高尚的行为
理智感	人认识现实、掌握知识、追求真理的需要是否满足的一种情感体验	好奇心、求知欲、怀疑感、自信感、追求真理的愿望等	激励人不断地追求真理、维护真理，促进人的求知欲的提高
美感	根据一定的审美标准对客观事物、艺术品和人的行为等进行评价时的体验	对客观事物、艺术品、人的行为的赞美、歌颂、感叹、蔑视、鞭策等	增加人生活的情感，赞扬美好的事物和心灵，丰富人们的精神生活

道德感是根据一定社会的道德标准，对人的思想、意图和行为做出评价时所产生的情感体验。当个体或他人的言行符合道德规范时，个体会产生自豪的情感，对他人会产生敬佩、羡慕、尊重等情感；当个体或他人的言行不符合道德规范时，个体会产生自责、内疚等情感，对他人会产生厌恶、憎恨等情感。

不同的时代、不同的民族、不同的阶级有着不同的道德评价标准，但就全人类来说，有些道德标准是一致的，比如对国家、民族的热爱，对弱势群体的帮助，对诚信的遵守等。

理智感是人们认识世界和改造世界的精神动力之一，是与人们认识世界、追求真理的需要及需要的满足相联系的情感体验。如人们在探索未知内容时的好奇心和求知欲，分析问题时的怀疑感，解决问题后的愉悦感，违背和歪曲事实真相后的内疚感等。

理智感是人们从事学习活动和探索活动的动力。当一个人认识到知识的价值和意义，感受到获得知识的乐趣，以及追求真理过程中的幸福感时，他就会不计名利得失，以一种忘我的奉献精神投入到学习和工作中。如居里夫妇在提炼镭的艰辛历程中，以及发现镭的那一刻，所体验到的理智感不是一般人所能有的。

美感是根据一定的审美标准评价事物时所产生的情感体验。它是人对自然和社会生活的一种美的体验。比如对优美自然风景、艺术品的欣赏，对良好社会品行的赞美和歌颂等。美感的产生受个人审美标准的制约，人的审美标准不同，会使不同个体的美感产生差异。几年前，"大裤衩"造型的北京电视台新楼亮相东三环，民众、社会学者、评论家纷纷表达自己的看法，褒贬不一，而绝大多数人认为这座新楼是故意给北京及全世界传达一种超乎传统审美观的东西，但是在设计师和建筑师的眼中，相信这座建筑一定是被认为极具艺术美的。由于个人经验不同，就会对同一事物做出不同的评价。

任何事物都有它的内容和形式，正常情况下它们是一致的，但也有不一致的情况出现。有的商品包装很精美，但是商品本身可能比较劣质。有时从外在形式看不出美，但内容却是美的，丑女善心就是典型。美感的产生跟事物的外在形式有关，但却离不开它的实际内容，美感的产生也受到思想内容的制约。因此，美感同道德感是密不可分的。

二、幼儿情绪和情感的发展

从学前儿童情绪的发生和发展看，最初更多的是情绪表现，随着幼儿年龄的增长和心理活动的发展，情感越来越占主导地位。其特点和发展趋势如下。

1.情绪的冲动性逐渐减少

情绪的冲动性表现为婴幼儿处于激动状态，不善于控制、调节自己的情绪。年龄越小，这种冲动越为明显。如幼儿对冰箱门、抽屉、电插座具有好奇心，总想去开关、插拔，大人会因危险而拒绝孩子接触，但是孩子普遍会哭闹，或执意去触摸。有的幼儿手里的玩具被别人抢走，会立刻大哭大叫，短时间内不会停止。在游乐园里，幼儿会玩得特别开心，他们会一边疯闹一边大叫，处于高度激动的情绪状态，这时家长的制止作用不大。上述这种冲动性与幼儿的大脑皮质兴奋性易扩散，皮质对皮下中枢的控制能力发展不足有关。

随着大脑发育以及语言的发展，幼儿情绪的冲动性逐渐减少，起初幼儿对自己情绪的控制是被动的，通常是服从于成人的要求和指令。到了幼儿晚期，随着日常生活和集体活动中成人的教育和引导，幼儿对情绪的自我调节、控制能力逐渐提高。

2.情绪的稳定性逐渐提高

随着年龄的增长，幼儿情绪和情感的稳定性逐渐提高。但整个幼儿期，情绪和情感都是以不稳定、易变化为主的。婴幼儿很容易受外界环境的支配，例如，幼儿因为搭不好想要的积木造型而着急、哭泣，妈妈安慰他几句，做个鬼脸逗一逗，幼儿就会破涕为笑了。再如，两个小朋友刚刚因为争抢一个玩具而生气，转眼又和好如初，一起游戏了。类似这种情况在婴幼儿身上十分普遍。这种情绪的两极变换充分体现出幼儿情绪的不稳定性。

幼儿情绪的易变化，常常与特殊情境有关，某种情绪常常随着一种情境的出现而产生，也因情境的变化而消失。例如，新入园的幼儿，在妈妈把他交给老师要离开的时候会特别伤心地哭泣，甚至大闹，但当妈妈离开他的视线之后，在老师的陪伴和引导下，幼儿很快就能恢复到愉快状态，参与活动，这时如果妈妈舍不得孩子，在班级附近偷看，被幼儿发现，那么幼儿的不愉快情绪就会再次产生。

幼儿情绪的变化，也易受他人的感染。幼儿园放学的时候，倘若有一两个孩子大声叫嚷，其他孩子也会跟着大声叫嚷；成人看小品或与人聊天时哈哈大笑，幼儿也会跟着一起笑，虽然他并不明白那些笑点在哪里。这些现象在婴儿期和幼儿初期比较常见。

随着年龄的增长，生活经验的发展和语言能力的发展，幼儿对情绪和情感的自我调节能力逐步加强，不稳定性、情境性和受感染性逐渐减少，情绪和情感逐渐趋于稳定，表现出对父母的爱、对幼儿园老师的依恋，在集体中热爱小朋友，爱做作业或喜欢讲故事，爱小动物等情感。到了幼儿晚期，虽然情绪受感染性减少，但仍然容易受到家长和老师的感染。因此，家长、幼儿教师必须有意识地控制自己的不良情绪。

3.情绪和情感从外露到内隐

婴儿期和幼儿初期的儿童，其情绪是完全表露于外的，丝毫不会加以控制和掩饰，即喜怒哀惧全都写在脸上，并且他们意识不到自己情绪的外部表现。随着语言的发展，及幼儿心理活动随意性的发展，幼儿逐渐能够调节自己的情绪和情感以及外部表现。

人们常常能看到这样的情景，刚入园的孩子因为离开了熟悉的家人来到陌生的环境而哭泣，有的孩子一边哭一边自言自语："我不哭了，一会儿妈妈就来接我了。"还有的幼儿在打疫苗的时候想起爸爸妈妈对于接种疫苗的解释，一边掉泪一边说："打疫苗是很正常的，有点疼，一会就好。"这些看似矛盾的情况，充分说明了幼儿出现了从不会调节自己的情绪表现到开始调节控制自己情绪表现的意识，但还不能完全实现自我控制。因此，情绪和情感仍然是比较明显的外露。

到了幼儿晚期，孩子调节自己情绪表现的能力有了一定的进步，不像过去说哭就哭，说笑就笑，而是能够有意识地控制自己的情感外露，表现为在不愉快的时候能够不哭，或者哭的时候控制自己的音量。打针的时候能想到家长的话，或是某个生活中的榜样人物，忍住疼，只皱皱眉头，或是露出笑容说"我很勇敢，一点都不疼"。有的幼儿在幼儿园遇到不愉快的事情，可能当时不表现出来，但是见到家人，立刻释放情绪而大哭。幼儿在父母和他人面前，行为表现有所不同，一般来说，在他人面前，有一定的控制力，而在父母面前则较少控制。随着年龄的增长，在正确的教育引导下，幼儿对情绪的调节能力会迅速发展。6岁左右的幼儿，当自己的需要不能满足时，也能克服消极情绪，很快投入到其他活动中去。

幼儿情绪和情感的外露性，对于家长、教师及时了解孩子的情绪、进行适时和正确的引导十分有利。同时，由于幼儿晚期的情绪已经开始出现内隐，想要了解一个幼儿的情绪和情感，成人就必须进行认真、细致的观察。

4.高级情感的发展

（1）道德感的发展　道德感的形成是比较复杂的过程。3岁前幼儿的某些道德感开始萌芽，幼儿会评价自己或他人的行为好不好、对不对。进入幼儿园以后，特别是在集体生活的环境中，孩子逐渐掌握各种行为规范，道德感也开始发展起来。小班幼儿的道德感主要是指向个别行为的，往往由成人的评价而引起，知道打人、咬人、抢东西是不好的。中班幼儿不仅关注自己的行为是否符合道德标准，而且开始关心别人的行为是否符合道德标准，并由此产生相应的情感。一旦发现别的小朋友违反规则，就会产生极大的不满，如幼儿园课间喝水需要排队，有的小朋友插队，其他的小朋友就会找老师说："老师，他没排队，他没排队。"这种"告状"就是由道德感激发出来的一种行为，在这个年龄阶段的孩子中普遍存在。幼儿在对他人的不道德行为表示出不满的同时，还表现出对弱者的同情，出现相应的安慰行为。在湖北电视台的纪录片《幼儿园》中有这样一幕，一个霸道的男孩欺负小朋友，另一个小男孩在制止时，挨了霸道男孩一拳，鼻子被打出了血，老师帮孩子止血时，其他的小朋友都围在旁边帮忙，有的轻轻拍头，有的拿毛巾擦脸。午饭时，邻座的小女孩还把自己的鸡蛋给了这个男孩，让他多吃些。另外幼儿能主动帮助他人，照顾比他小的弟弟妹妹，帮爸爸妈妈打水洗脚等，也充分体现着道德感的发展。大班幼儿的道德感进一步发展和复杂化，他们对于好人与坏人，有着鲜明的、不同的情感。例如对于游戏中的怪兽角色，"奥特曼"们会猛追猛打。这个阶段，幼儿分清好与坏，爱幼儿园、爱集体等情感，已经有了一定的稳定性。

幼儿的羞愧感和内疚感也开始发展起来，特别是羞愧感，从幼儿中期开始明显发展，幼儿对自己的错误行为会感到羞愧，例如在游戏时，不小心把小朋友推倒了，幼儿会觉得自己做得不对，有的幼儿会手足无措。这种羞愧和内疚，对幼儿道德行为的发展具有非常重要的意义。

幼儿的道德感在整个幼儿期都是不深刻的，多数是模仿成人、执行成人的要求，比如不能剩饭、得到别人帮助后要表示感谢等，道德感是在集体活动中和成人的道德评价影响下逐渐发展起来的。

（2）理智感的发展　儿童理智感的发生，在很大程度上取决于环境的影响和成人的培养，适时提供给孩子恰当的环境，通过示范，鼓励和引导幼儿提问，有利于促进幼儿理智感的发展。2～3岁的幼儿用积木搭出小房子、小汽车时，会高兴地拍手。4岁左右的幼儿会进

行创造性的活动，利用沙子和水搭建小山、小河，挖山洞，利用积木搭建出更多的造型，如车库、超市、花园等。6岁左右的幼儿喜欢进行各种"动脑筋"的智力游戏活动，如下棋、猜谜语、接故事等。这些活动能满足孩子的好奇心和求知欲，促进理智感的发展。

好奇、好问，是整个幼儿期幼儿理智感的突出表现，从幼儿初期的"这是什么"到后来的"为什么"、"怎么样"，问题提出的频率超越了其他任何一个年龄阶段。当他的问题得到满意的答案、得到解决时，幼儿会产生极大的满足和愉快。幼儿期的孩子还扮演了"破坏大王"的角色，与婴儿期满足于单纯的摆弄不同，这个阶段的孩子会把很多崭新的玩具、物品拆开研究，这种被成人认为是"破坏"的行为，实际是幼儿求知欲的表现，他们对玩具、物品产生了很大的兴趣，继而去探索、发现。成人在生活中要注意辨别和引导，保护好孩子的求知欲。

（3）美感的发展　幼儿美的体验，也有一个社会化的过程。婴儿从小喜欢颜色鲜艳的物品以及整洁的环境。幼儿初期仍然主要对颜色鲜明的物品产生美感。例如，幼儿喜欢一位老师，可能是由于她穿着漂亮的粉衣服和蓝裤子。幼儿还喜欢长相漂亮的老师和小朋友，喜欢休息室整齐的小床和统一的被褥、枕头，而不喜欢形状丑恶的任何事物。随着教育和环境的影响，幼儿能从音乐、绘画、文学作品中体验到美。幼儿晚期，孩子开始不满足于颜色鲜艳，还要求颜色搭配协调，逐渐形成审美的标准。

三、幼儿情绪和情感的培养

1. 创设良好的情绪环境，促进幼儿积极情绪的形成

《纲要》中明确指出："环境是重要的教育资源，应通过环境创设和利用，有效地促进幼儿的发展。"一个好的环境常常能够潜移默化地影响人，家庭、幼儿园是幼儿学习、生活的主要场所，因此家长、教师要特别注意通过环境的创设，帮助幼儿形成良好的情绪和情感。

环境包括精神环境和物质环境。

精神环境方面，如果家长的情绪不稳定，高兴的时候如沐春风，不快的时候暴跳如雷，一会晴一会阴，那么这个家庭里成长的孩子往往也是情绪不稳定，容易随心所欲，不顾忌别人情感的变化和需要。因此，对于家长来说，营造良好的家庭氛围，保持平和的态度、愉快的情绪，家人之间和睦相处，都能够帮助幼儿形成良好的情感和健康的情绪。幼儿园的精神环境，主要指人与人之间的关系，包括教师之间的关系、师幼关系、幼儿之间的关系。当幼儿感受到老师对他的接纳和喜欢，感受到小朋友的热情，他就会产生愉快的情绪，喜欢上幼儿园。相反，有的老师总是粗暴、冷淡，斥责幼儿，甚至违反规定体罚幼儿，孩子就会对幼儿园产生紧张和巨大的恐惧，不敢上幼儿园，即使被家长强行留在幼儿园，他的负面情绪也依然存在。因此，教师要特别注意和幼儿相处的方式、方法，严格要求自己，并为幼儿创设一种欢乐、融洽、友爱的氛围，让孩子在幼儿园里愉快地度过每一天。

物质环境方面，在家庭和幼儿园中，成人都要注意创设丰富多彩的生活、学习环境。幼儿园作为一日生活的主要场所，更应发挥育人的作用，从环境布置入手，保持园所内各个位置整洁、明亮、大方，创设多种活动区角，丰富幼儿在园生活的内容，"让环境说话"，潜移默化地促进幼儿的积极情绪发展。例如，刚入园的幼儿普遍存在不同程度的焦虑和不安，针对这一现象，某幼儿园教师布置了"成长足迹"主题墙饰，联系家长把幼儿小时候穿的小衣服、小袜子，用过的奶瓶、玩具等拍成照片进行展示，供幼儿课后观看欣赏，以缓解幼儿的焦虑情绪。

2. 丰富幼儿的情感体验，引导幼儿学会表达自己的情绪

丰富幼儿的生活是培养幼儿良好情感和健康情绪的途径。首先，家长在节假日里应多带孩子外出旅行、参观，在开阔孩子的眼界的同时，也十分利于幼儿情绪、情感的培养。在大海边，人的心胸会变得豁达；在森林里，人的内心会充满喜悦；在名胜古迹中游览，会积累更多的知识。其次，家庭、班级中可适当地饲养一些小动物，小金鱼、小猫、小狗、小鸡、乌龟等，也可以种植一些小花小草，让幼儿去饲养和照料，成人通过引导幼儿耐心饲养，珍惜爱护，培养幼儿的同情心和责任感。另外，成人还应引导幼儿与小伙伴交往、与成人交往，在与人接触的过程中懂得爱与被爱、关心与同情，学习热情和冷静。

现实生活中，很多家长对孩子的照顾无微不至，却很少用语言表达自己对孩子的喜爱以及自己的内心感受，这种情况会让幼儿逐渐认识到，人和人之间是不需要太多情感表达的，也不需要描述自己的情感体验，这些幼儿在成长过程中会遇到很多人际交往问题，但不知如何表达自己的情绪和感受，相对安静和内向。因此，成人要不断地创造机会让幼儿认识并体验高兴、害怕、吃惊、悲伤、厌恶、气愤等各种情绪和情感，并且要鼓励幼儿把内心的体验表达出来。要做到这一点，首先成人要准确表达各种情绪，为幼儿的模仿提供榜样。比如对幼儿说："你是妈妈的好宝宝，妈妈特别爱你。""妈妈的朋友生病了，妈妈心里很难过。""我今天工作很愉快，你在幼儿园过得怎么样？"幼儿期模仿能力和愿望都较强，在成人的示范和影响下，幼儿是能够迅速学会并实践的。

总之，家长、教师要从丰富幼儿的情感体验入手，使孩子逐渐形成良好的情感，并养成愿意表达的好习惯。

3. 学习优秀的文学艺术作品，培养幼儿的高级情感

文学艺术作品富有感染力，在幼儿中很受欢迎，选择适合幼儿年龄特点、优秀的文学艺术作品，对培养幼儿高级社会情感具有独特作用。孩子在幼儿期应该知道被爱与爱人；尊敬老人、爱护幼小；见了强于自己的不要怕，见了幼小的也不要欺侮；发生困难要想办法克服，遇到挫折不要灰心丧气；进步时不骄傲，失败时不沮丧；对坏人坏事要憎恨，对好人好事要热爱；看到比自己强的，要努力赶上，而不是嫉妒，更不能愤恨等。成人可以通过优秀的文学艺术作品对幼儿进行有针对性的培养。欣赏作品后，引导幼儿进行讨论："你喜欢谁？不喜欢谁？为什么？""谁做得对？谁做得不对？""为什么小白兔战胜了大老虎？"从中培养幼儿的爱、憎的情感和理智感。

4. 接纳孩子的不良情绪，及时引导和疏通

由于情绪和情感具有外露性的特点，因此幼儿对自己的情绪和情感表现的较成人更加自由，无论什么情绪都会毫无保留地表现在他们的活动中。绝大多数的成人通常能够接纳幼儿的积极情绪，但对于幼儿的哭闹、愤怒、依赖、侵犯等情绪则持否定态度，认为这是"不合理的"。有的家长、老师面对孩子的上述情况，会强制压服，斥责孩子"闭上嘴"，甚至表现得比孩子更加愤怒，这些都是不正确的处理方式。没有无缘无故的爱，也没有无缘无故的恨，每个情绪表现的背后都是有因可查的，家长、老师要无条件地接纳孩子，包括孩子的不良情绪，首先站在孩子的角度表达自己的认同，"我知道你有点难过"，再通过进一步的交谈，寻找情绪发生的原因并帮助幼儿分析，解除孩子的不良情绪。孩子的行为通常反映出其内心已经形成的一些品质，在分析的过程中，对于那些有益的部分，成人要及时给予表扬，对不良的部分，则要帮助幼儿克服。

第二节　幼儿的意志

一、意志的概述

1.意志的含义

意志是指人调节、支配自身的行动，克服困难，去实现预定目标的心理过程。

生活中，人们克服各种不同程度的困难以期实现一定的目的，这个克服困难的过程就是意志活动的体现。如为了考取高级育婴师资格证，连续数月勤奋学习；为了漂亮而长时间节食减肥；为了强身健体常年坚持锻炼等。

意志是在认识的基础上产生的。人的认识越丰富、越深刻，他们的活动目的就越自觉，并坚持实现这一目的。相反，一个人对自己确定的目的缺乏深刻的认识，其在行动上就容易动摇。也就是说，个体的行动越有目的，他的意志水平就越高。意志对行动的调节表现在发动和制止两个方面。前者表现为推动人们从事达到目的的行动，后者表现为制止与目的不相符合的愿望和行动。二者相互联系又相互制约，即有所为有所不为。为了准备考试需要进行紧张的复习，这时再喜欢的电视连续剧也要放弃不看了。意志行动是与克服困难紧密联系的。一个人偶尔参加一两次晨跑，这不是意志行动，而一个人坚持天天锻炼，风雨无阻，这就需要坚强的意志努力。

2.意志的品质

意志的强弱因人而异，构成人的意志的某些比较稳定的方面，就是人的意志品质。意志的品质有独立性、果断性、坚定性和自制性。

（1）独立性　意志的独立性是指一个人根据自己的认识和信念，独立地采取决定，执行决定。这里注意和武断进行区分。武断是不考虑别人的意见，不考虑环境中的具体情境，一意孤行。而独立性是建立在理智的分析和吸收周围人们合理意见的基础上的。生活中，常常有人不能独立作出判断，容易受到他人的影响，这种受暗示性的品质与独立性正好相反。他们的行动不是从自己的认识和信念出发，而是被别人的言行所左右，人云亦云，没有明确的目标和行动方向，也缺乏坚定的信心和决心。

（2）果断性　果断性表现为有能力及时采取有充分根据的决定，并且在深思熟虑的基础上去实现这些决定。具有果断性品质的人，善于审时度势，善于对问题情境做出准确的分析和判断，善于洞察问题的是非真伪。这是他们能够迅速采取决策的根本原因。果断性在生活中具有重要的意义。如飞行员遇到危险时的当机立断，能使他们及时排除险情、化险为夷。这里注意果断性与草率的区分，草率是以行动的冲动、鲁莽为特征，往往使行动碰壁，导致失败，而果断性能导致行动成功。

与果断性相反的意志品质是优柔寡断，有这样品质的人，常常在决策时犹豫不决，冲突不断。在执行决定时，常常动摇，拖延时间，怀疑自己的决定。人们在生活中面对复杂的情况时，常会在做出决定之后，根据情况的发展随时进行修改，以使决定能够正确执行。这与优柔寡断是不同的。

（3）坚定性　坚定性表现为个体坚信自己决定的合理性，并坚持不懈为实行这个决定而努力。"富贵不能淫，贫贱不能移，威武不能屈"就是意志坚定性的典型表现。具有坚定性的人有着明确的行动方向，在压力面前能够不屈服、不退缩、不动摇，并且朝向这个行动方向勇往直前。

注意区分的是坚定性和执拗。执拗以行动的盲目性为特征，具有这种意志品质的人不能正视现实，不能根据已经变化的形势灵活地采取决策，也不放弃那些明显不合理的决定。如果说坚定性是和独立性相联系的，具有独立性的人不易为环境的因素所动摇，他势必也有坚定性；那么执拗就是和武断、受暗示性相联系的。

（4）自制性　自制性是指个体具有掌握和支配自己行动的能力，表现在意志行动的全过程中。在采取决定时，自制性表现为能够基于周密的思考，在不受环境中各种诱因左右的情况下做出合理的决策；在执行决定时，能够克服各种内外干扰，把决定贯彻执行到底。自制性还表现在对自己的情绪状态的调节。如在必要时能抑制激情、暴怒、失望等。

与自制性相对立的意志品质是任性和怯懦。任性的人不能约束自己的行动，想做什么做什么；怯懦的人在行动时胆小畏缩、惊慌失措。这是意志薄弱的表现。

二、幼儿意志的发展

幼儿的意志活动由于生理水平和心理活动发展水平的限制，处于发展的低级阶段，意志过程往往表现为直接外露的意志行动。因此，我们在提到幼儿意志的发展时，更多将其称为"意志行动"或是意志的萌芽。

1. 自觉行动目的的形成和发展

幼儿期的孩子，行动具有很大的冲动性，尤其是2～3岁的孩子，他们常常不假思索就开始行动，缺乏明确的目标，并且行动是混乱而没有条理的，常受外界的影响，由当前感知到的情景所决定，已开始的行动容易停止或改变方向。如，3岁左右幼儿单纯地满足于摆弄积木的过程，当他看到妈妈手里的玩具，会立刻放下积木转向新玩具。

幼儿初期，往往是由成人提出要求，用具体的语言和示范，给幼儿确定行动目的，并指导幼儿按照目的去行动，幼儿在活动中反复实践加以强化。

进入幼儿中期，自觉的行动目的逐渐形成，幼儿能在成人的组织下逐渐提出行动目的，并尝试在活动中独立预想行动的结果。例如，在绘画、游戏等各种活动中，幼儿能够自己确定活动的主题内容，自己选择行动方法，但是这种目的性通常表现的不够明确，有时还需成人帮助。

进入幼儿末期的孩子已经能够提出比较明确的行动目的，并善于在熟悉的活动中独立或者与他人合作制定行动任务和计划。例如在幼儿园区角游戏中，孩子能够确定"娃娃家"主题，并进行角色的分配，具体每个角色要做什么也有相应的安排。

2. 坚持性的发展

坚持性是指在较长时间内，连续、自觉地按照既定目的行动，作为幼儿意志发展的主要指标，从中既能看出行动目的的发展水平，也能看到幼儿克服困难的能力和状况。

幼儿的坚持性随着年龄的增长而提高。3岁左右的幼儿坚持性的水平是较低的，他们在某些条件下开始有意识地控制自己的行动，但在行动过程中仍然不完全受行动目的所制约，时常违反成人的语言指示，或者难于使自己的行动服从成人的指示。按照目的去行动的时间很短，当任务枯燥、单调，或在行动中遇到小小的困难时，幼儿就会失去坚持完成任务的愿

望和行动。坚持性发生明显质变的年龄出现在4～5岁，这个年龄阶段的幼儿坚持性发展最为迅速，也最容易受到外界的影响而变化。

总体来说，幼儿意志行动的发展水平是不高的，容易受到各种具体条件的左右。这就需要成人根据不同阶段的特点进行有针对性的培养。

三、幼儿意志的培养

意志品质是决定孩子未来发展的非智力因素，在很多时候，它比智力因素更能影响孩子的发展。意志品质既能调控态度和情绪，又能促进和保证理智的充分发挥。因此培养孩子的意志品质是家长、教师非常重要的教育任务，我们可以从以下几个方面入手。

1. 帮助幼儿制定切实可行的目标，鼓励幼儿做好每一件事

缺乏坚持的孩子目的性会比较差，遇到困难就企图退缩。引导孩子有毅力，能坚持，家长、幼师可就生活中的某些事项与幼儿一起制定行动目标，并帮助和督促幼儿尽最大努力去实现。制定目标前，成人要与幼儿说明任务的难度，让幼儿有克服困难坚持不懈的心理准备。具体目标的制定要保证幼儿的参与，成人要允许幼儿表达自己的想法，并尊重他们的意见，因为幼儿才是践行目标的主体。目标应该是具体的、可行的、适当的，能对幼儿产生一定的压力，但又不过大，避免产生畏难情绪。一旦制定下来，就不能轻易改变和放弃，要鼓励幼儿坚持完成，以保持意志的稳定性。目标可以由小到大，在完成任务的过程中，每实现一个目标，对孩子而言都是"坚持下去"的鼓励，成人还可以用口头语言、体态语的方式，强化孩子"坚持到底"的决心。

对于幼儿来说，目的性和计划性不强是这个年龄阶段的突出特点。幼儿做事经常有头无尾，半途而废，所以成人还要在日常生活中仔细观察，鼓励幼儿做好每一件小事，做事时不分心，做好一件，再做另外一件，及时给予肯定和表扬，让具体的表扬作为幼儿再次行动的催化剂。

培养孩子坚强的意志品质，成人就必须做孩子的表率，尤其是家长。家长如果意志坚强，做事具有不怕困难、百折不挠的意志力，那么孩子也会在耳濡目染、潜移默化的过程中逐步完善自己的意志品质。家长如果懒懒散散，生活懈怠，做事没有信心，经常半途而废，那么孩子也难以锻炼出坚强的意志。

2. 引导幼儿正确面对困难，逐步培养幼儿的自信心

家长、教师在日常活动中可以通过绘本、表演、情境设置、游戏等多种形式引导幼儿正确面对困难。通过给幼儿布置具有挑战性的任务，在幼儿遇到困难后启发他们去思考更有效的解决方法，鼓励他们不断尝试。如"幼儿园里运来了很多废旧轮胎，这些轮胎堆放在操场一角，希望大家想一想轮胎可以怎么玩，该如何摆放，小朋友搬不动，应该怎么办？"通过启发引导，让幼儿动脑思考并付之行动。这样做可以帮助幼儿积累解决问题、战胜困难的经验，进而养成勇于面对困难、坚持不懈的良好品质。目前幼儿园在园的孩子，基本都是2010年左右出生的，独生子女居多，"421"家庭模式使得孩子在生活中顺风顺水，少有挫折和失败，很多幼儿赢得起、输不起。因此成人可以以幼儿碰壁或失败作为切入点，帮助分析情况，让其懂得失败了没关系，不生气、不沮丧，重新再来。3岁的优优用积木搭楼房，搭到第四层时积木失衡倒了，两次之后优优很生气，"搭不好，不玩了！哼！"，边说边把地上的积木使劲一扫。这时妈妈轻轻搂住孩子，温柔地说："宝贝，搭了两次房子都倒了，你有点着急了吧，妈妈知道它为什么会倒，就是这里，这样搭，你再试一次，注意这个地方，你一

定能搭好。"这样的话语一方面可以缓解孩子急躁的情绪，一方面也给幼儿以自信，让幼儿有勇气面对失败。

自信心是幼儿意志行动的有利因素。点滴进步的成功感有助于增强幼儿的自信心，幼儿做得好，成人要及时给予肯定，增强他们行动的动力。做得不太好，成人也要冷静对待，给予理解和支持，可以提示、可以建议，鼓励幼儿再接再厉。我们经常看到有的家长、教师对正在做事情的幼儿挑三拣四，嫌幼儿干得不好，最后干脆自己动手，不让幼儿参与了。这样做的结果，会使幼儿依赖性变强，越来越没有自信。因此，当幼儿正在尝试着解决一个问题或者正在做一件事情的时候，成人不要去干预，更不要包办代替，因为干预表达了一种暗示："你没有能力把这件事情做好。"如果幼儿请求帮助，成人应该用建议的方式表达自己的意见，而不是给幼儿现成的答案，可以用这样的陈述，比如"你有没有想过……"、"我发现……很有帮助"、"如果……你想想会发生什么呢"等。如果幼儿为了得到成人的注意，不愿意独立思考和行动而去请求帮助时，成人应该告诉他："你以前就做得很好，所以，你现在也一定能够做好的！"给幼儿以信心，多表达对他们的信任。

3.定位幼儿意志品质的薄弱点，有针对性地采取教育措施

意志力的强弱，个体之间是存在差异的，如果具体分析，有的强弱的具体环节也不尽相同，要从孩子实际出发，找准弱点。比如，有的幼儿做事情虎头蛇尾，一开始决心很大，干劲很足，但是几天之后就稀松平常了。这种幼儿意志品质的优势在确定目标、确定行动阶段，而弱点在于坚持性和自制力上。对待这样的幼儿，在确定目标之后，要打预防针，提醒他一旦干起来，就要克服困难坚持下去。在行动过程中，要帮助幼儿正视困难，克服困难，加大自我管理的力度，不断地进行激励。还有的幼儿做一件事开头犹犹豫豫，难下决心，而做起来之后能够较好地坚持。这种幼儿的优势在执行计划，而决定计划方面薄弱，内、外部因素的干扰使他难以果断做出决定。对这样的幼儿，就应在一个行动的起始阶段，帮他分析利弊因素，尽快确定目标，培养幼儿的果断性。需要注意的是，在一个幼儿意志品质的表现过程中，始终伴随着理智因素和情绪因素，成人必须对这些因素多加关注。

? **思考与练习**

1.幼儿情绪和情感的发展特点及趋势。

2.如何培养幼儿的情绪和情感？

3.幼儿的意志品质有哪些？

4.谈谈如何培养幼儿的意志品质。

 **拓展阅读**

海因茨偷药

心理学家柯尔伯格给自己的研究对象——72位男孩讲了一个故事。这是一个引人入胜的故事，孩子们睁大了眼睛，听着……

海因兹，是一个善良本分的中年人，经营着一个小钟表修理铺。虽然不太富裕，但夫妻俩互敬互爱，生活还算美满幸福。

不幸降临了。妻子艾玛身体不适，去医院检查，医生的诊断令海因兹惊呆了，艾玛已

经是癌症晚期了。好心的医生说："您的妻子没有多少时间了，医院里没有什么特效药。不过，我听说本城的药剂师约翰最近发明了一种药，这种药也许能挽救您妻子的生命，你去求求约翰吧。"

海因兹如同抓住了救命草，马上奔向约翰的家。傲慢的约翰声称自己花了大本钱才发明了这种药，不肯轻易卖给海因兹："2000英镑，这东西就归你了。"海因兹哪有这么多钱。可妻子的生命危在旦夕，他只好把小钟表店盘了出去，并四处奔波向亲戚朋友借钱。可是，凑来凑去，也只有1000英镑。海因兹没有办法了，只好再次求约翰。

——您行行好吧，艾玛快要死了，您就以一半的价钱把药卖给我吧！或者我先欠着这笔钱，以后还给您。

——不行！我发明这种药就是为了赚钱。

约翰生硬地拒绝了海因兹的请求。海因兹十分绝望。看着日渐憔悴的爱妻，走投无路的海因兹决定孤注一掷。

一天晚上，海因兹翻墙撬门进了药店，为自己的妻子行窃，去偷药……

心理学家讲完这个故事，向男孩们提出了一个道德与法律上的难题：海因兹应该这样做吗？为什么？法官该不该判他的刑？

男孩们做出了不同的反应。有人赞成海因兹救妻子的这种做法，有人反对海因兹的这种偷盗行为。心理学家关心的不是他们的答案，而是借此考察儿童对故事中主人公的行为动机和意图的解释，了解他们的推理过程。

分析研究了孩子们的各种反应后，心理学家认为儿童的道德发展可以分为六个台阶。

（1）第一级台阶　赞成"偷药"的孩子说："假如妻子死了，海因兹会因为自己没花钱救她而受到谴责，海因兹和药剂师都会因艾玛的死亡而受审。"

反对意见是："海因兹不应该偷药，他这样做会被逮捕和坐牢的。就算海因兹成功逃走了，他的良心也会不安的，因为警察随时可能逮捕他。"

从上述的推理可以看出，在这个阶段，孩子的道德动机是避免受到惩罚，服从一定的规则，否则会受到"良心"的谴责。孩子具有一种服从法律的道德观，他们服从是因为制定法律的成人有高于他们的权力。

（2）第二级台阶　儿童的道德动机是想得到赞扬或好处。在这样的动机驱使下，犯罪本身往往被忽视了。在这个阶段，儿童发展了人与人之间简单的交互的道义，做事讲究"平等"。

表示赞成的意见认为："假如海因兹被抓住，他可以把药交还，他就不会被判什么刑罚。假如海因兹出狱时妻子还健在，那他坐一段时间的牢也不会使他有多大的烦恼，最后他们能夫妻团聚。"他们认为，他人的权利和自己的权利是可以平等互换的。反对意见认为："偷药，他不会坐多久的牢。但是，他的妻子可能在他出狱前就死了，因而这样对他不会有多大好处。妻子死了，他不应该责备自己，因为她患癌症并不是他的过错。"

可以看到，孩子们会用十分实用的方式来看待惩罚，他们把愉快或痛苦的情感体验与惩罚的结果区分开来。

（3）第三级台阶　儿童已经能预料到别人的责备，他们会考虑自己得不辜负别人的期望。同意"偷药"的认为："海因兹为妻子偷药，没有人会认为他是坏的，假如他不偷，他的家庭会认为他是一个没有人性的丈夫。弄不到药而让自己的妻子死去，他会没有脸见人的。"有的孩子提出："海因兹偷了药，不仅药剂师会认为他是一个罪犯，别人也会这样想。

以后他会因为自己给家庭和自己带来耻辱而感到不开心，他将没脸见人了。"这些想法反映出这个阶段的儿童有做"好孩子"的倾向，他们关心他人，愿意与别人保持信任、忠诚、尊重和感激的关系。

（4）第四级台阶　儿童开始预见到"行为的不光彩"，即意识到由于没有尽到责任，人通常会受到谴责，还会由于对别人造成损害而产生内疚。有的孩子提出："假如海因兹还有一点荣誉感，就不该因为自己怕做这件事而让妻子死去。对妻子未尽到应有的责任，他会因为是自己导致妻子的死亡而内疚。"同样，反对"偷药"的孩子，也是从维持社会秩序的角度提出自己的想法的："海因兹身处绝境偷药的时候，他可能还不知道做了错事。当他受到惩罚而坐牢时，他就会知道自己做错了。他会因为自己触犯法律而感到内疚。"儿童的道德发展到这个水平，道德判断通常是根据自己思考的和已经接受了的处世原则。这些原则超越了社会的规定，而具有内在的正确性。

（5）第五级台阶　孩子们关心的是如何为最大多数人、最大程度谋利，同时还关心自己的自尊心。赞成"偷药"的孩子说："假如海因兹不偷药，他会失去别人的尊敬。""假如海因兹就这么让妻子死了，说明他胆怯，他会失掉自尊心，也会失去别人的尊敬。"反对"偷药"的孩子认为："海因兹偷药，他会失去社会的尊敬，他违犯了法律。海因兹因感情冲动，失去自制，忘了从长远着想，他自己也会失去自尊的。"这些回答，可以看出孩子们努力避免把自己归类到无理性的、言行不一的、没有决心的人当中去。他们已经意识到，有着不同的社会观点和价值标准，价值和标准是相对而言的。为了维护社会秩序应该守纪律和规则，但法律和规则是可以改变的。

（6）第六级台阶　道德发展的最高阶段，儿童关心的是违反自己的原则而自我谴责，维护的是自己的道德原则。持赞成的意见："海因兹不偷药而让妻子死去，他以后一定会谴责自己的。海因兹遵守了外在的法律规则，他虽然不会受到外界的责备，但他没有遵守自己良心的标准。"反对意见："海因兹偷了药，他不会被别人谴责，但会受到自己良心的谴责，因为他没有依照良心和正直的标准行动。"

这些回答，说明儿童已经能从"比社会更重要"的观点出发，服从于一个更高级的法律。他们在判断是非时，恪守自己选择的道德原则。法律与这些原则通常是相一致的，所以应遵守法律；但当法律与道德发生冲突时，以道德为标准。在这样一系列的研究中，心理学家进一步推断，儿童道德认识的发展是按着一个不变的阶段顺序进行的，而且这个顺序适应于一切文化社会。

婴幼儿期反抗行为及其处理

婴幼儿浓重的情绪性，支配着他们的社会行为。以依恋、探究和反抗等为代表的一些行为，是这个时期最常见的情绪活动。这些情绪活动构成了婴幼儿时期情绪发展的特性，并且影响着儿童日后的发展。在这里主要探讨婴幼儿期反抗行为及其处理方法。

一、反抗行为是婴幼儿的特点

2～3岁是人生的第一个反抗期。随着年龄的增长，婴儿的反抗行为日益明显。常常表现为与成人对着干：你说这种东西不能碰，他却偏要去碰碰、摸摸；你说蔬菜有营养，要多吃，他越是不吃；经常是你说你的，他做他的，甚至还与大人顶嘴。不少父母对待孩子的反抗行为采取两种完全不同的做法：或者以硬性手段，强迫婴儿服从大人的意志，并处

处限制婴儿的活动，有的甚至严厉斥责、甚至打骂等；或者对于婴儿的反抗行为，溺爱无度，百依百顺，孩子要怎么办就怎么办。这两种教育方法都会给孩子未来的发展带来不良影响。第一种教育方法可能导致孩子长大后唯唯诺诺，胆小怕事，从不敢表达与别人相反的意见；第二种教育方法可能会使孩子长大后总喜欢与别人作对，经常惹是生非，甚至出现反社会的行为。

研究表明，反抗行为（或称逆反心理），具有积极与消极的两重性。积极性表现在：① 反抗性是独立性、自主性的表现，反映了婴儿的自我意识和好胜心，表现出勇敢、求异、创新意识等积极的心理品质；② 反抗心理强的婴儿，在不顺心的情况下，在愤懑、压抑的时候，敢于发泄，不让不愉快的心情长期留在心中，于是防止了畏缩、懦怯等消极心理品质的形成。消极性表现在：影响婴儿身心健康发展。对待婴儿的反抗，关键在于弄清产生反抗的原因，并采取科学的教育方法。婴儿反抗性是婴儿走向独立的起点，我们不仅仅要看到婴儿反抗带来的麻烦，更要看到反抗正是婴儿成长的标志。

二、反抗行为产生的原因

婴儿反抗情绪的产生有许多原因，其中主要的有：① 父母脾气暴躁，动辄打骂孩子，体罚，甚至把孩子拒之门外，这样必然造成孩子的反抗情绪。② 父母过分娇惯孩子，一切以孩子为中心，百依百顺，本来孩子可以独立完成的事情，却要唠唠叨叨，甚至包办代替，也造成孩子的反抗情绪。③ 父母不顾孩子的年龄特点和实际能力，对孩子提出过高的要求和目标，孩子难以达到，造成孩子的反抗情绪。

三、处理和调整婴儿反抗情绪的方法

（1）冷却法　当婴儿出现反抗情绪时，父母不要粗暴对待孩子或限制其活动；不要"针尖对麦芒"，以任性对任性，而是采取冷处理，对孩子的反抗、任性暂时不予理睬，不要对孩子的哭闹表示心软，要耐心等待。直到他平静下来再教育诱导。

（2）温暖法　父母要尊重、理解、关怀、鼓励和信任孩子，与孩子经常沟通，孩子的细小进步都及时鼓励、表扬。

（3）刺激法　利用逆反心理来刺激孩子，如要让孩子穿衣服，就说："你不会穿衣服吧，是不是？""你不会说礼貌话，对不对？"等。用刺激方法增强孩子的自信、自强、自立的精神。

（4）心理保健法　帮助孩子客观地了解自我，克服认识上的主观性和片面性，培养良好的情感，增强自控能力。

（5）转移注意法　当婴儿的意见与父母的意见相矛盾时，伺机用别的能引起婴儿兴趣的事把他吸引开，以避免婴儿与父母双方硬顶而伤感情的局面。

此外，对孩子的要求不要无原则的全都满足，父母亲要尽量避免与孩子产生对抗，拒绝孩子的要求要坚决，大人的口径要统一。父母亲要以身作则给孩子以表率等。

无手博士赵行良

无论怎么想象，见到赵行良时我们还是大吃一惊：他正趴在书堆如山的破书桌前做博士论文，心态平和，精神饱满，哪里像个重病在身的绝症患者？他用没有手掌的双臂灵巧地替我们剥橘子，为我们倒开水；用胳膊肘夹着钢笔随意写下的每一行字，毫不夸张地说，都可以做字帖，又哪像是无手的残疾人？

（一）

20年前，13岁的赵行良还是湖南邵阳新宁县一个快乐的农家少年，一场灾难从天而降。1979年10月2日，他和小伙伴们到附近的扶夷江去炸鱼，那时候农业学大寨闹得正欢，炸药随手可得。他们将炸药点燃，咦，怎么好半天了还不见引线燃起，行良好奇地将雷管端到眼前，只听"轰隆"一声，小行良眼前一黑……

经过抢救，小行良的性命保住了，但从此失去了双手，左眼也几近失明。

"崽啊，手都没了，长大了干什么呢？"父亲望着小行良那光秃秃的两只"手"悲伤地说。"我要读书！"小行良回答得那么干脆，那么坚决。

写字，手没了，用什么写？开始，行良尝试着用脚，不成，脚指头太短，夹不住笔；他又改用肘，好不容易夹住笔，可"哧溜"一下又滑落了，行良又夹，又滑；皮肤磨破了，缠块破布继续……就这样，也不知过了多少天，行良的字已经比班上所有同学的字都漂亮。初中毕业时行良的成绩非常好，可是他始终没有接到录取通知。

行良的母亲知道原因在哪儿，她走了好几十里山路，找到县二中的校长和教导主任，向他们哭诉了儿子的遭遇。校长和教导主任被感动了，破例接收了行良，教导主任王笃凡还亲自把行良送到寝室，为他铺好被子。此后3年，行良得到了王老师无微不至的关怀，直到后来行良上大学了，王老师还时常从微薄的工资中拿出钱来资助他。

（二）

"世上还是好人多啊。"这是在采访时，行良母亲对记者说得最多的一句话。

1984年，还在读高二的行良试着参加高考，成绩足以上本科，可由于残疾，他没被录取。"不信残疾人就上不了大学！"第二年，倔强的行良又考。这一次，他生命中的好人又出现了。家乡邵阳师专的蒋禄信副校长在全省的高招会上，慷慨陈词，为行良争取到了一线希望，他被邵阳师专通知去"面试"了两天，结果顺利过关。学校还积极与行良家乡所在县联系，得到了毕业后行良到县党史办工作的允诺。

终于实现了自己的大学梦，行良那个高兴劲就别提了。他花费比别人多几倍的时间，拼命读书、练字。毕业时，他不仅成绩优异，而且写得一手漂亮的毛笔字。可家乡的党史办因为人事更迭，不再同意接收他。几经周折，他就读的初中母校，新宁县巡田中学向他伸出了热情的双手。

开始，学校安排他教政治，并特许他可以不写黑板，但后来他要教英语，如果只说英语不写板书，对农村的孩子们来说，无异于听天书。"做一个好老师，哪有不板书的？"行良的倔强劲又上来了。从此，每天学生们放学后，他就用两个肘端夹住粉笔头，一个人憋足劲在教室里练。没想到粉笔竟比任何一种笔都更难夹，用力太轻，学生看不清；用力太猛，粉笔折断。但行良硬是这样走过来了。这一年，他双肘的老皮又换上了一层厚厚的新茧，学生们也没让他失望，连续三年统考，他所带的班级均在全学区名列前茅。一个学生写在练习本上的一段话是最好的回答：老师，只要您往讲台上一站，我想任何一个有良知的人都会被深深感动，除非他是一个白痴。

（三）

1992年，赵行良在结婚做了父亲以后，又以优异的成绩考上了华中师大的研究生，主攻政治学与社会发展。当时，赵行良每月只有108元的研究生津贴，妻子又下岗了，生活之艰难可想而知。但他克服了一切困难，终于在三年后顺利地获得了硕士学位，但是没想到，

找工作又成了麻烦。是啊，一个残疾人，可以通过加倍努力向世人证明自己的价值，但要真正融入这个社会，被社会所接受，就不那么容易了。

正当赵行良找工作四处碰壁的时候，湘潭师范学院向他伸出了热情的双手。"能够写板书吗？"当他走进院长黄秋富的办公室时，黄院长亲切而又有些疑惑地问道。赵行良在征得院长同意后，用双肘夹起案前的毛笔，端正地写下厚重而又不乏风骨的八个大字："渴求理解，志在奉献"。黄院长当即拍板要下了他，还将他妻子调来安排在校图书馆。

一年半以后，他又如愿考上了南京大学的博士研究生，师从著名教授赖永海。这个时候，赵行良真有一种苦尽甘来的感觉，他发誓要好好学习和工作，以优异成绩报答帮助他成长的一个又一个好人们。但是，他万万没有想到，一场更大的灾难正向他袭来。1998年冬体检时，他被查出患上了肝癌（弥散型）且到了晚期。湘潭师院迅速将行良送到医院。

"我能坚持到博士毕业吗？"对于命运多蹇的行良来说，病魔吓不倒他。他说，死无所谓，其实我都是死过一次的人了，我所担心的是博士毕业论文还没做完，学位还没拿到，有几个选题的研究还没来得及动笔。他说："过去我战胜了自己的断手，今天，我同样要战胜自己患的癌症。"总结自己受伤之后的20年，他认为是经历了三个阶段：第一阶段是构建生存的平台，第二阶段是拓展生活的空间，第三阶段是挑战生命的极限。现在，他就要向生命的极限挑战了。每天一大早，他就在校园里跑步；并坚持练气功，他要用意志与吞噬自己的癌细胞较量！

半年过去，奇迹终于出现：他身上的癌肿块居然神奇地缩小了！他在洋洋20万言的博士论文《中国文化的价值——中国人文精神之检讨》中有这么一句话："人类生活的意义并不限于追逐物质财富，人类还应寻求自己的精神家园。"这应该是他最真实的写照。

文章来自《中国教育报》

实践在线

1. 案例分析

（1）幼儿园组织观看足球赛，中国队输了，小朋友们非常难过，垂头丧气。请结合幼儿情绪情感的发展趋势加以分析，作为教师，你该如何正确对待。

（2）豆豆3岁，喜欢的救护车玩具坏了，他就伤心地哭起来，妈妈给她一块巧克力，他又笑了；看见小朋友哭了，他也跟着哭起来。请根据情绪的发展趋势原理加以分析。

（3）幼儿园的娃娃家里，孩子们正准备开始游戏。明明说"我来当爸爸。"瑶瑶说"那我来当妈妈。"君君抢着说"那我就当宝宝吧。"齐齐着急了，"那我呢？要不我当叔叔吧，来给宝宝过生日，我带着礼物来。"游戏开始了，妈妈做饭，爸爸带宝宝玩，门铃响了，叔叔带着礼物来了，大家一起为宝宝过生日，唱生日歌。请根据意志的发展趋势对以上案例加以分析。

2. 小组讨论

试对自己的意志品质进行分析，有哪些好的品质，哪些地方需要加强。

3. 实践观察

到幼儿园见习，观察幼儿园的环境，谈谈其对幼儿情绪情感培养的作用。

第八章

幼儿个性的发展

　　现代社会需要各种人才，而良好的个性是成长为人才的必要条件。幼儿期是个性初步形成的时期，作为教师，要通过各种方法关注幼儿的个性发展，促进幼儿健康成长。

第一节　幼儿个性倾向的发展

一、个性的概述

1.个性的含义

　　生活中，我们常常会说"××真有个性"，"个性"这个词用来表示一个人的独特、与众不同。的确，世界上没有两片相同的树叶，也绝对没有两个完全一样的人，即使是双胞胎的兄弟或姐妹，第一眼在相貌上无法区分，但是通过多次接触，熟悉之后还是能够从他们的言谈举止、为人处世的态度上将二者区分开来。这种存在于行为各个方面的不同所表现的就是人与人之间个性的差异。

　　个性既不是天生的，也不是人在出生后就立即形成的，而是在个体的各种心理过程、心理成分发生发展的基础上形成的，它是一个人全部心理活动的总和，是较稳定的、具有一定倾向性的各种心理特点或品质的独特组合。人与人之间个性的差异主要体现在每个人待人接物的态度和言行举止中。要了解一个人的个性，主要看他的言行表现，而在言语和行为两者中，行为表现更能反映一个人真实的个性。

2.个性的基本特征

　　如何将个性和其他的心理现象区分开，需要了解个性的基本特征。个性有三个基本特征，分别是整体性、独特性、稳定性。

　　（1）个性的整体性　人的各种心理活动，都不是孤立进行的，总是组成一个统一的整体。所谓个性，首先是指这个整体，即人们所说的心理活动的"总和"。这个"总和"，不是

各种心理活动机械的相加，而是有机地组织起来的系统。在这个系统中，各部分之间的关系服从一定的规律，各部分也按一定的规律组成整体，整体反过来制约各部分。比如，个性心理特征在心理过程进行中形成，又影响着心理过程的进行。人的心理状态受个性心理特征的制约，又影响心理过程的积极性，而经常出现的心理状态，则稳定成为个性心理特征。个性的整体性，是指一个人的个性体现在他心理的各个方面，换言之，在一个人行为的方方面面都能看见他个性的影子。一个慢性子的人，往往吃饭慢、走路慢，讲话慢条斯理，做事拖沓，家里失了火也不会着急。相反，一个急脾气的人，吃饭急、动作迅速、做事雷厉风行、一气呵成，相对也会比较冲动。人们从一个人的各个方面都可以看出他的个性特点，这就是个性的整体性。

（2）个性的独特性　个性的独特性，是指人与人之间没有完全相同的个性特点，人的个性千差万别，这是由个性结构各种成分本身的特色决定的，也是由个性各种心理成分之间的不同结合决定的。比如两个人的智力水平看起来差不多，但是其中一个人的语言表达能力很强，另外一个则组织协调能力比较强。

婴儿在刚出生时就有行为的个别差异，这些差异在睡眠、吃奶、啼哭的过程中以及对各种刺激的反应中表现出来。同样是饿，有的宝宝哭得震天响，有的宝宝则只是嘤嘤地哭。这些都是和生理差异相联系的行为表现。随着儿童心理活动稳定性的增加，逐渐就出现了个人特有的心理特征，表现为性格和能力的个别差异，即个性的独特性。尽管每个人的个性都是独特的，但是对于同一个民族、同一个群体或者同一个年龄段的人来说，个性中往往存在着一定的共性，如鄂伦春族的人民纯朴、诚恳、慷慨大方；如幼儿期的孩子有一些共同的比较明显的特征，好奇好问、好模仿、活泼好动等。从这个意义上说，个性是独特性和共性的统一。

（3）个性的稳定性　个性是指一个人身上经常出现的较稳定的、具有一定倾向性的各种心理特点或品质的独特组合，因此稳定性是个性的基本特点。没有心理活动的稳定性就不能组成个性整体。一个人在不同的时间、地点、场合的行为都会有非常相似的表现。例如，某人总是将自己的观点、想法、态度表达出来，而不是藏在心里或在私底下表达，人们就说这个人比较直率，这就体现着个性的稳定性。这种稳定性，还可以帮助人们通过观察一个人在一个场合的行为去推测他的个性。例如，一女生在校园里看见陌生的同学抱着厚厚一摞书摔倒了，赶忙跑过去帮忙。通过这一场景，人们就可以想到，这个女生的个性是热情的、乐于助人的，平时可能在班级、寝室里也是很有同情心，经常关心他人的。所以人们经常说，认识一个人不光看他对你怎么样，还要看他对他的父母、朋友及陌生人的态度，只有这样才能了解这个人真实的个性。

人的个性是相对稳定的，但也非一成不变的，在一定的外界条件作用下，也会发生不同程度的改变，比如，一个孩子早期形成的一些个性特点，诸如急躁、没耐心等，都可以通过后期良好的教育而得到改变。一个成人的某些个性特点，也会由于其生活环境的变化而变化，可能变好，也可能变坏。如一个遭到婚姻失败打击的人，原本性格活泼、开朗，但离婚后逐渐变得内向、退缩，并多年保持后者的样子，个性大为改变。所以说，个性是稳定性和可变性的统一。

一个人独特的个性是在人先天生物特点的基础上，在社会文化历史的背景下发展起来的，如一个人所处的时代、民族文化、社会等，都对其个性产生重要的影响；而直接影响个性发展的具体因素是人生活的微观环境，即家庭、学校及生活、工作环境，对于幼儿来说，影响其个性发展的主要是家庭和幼儿园。

个性是一个复杂的、多层次的动力结构系统，它主要包括个性动力系统和个性心理特征

两大方面内容。

个性的动力系统：具体包括个性调控系统（自我意识）和个性倾向性（需要、动机、兴趣、志向、理想、信念和人生观等），它决定着个性发展的方向，是个性的最重要、最本质的特征。

个性心理特征：包括能力、气质和性格，这些特征最突出地表明人的心理的个别差异。

每个人身上的特点，都可以在小的时候找到根源。幼儿期个性的发展是成长的基础。如果在幼儿期形成了良好的个性品质，以后成长就会比较顺利，相反，如果在幼儿期发展出现问题，成人对幼儿以后的再教育过程就会很难，对孩子来讲，改正其不良个性特点的过程更为痛苦。

二、幼儿自我意识的发展

1. 自我意识的含义

自我意识，是指个体对自己所作所为的看法和态度，包括对自己的存在以及与周围人或物的关系的意识。自我意识是特殊的认知过程。在自我认识的过程中，个体是把认识的目光对着自己，这时的个体既是认识者，又是被认识者。

自我意识有两个基本特征，即分离感和稳定的同一感。分离感是指一个人意识到自己作为一个独立的个体，在身体和心理的各方面都是和他人不同的；稳定的同一感是指一个人知道自己是长期的持续存在的，不管外界环境如何变化，不管自己有了什么新的特点，自己都是同一个人。

自我意识是个性系统中最重要的组成部分，它制约着个性的发展。自我意识的发展水平直接影响个性的发展水平，自我意识发展水平越高，个性就越成熟、越稳定。自我意识的成熟标志着个性的成熟。一个人，对自己有恰当的自我评价，既知道自己的优点和长处，对自己充满信心，又明白自己的缺点和不足，能发挥主观能动性调节、控制自己的情绪、行为适应环境。这样给别人的印象就是比较成熟的。相反，一个人对自己没有正确的认识，要么自卑，要么自负，不能很好地调控自己的情绪、行为，那么他的工作、生活、人际交往都会受到普遍的影响。因此，每个人都要不断完善自我，提高自我意识。

2. 幼儿自我意识的发展

儿童最初不能意识到自己，不能把自己作为主体与周围的客体区分开来，几个月的宝宝甚至不知道自己身体的各个部分是属于自己的。随着认识能力的发展和成人的引导，婴儿逐渐通过自己的触摸和动作，认识自己身体的各个部分。但是，一岁的宝宝还不能明确区分自己身体的各种器官和别人身体的器官，并且在照镜子的时候，总把自己的形象当成其他的孩子来认。婴儿出现了最初的独立性，自我意识的萌芽在两到三岁，自我意识的真正出现是和儿童言语的发展相联系的，掌握代词"我"是自我意识萌芽的最重要标志，能准确使用"我"来表达愿望，如"我拿"、"我来"等，这标志着儿童的自我意识产生了。一同出现的还有物权意识，人们常常看到这个阶段的孩子对于别人拿走他的玩具、食品有着强烈的反应，也不允许妈妈去跟别的孩子亲热，这种现象是孩子自我意识发展中的一个必经之路，成人要注意支持和保护，因为只有知道了什么"是我的"，孩子才能更好地区分"我"与外界事物。

婴幼儿在知道自己是独立个体的基础上，逐渐开始对自己进行简单评价。进入幼儿期，他们自我评价逐渐发展起来，同时，自我体验、自我控制也已开始发展。幼儿期自我意识

幼儿心理学

的发展主要体现在自我评价、自我体验、自我控制的发展三个方面。自我评价就是一个人在对自己认识的基础上对自己的评价；自我体验是一个人通过自我的评价和活动产生的一种情感上的状态，如自尊心、自信心、羞愧感等；自我控制反映的是一个人对自己行为的调节、控制能力，包括独立性、坚持性和自制力等。

（1）自我评价的发展　自我评价大概在2～3岁开始出现，具有以下特点。

第一，从轻信成人的评价到自己独立的评价。这一阶段的孩子还没有独立的自我评价，他们的自我评价主要依赖于成人对他的评价，自我评价只是简单重复成人的评价。如"妈妈说我是个笨蛋"、"老师说我是乖宝宝"等。幼儿晚期开始出现独立的评价，对成人的评价逐渐开始出现批判的态度。当成人对他的评价与他的自我评价不符时，他会提出疑问，或者进行申辩。

第二，自我评价常常带有主观情绪性，幼儿往往不从实际出发，而从情绪出发进行自我评价，一般情况下，幼儿总是过高评价自己。如3岁的男孩从幼儿园回家，妈妈问"今天你们班哪个小朋友表现最好？"男孩通常回答的是自己。在评价大家的积木搭建成果时，也往往认为自己的最好。随着年龄的增长，有些幼儿对自己过高的评价就趋于隐蔽了。如询问"你的画画得怎么样"时，很多幼儿想说自己的好，又不好意思，最后表达为"我不知道"或者"那不好说"。到了幼儿晚期，幼儿的自我评价会逐渐客观，有的幼儿还表现出谦虚。

第三，自我评价受认识水平的限制。表现为：自我评价一般比较笼统，逐渐向比较具体和细致的方向发展。幼儿初期儿童对自己的评价是比较简单、笼统的，往往只根据某一、两个方面或局部进行自我评价，例如，"我会唱歌"、"我会画画"。幼儿晚期儿童的评价就比较细致、比较全面些。如会说"我会唱歌，也会跳舞，可是就是画画不好"。从按外部行为评价，逐渐出现对内心品质的评价，如"为什么说你自己是好孩子？"4岁儿童回答"我不打架"或"我不抢玩具"，而6岁的儿童则可以说到一些比较抽象、内在的品质特点，如"我听话，遵守纪律"或"我谦让，对小朋友友好"。从较多根据某个方面或部分进行自我评价过渡到能做出比较全面的评价；从没有评价依据发展到有依据的评价。除此之外，幼儿自我评价的水平与自我评价对象的特点有关。被评价的对象越具体、越简单，自我评价的水平就越高。例如让幼儿同时评价自己的跑步速度和讲故事技能，前者的评价会高于后者，因为后一种活动的评价标准不好把握，所以幼儿评价的水平也较低。

（2）自我体验的发展　自我体验是主体对自身的认识而引发的内心情感体验，是主观的我对客观的我所持有的一种态度，如自信、自卑、自尊、自满、内疚、羞耻等都是自我体验。自我体验往往与自我认知、自我评价有关，也和自己对社会的规范、价值标准的认识有关，良好的自我体验有助于自我监控的发展。

社会情感的自我体验逐渐丰富，并有一定的顺序。第一，从初步的内心体验发展到较强烈的内心体验，例如，随着年龄的增长，幼儿做错事感到内疚，做坏事感到羞耻。第二，从受暗示性的体验发展到独立的体验。幼儿自我体验最显著的特点就是受暗示性。成人的暗示对幼儿自我体验的产生有着重要的作用。年龄越小，表现越明显。自我体验会影响到孩子对整个世界的看法，如悲观还是乐观，学习好和坏有什么区别，做一个大家喜欢的人重不重要，困难是不是真的很可怕而无法解决，面对友好的但不太熟悉的老师和同学是不是应该热情等。幼儿自我体验的不断深化表现为从与生理需要密切联系的愉快，向社会性体验诸如自尊、羞愧发展。

（3）自我控制的发展　自我意识的发展体现在自我调节和自我监督上，因为个性发展的核心问题是自觉掌握自己的行为活动。幼儿自我调节能力的发展表现为不但能够根据成人的指示调节自己的行动，而且有自己的独立性。1到3岁的孩子出现了独立性的需要，"我"字的掌握，以及动作的发展，是幼儿自我意识发生的标志，具体表现为"我要自己来"，但这个阶段的儿童主要还是需要在和成人共同的活动中行动。从3岁开始，幼儿表现自己的积极性高涨，出现对自己的社会性的"我"的意识，自尊心明显发展起来，追求在人际关系中占有一些地位。3岁以后，开始出现因生理需要得不到满足而发生的心理危机。

概括来说，幼儿期自我意识各方面的发展有个基本的规律，即3～4岁，幼儿自我评价发展迅速；4～5岁，幼儿的自我控制发展迅速，而自我体验的发展相对较平稳，趋于渐变状态。

3.幼儿自我意识作用及培养

自我意识在个体发展中有十分重要的作用。

首先，自我意识是认识外界客观事物的条件。一个人如果不知道自己，也无法把自己与周围相区别时，就不可能认识外界客观事物。其次，自我意识是人的自觉性、自控力的前提，对自我教育有推动作用。人只有意识到自己是谁，应该做什么的时候，才会自觉自律地去行动。一个人意识到自己的长处和不足，有助于其发扬优点，克服缺点，取得自我教育积极的效果。再次，自我意识是改造自身主观因素的途径，它使人能不断地自我监督、自我修养、自我完善。可见，自我意识影响着人的道德判断和个性的形成，尤其对个性倾向性的形成更为重要。因此，要注重培养幼儿的自我意识，家长、教师可以从以下方面入手。

（1）成人恰如其分地评价幼儿　整个学前期，幼儿对自己评价的能力都是较差的，成人的态度对儿童的自我评价有着重大的影响。因此，成人对儿童的评价必须适当、客观、公正，任何过高、过低或其他不恰当的评价都是有害的。例如，如果成人对儿童说："你永远也学不会"、"你总是不会安静"、"你老是爱打人"等，儿童就会认为自己真的是毫无希望的人，变得没有信心。其次，对于幼儿的每一个进步，成人都要给予肯定和积极的评价，并且注意不要笼统地夸奖"你真棒"、"你做得好"，而要具体评价，指出幼儿究竟哪里做得好，比如"你把碗里的饭都吃光了，一个米粒也没剩，很干净"，"玩完就把玩具都收拾好了，放回原来的位置，做得不错"。这种具体的评价和肯定有助于幼儿更好地认识自己，并增强自信心。

活动中，正确认识和评价每个孩子，要多鼓励，少批评，尤其要帮助个别幼儿克服胆小、自卑的心理，增强其自信心，让幼儿在鼓励中健康成长。另外，教师要尊重幼儿、相信幼儿，让幼儿每时每刻都感觉到别人对自己的尊重，从而形成积极健康的自我认识。

（2）通过交往活动提高幼儿自我评价能力　每个人的自我评价都是在与人交往的过程中逐渐形成的。幼儿在交往中，通过被别人观察、了解，获取他人对自己的评价，并借助于想象、推理等复杂的认识过程，内化形成自我评价。成功的人际交往需要转换视角，从别人的角度看自己，修正自我评价，调整自己的社会行为，进而使自己的社会适应水平得以提高。成人要创设多种交往环境，尤其是家长，要多带孩子参与成人的生活，外出旅游、朋友聚会等，增加孩子开阔眼界、与人沟通互动的频率，积累交往经验，提高交往质量。例如，家长可引导孩子在与别人交往的过程中学会自如地表达自己的意见并处理交往中出现的各种矛盾，让孩子在不断的协调、适应中学会如何与他人和谐地相处与协作。如家中来客人，要有礼貌地打招呼和交谈，有小伙伴来玩，要鼓励孩子拿出玩具和伙伴一起玩。到户外参与幼儿的游戏，给孩子提出要求，告诉孩子善待别人，和伙伴友好相处，要学会谦让。当幼儿在交往中发生矛盾时，成人不必急于介入，他们自己能解决的问题让他们自己解决。让孩子学会体验他人的感受，理解他人的想法，从别人的角度想问题，学会考虑自己的举动对别人的影响，正确认识自己、评价自己，从而实现自我调节。

（3）加强对自我评价过高和过低幼儿的指导 幼儿自我评价过高，通常是由于某些方面具有一定能力，并且在活动中取得了成功，或因活动中遭到失败时成人不适当的肯定评价造成的。他们普遍具有难与人交往的特征，自认为处处比别人强，与同伴相处时总想占上风，因而普遍不受同伴欢迎。对于这类幼儿要有针对性地引导他们参加一些活动，通过活动让他们认识到自己的不足，消除盲目的优越感，逐步使行为变得正常，自我评价变得客观。

幼儿自我评价过低，通常是由于在交往中遭受失败和长期的他人评价过低造成的。这类幼儿看不到自己的力量，认识不到自己的优点，与人交往的愿望不高，对交往的成功性也缺乏自信，胆小、退缩。长期的自我评价过低对于幼儿个性发展和身心健康都十分不利，所以家长、教师要注意给予这类幼儿特别的关注，注意保护他们的自尊心，并从游戏中、活动中给予孩子鼓励，通过集体活动和同伴的评价让他们感受到自己的价值、长处，认识到自己在哪些地方有不足，可以努力改进，从而增强幼儿的自信心，进而形成正确的自我评价。

三、幼儿需要的发展

1.需要的概述

人们年复一年、日复一日地进行各种活动，吃饭、穿衣、睡觉、学习、工作等，其原因就在于需要。需要是个体对生理和社会的要求的反映。它在心理上通常被体验为一种不满足感，或者是有获得某种对象和现象的必要感。需要是人活动的基本动力，是个人积极性的重要来源。人的各种活动，从饥则食、渴则饮到从事文学艺术的创作、科学技术的发明，都是在需要的推动下进行的。如一个运动员有着强烈的为国争光、实现个人理想的愿望，他就会产生努力训练的需要，在这种需要的推动下，他极其勤奋、刻苦，不断提高。一个人的需要越强烈，精力投入的越多，他最后取得的成绩也就越大。

人的需要是多种多样的，从不同的角度进行划分，可以划分为两类。

一类是按照起源分为生物学需要和社会文化需要。

生物学需要包括饮食、休息、睡眠、排泄、配偶等，主要由机体内部的生理不平衡状态所引起，如血糖成分下降，人就会产生饥饿求食的需要，血液中缺水，就会产生喝水的需要等，这些需要对有机体维持生命、延续后代有重要意义。人和动物都有自然的需要，但是需要的具体内容不同，满足需要的对象和手段也会有所差别。人的自然需要既可以通过自然界的物体得到满足，也可以通过社会产品得以满足。比如，我们需要新鲜的空气，但是雾霾天气影响我们需要的满足，我们就可以通过空气净化器等现代技术手段来实现。再如，人需要美味佳肴，烹制事物不仅需要人类制作食物的社会历史经验，还要利用人类生产的各种厨房电器。这都与动物的自然需要有较大的差别。另外，人的自然需要还受到社会文化需要的调节。人在进食时，不仅受到机体饥饿状态的支配，还要考虑到礼仪规范，大庭广众、众目睽睽之下，一个人即使再饿，也不会狼吞虎咽的进食。

社会文化需要是人类特有的需要，如交往的需要、成就的需要、求知的需要、尊重的需要等。这些需要反映了人类社会的要求，对维系人类社会生活、推动社会进步有重要作用。

另一类是按照指向的对象分为物质需要和精神需要。

物质需要指向社会的物质产品，如对日常生活必需品的需要、对住房的需要、对交通条件的需要等。精神需要指向社会的各种精神产品，如对文艺作品的需要、对报刊、杂志、影音的需要等。物质需要和精神需要密不可分，人们在追求美好的物质产品时，同样表现了某种精神的需要，比如向往整洁的住房、时髦的衣服饰品等。而精神需要的满足又离不开一定的物质产品，如满足阅读的需要就不能没有报纸、书籍，就现代社会而言，人们也离不开搭载了各种阅读器的电子产品。

2.幼儿需要的发展

幼儿需要的发展遵循着一个规律，即年龄越小，生理需要越占主导地位。幼儿期儿童的社会性需要逐渐增强。同时，需要的发展已经显现出明显的个性特点，比如：开始出现多层次、多维度的整体结构。幼儿的需要中，既有生理与安全需要，也有了交往、游戏、尊重、学习等社会性需要形式，各种需要的水平也在不断提高。幼儿期是需要发展的活跃时期，这期间幼儿的优势需要有所发展，不同年龄儿童需要的排序都在发生变化。一般来说，从五岁开始，儿童的社会性需要迅速发展，求知的需要、劳动和求成的需要开始出现。而六岁时，儿童希望得到尊重的需要强烈，同时对友情的需要开始发生。成人应该引起重视，有针对性地开展教育。

四、幼儿兴趣发展的特点及培养

1.兴趣的含义

兴趣是指一个人力求认识某种事物或从事某种活动的心理倾向。它表现为人们对某件事物、某项活动的选择性态度和积极的情绪反应。例如，一些球迷，谈起球便会津津乐道，一有体育比赛便想一睹为快，对电视中的球类节目特别关注，这就是对球类运动的兴趣。一些京剧票友，喜欢谈京剧、看京剧，遇到跟京剧有关的话题、活动就来劲，这就是对京剧有兴趣。俗话说"打锣卖糖，各爱各行"，就是说人们的兴趣是多种多样、各有特色的。在实践活动中，兴趣能使人们工作目标明确，积极主动，从而能自觉克服各种困难，获取最大成就，并能在活动过程中不断产生愉悦感。

2.幼儿兴趣的发展

幼儿的兴趣多直接来源于他们所置身的环境、事物或活动的本身。由于幼儿的年龄、智能和所处环境的差异，每个幼儿的兴趣也不同，但这个年龄阶段幼儿的兴趣具有一些普遍的特点。

（1）兴趣的广泛性 幼儿的兴趣比较广泛，他们渴望认识世界，喜欢和人交往，对周围的事物和各种活动都表现出很大的兴趣。例如，喜欢小动物和各种花草树木，喜欢参加简单的劳动及音乐、美术、体育等活动，特别喜欢踩水、玩雪、玩沙子的游戏。

（2）兴趣的不稳定性 幼儿由于知识经验和心理能力的限制，对于事物的兴趣主要是被其外部的特点所吸引。如鲜艳悦目的颜色、新颖多变的外形等。经过多次接触，这些客体的外部特点失去了吸引力，幼儿的兴趣也就低落或完全消失了。所以我们常常看到，前不久幼儿还很感兴趣的东西、活动，用不了太长时间可能就不感兴趣了，出现了其他更感兴趣的事物。

（3）直接兴趣居多 对活动本身的兴趣，如玩玩具、绘画、跑跳等，是直接兴趣。对活动本身没有兴趣，但对活动的结果和事物的意义感兴趣，这属于间接兴趣。整个幼儿期，孩子的直接兴趣居多，兴趣也不深刻。只有幼儿晚期的一些幼儿才对活动的结果发生间接兴趣，如大班的幼儿为了在文艺晚会中展示自己，虽然不喜欢枯燥的练习，却乐于背诵很长的散文诗。

不同的幼儿在教育、环境、生活经验等因素的影响下，兴趣发展迅速，表现出个体差异，但兴趣的范围、指向性等还处于较低水平。

3.幼儿兴趣的培养

（1）提供丰富的活动材料 家长、教师要有意识的给孩子创设一个含有丰富刺激的环

境，让幼儿在游戏中借助材料表现生活，从而发现幼儿的兴趣点。可以在家里、幼儿园的角落设置"百宝箱"，收集各种简单的自然材料，让幼儿发挥想象去使用。如一截硬树枝，可以启发幼儿想出多种多样的玩法，当机关枪、当钓鱼竿、当马骑等。类似的一物多用，能够充分激发孩子游戏的兴趣，同时发展幼儿的创造性思维。

这里特别要注意的是，"材料"不同于现成的玩具。时下，市面上有很多精致的玩具，芭比娃娃、变形金刚等，它们是扼杀幼儿孩子想象力的最佳工具。一个普遍的现象是，越漂亮、越精致的玩具，幼儿感兴趣的时间就越少，相反，像积木块、白纸、沙子、瓶盖、毛线这些东西，反而在任何时候，都会吸引一个孩子，给他们以广阔的想象空间，激发他们探索的兴趣。

（2）尊重幼儿的兴趣选择 兴趣是情感的表达形式，也是学习和实践的原动力。幼儿对活动的专注，靠的就是对学习和实践活动的兴趣。因此，保护孩子的兴趣是为了更好地合理开发、利用它，任何形式的不尊重、限制或否定态度都不利于保护孩子的兴趣，都是不可行的。当幼儿专注于某个事物或某项活动时，成人不要轻易粗暴地去打扰，以免影响幼儿的思路和活动进程。要注重兴趣教育与孩子的理解能力、接受知识的水平相互匹配，不能一味地追求兴趣教育与社会需求挂钩，而让孩子去接受一些与他们知识体系不相符的教育。很多幼儿对数字非常敏感，但是家长却非要孩子学唐诗，有的幼儿对色彩比较敏感，但很多家长却以成人的眼光迫使孩子选择数学或者外语。孩子不感兴趣，是不会真正投入到活动中去的。

（3）保护幼儿的探索欲望 幼儿期，是一个好奇、好问的时期。他们会问一些探索性的问题，如："太阳是从哪儿升起来的？""为什么会有白天黑夜？""我是从哪来的？"等，他们对这些事物感兴趣，所以问题也多。成人应以认真的态度去关注孩子的提问，并耐心启发、解答，保护孩子的这种求知和探索精神，帮助他们解决"为什么"，认识"是什么"，并从孩子的发问中，仔细揣摩孩子的兴趣方向。有些孩子喜欢拆东西，碰到这种情况，家长、教师首先不应立即加以制止，这是一种积极的探索愿望，要加以引导，向孩子说明哪些东西可以拆，哪些东西不能拆。同时要给孩子提供一些可拆装的东西，孩子在动手的过程中，引导他思考为什么，进一步激发他的学习兴趣。除了让孩子拆装一些东西外，还可以让孩子动手进行一些小制作，如用彩泥制作面条、折纸、粘贴画等，这些活动对培养孩子的学习兴趣有着积极的作用。

（4）增强幼儿的成功体验 对幼儿来说，有趣的活动是他们的第一选择。因此寓教于乐，给孩子带来愉快的体验，对于培养幼儿的兴趣是非常重要的。年龄越小的孩子，其学习兴趣越是以直接兴趣为主。所以，在生活中，我们要把"玩"作为切入点，以"玩中学、学中玩"作为基本的教学理念，让孩子在兴趣的带动下学到更多的知识，让孩子在玩中全面提高自己，最终达到在游戏中学习、在快乐中成长的目的。

第二节 幼儿的个性心理特征

一、能力

1.能力的含义

能力是人们顺利完成某种活动所必备的个性心理特征。任何一种活动都要求参与者具备一定的能力，而且能力直接影响着活动的效率。例如，从事幼儿园管理工作，要具备一定的组织、交际、宣传、统筹规划能力；从事外交工作，要具有灵活而敏捷的思维、较好的语言表达、较强的记忆等能力。只有在能力上足以胜任工作，才能取得良好的工作绩效。否则，工作就不能顺利进行。

能力体现在人所从事的各种活动中。一个有绘画能力的人，只有在绘画活动中才能施展自己的能力；一个教师的组织能力，只有在教育教学活动中才能显示出来。我们通过活动才能了解一个人能力的大小。能力体现在活动中，但是在活动中表现出来的个性心理特征并不都是能力，人的气质和性格特征虽然也表现在人的活动中，并对活动的完成有一定的影响，但是它们并不直接影响活动的效率。能力包括实际的能力和潜在的能力。实际能力是当前实际达到的能力，如每分钟打字120个、会讲几门外语、会开车等；潜在能力是指经过一定的方式、一定的时间训练和学习后所能达到的预期能力。二者密切联系着，潜在能力是实际能力形成的基础和条件，实际能力是潜在能力的体现。

2.能力的分类

心理学家从不同的角度将能力划分成三类。

（1）一般能力和特殊能力　一般能力指大多数活动所共同需要的能力。观察力、记忆力、思维力、想象力和注意力都是一般能力，一般能力的综合体也就是通常所说的智力。一般能力以抽象概括能力为核心。特殊能力指为某项专门活动所必需的能力，又称专门能力，是完成有关活动不可缺少的能力，如语言表达能力、色彩鉴别能力、节奏感受能力等。

一般能力和特殊能力密切地联系着。一般能力是各种特殊能力形成和发展的基础，一般能力的发展，为特殊能力的发展创造了有利的条件，特殊能力的发展同时也会促进一般能力的发展。要成功地完成一项活动，既需要具有一般能力，又需要具有与某种活动有关的特殊能力。在活动中，一般能力和特殊能力共同起作用。

（2）认知能力、操作能力和社交能力　认知能力就是学习、研究、理解、概括和分析的能力。它是人们成功地完成活动最重要的心理条件。知觉、记忆、注意、思维和想象的能力都被认为是认知能力。操作能力就是操纵、制作和运动的能力，如平常所说的实验操作能力、体育运动能力等。认知能力和操作能力紧密联系，认知能力中必然有操作能力，操作能力中也一定有认知能力，不通过认知能力积累一定的知识和经验，就不会有操作能力的形成和发展，反之亦然。社交能力是人们在社会交往活动中所表现出来的能力，如组织管理能力、调解纠纷的能力等。

（3）模仿能力和创造能力　模仿能力是效仿他人言行举止的活动能力。如幼儿对成人讲话的语调、表情的模仿，对电视中演员动作、服饰的模仿，学生练字时的临摹等。模仿是人们彼此之间互相影响的重要方式。创造能力是指产生新思想、创造新事物的能力。创造能力是成功完成某种创造性活动的基础。在创造力中，创造性思维和创造想象起着十分重要的作用。模仿力和创造力是两种不同的能力。动物能模仿，但不会创造，模仿只能按现成的方式解决问题，而创造力能提供解决问题的新方式和新途径。模仿是创造的前提和基础，创造是模仿的发展。创造力是在模仿能力基础上发展起来的，人们一般总是先模仿，再创造。

概括地说，人的能力是多种多样的，也是千差万别的。个体在活动中的能力水平是不同的，也就是我们平常所说的，每个人都有自己的长处和短处。因此成人要注意因材施教，扬长避短，使每个幼儿都得到较大的发展。

3.幼儿能力的发展

在婴幼儿的能力发展中，运动能力和操作能力居重要地位。儿童从出生起，就具有了运动能力，6个月左右，四肢和身体的运动能力逐渐发展，民间有"三翻、六坐、七滚、八爬"的说法。操作能力最早出现，主要表现在手的动作上。随着年龄的增长，幼儿的运动、操作能力都在逐步发展，在良好的教育及练习下，到幼儿晚期，绝大多数幼儿能够熟练操作剪刀，进行折纸、粘贴等活动，在体育活动中充分显示其运动能力，如跑、跳、攀爬等。

许多研究结果表明，从出生到4～5岁是智力发展最为迅速的时期，包括认知能力、语言能力、模仿能力等的发展。语言能力方面，3～4岁，是语音发展的关键期，这一阶段，幼儿发音不够准确、清晰。能听懂日常生活用语，能表达基本想法和要求，但语句不完整，时断时续，对词义的理解比较表面化和具体化。4～5岁，基本能够发清大部分语音，能听懂日常一般句子和一段话的意思，词汇掌握的数量和种类迅速增加，语言逐渐连贯。5～6岁，能清楚发出母语的全部语音，能听懂、理解更多复杂的句子。掌握表示因果、转折、假设关系的连接词。能用语言描述事物发展的顺序，有意识地组织句子，表达时运用各种语气。

在幼儿期，有些特殊才能也已经开始有所表现，如音乐、体育、数学等。有统计表明，在学前期出现特殊才能的，比以后年龄出现的更多。因此，这个阶段要给幼儿提供良好的环境和积极的教育影响，特别要重视儿童观察力、注意力及创造力的培养，注意发现幼儿的特殊能力倾向，并加以引导。

4.幼儿能力的培养

能力的种类较多，这里重点谈幼儿语言表达能力和创造力的培养。

（1）幼儿语言能力的培养　营造良好的语言学习环境。幼儿口头语言的发展需要幼儿对语言交流感兴趣，首先，成人要充分利用幼儿周围生活的人和物，让他们多多观察，丰富他们的生活经验，为孩子提供说话的材料。其次，要培养儿童良好的倾听习惯，只有注意听、听准确、听得懂，才能正确地模仿发音、说话。我们可以让儿童听歌曲、故事、童谣，听自然界的声音、乐器声、交通工具等各种声音，丰富幼儿的感性经验。交谈时，也要求幼儿注意倾听。成人还要想方设法创设幼儿说话的环境，抓住生活中的各种机会，如饭前饭后、午睡前后、离园之前，随时随地与儿童交谈，鼓励幼儿大胆、清楚地表达自己的想法和感受，学会运用礼貌语言与人交往，表达自己的需要和要求，解决与同伴之间的冲突等。幼儿生活的范围很小，主要就是家庭和幼儿园，所以家长和教师是幼儿模仿的主要对象，这就要求成人特别注意自己的语言表达，咬字清楚、发音准确、辅以自然的表情和恰当的手势，以及运用适当的音量、语调、速度等，给幼儿以良好的示范。

利用专门的教育活动提高幼儿的语言能力。教师可以通过早期阅读、谈话活动、讲述活动以及文学作品学习活动，有目的、有计划地发展幼儿的语言表达能力。例如，文学作品学习活动，可以从一个具体的文学作品，如诗歌、散文、故事入手，让幼儿在理解作品的过程中，欣赏和学习运用文学作品提供的有质量的语言去表达自己的想象和生活经验。

（2）幼儿创造力的培养　及时、正确肯定幼儿的创造行为。苏联教育家苏霍姆林斯基说过："教育技巧的奥妙之一在于，儿童从一个好老师那里很少听到禁止，而经常听到的是表扬和鼓励的话。"人们常常看到幼儿给汽车插上螺旋桨、给太阳涂上蓝蓝的色彩、用积木搭建出各种新奇的造型，这都是他们想象力、创造力的表现，对此，家长、教师要最大限度地给予肯定、支持和鼓励，增强幼儿的自信心。个别教师自身循规蹈矩，缺乏想象，因而对幼儿的创新持否定态度，如某幼儿教师严厉批评幼儿所画的正方形西瓜，强调西瓜是圆形的，这种评价对于幼儿的创造力发展和创新行为十分不利。

利用丰富的游戏材料发展幼儿的创造力。幼儿最喜欢的就是游戏，生活中一张纸、一根绳子、几块石头，都能成为他们的玩具。同样的东西，幼儿能创造出不同的玩法。因此，家长、教师要注意材料的收集，充分利用废旧物品，如洗发水瓶、瓶盖、纸筒、包装箱等，投放到幼儿园的区角或者家庭中的百宝箱中，让幼儿在丰富的材料中，充分发挥自己的想象去研究玩法，提高他们的创造力。

通过设置难题提高幼儿的创造力。生活中，要多给幼儿提出有一定难度的问题，让幼儿在思考问题、提出解决方案的过程中发展思维和创造力。如语言领域教学活动中，通过给故事编结尾、编情节，让幼儿大胆想象。音乐欣赏活动中，在聆听了森林里的音乐之后，让幼儿自己发挥，去表现不同的角色。平时生活中，多问问幼儿"这个该怎么办"，让他们独立思考，想出不同的办法去解决同一个问题。需要注意的是，问题的难度要符合幼儿的最近发展区，尤其是不要过高，难度大，幼儿解决不了，对其自信心会造成一定的影响。

二、气质

1.气质的含义

平时我们说一个人的"脾气"、"秉性"，其实就是指气质。有的人急躁、易怒，有的人沉着、冷静；有的人动作灵活，适应性强，有的人则行动缓慢，适应性差。这些表现反映的就是一个人的气质。

气质是表现在人的心理活动和行为的动力方面的稳定的心理特征。俄国生理学家巴甫洛夫说："气质是每一个人的最一般的特征，是他的神经系统最基本的特征。而这种特征在每一个人的一切活动上都打上一定的烙印。"气质具有稳定性，它表现为不依赖于活动的具体目的和内容。如一个爱激动的人，说话语速会比较快，考试前常常心神不定，比赛时沉不住气，遇到不平就暴跳如雷。不同的场合，活动目的、内容不同，但个体的气质表现却是相对稳定的。气质具有稳定性，还表现在人生的不同时期内，其气质特点是相对稳定的。如幼儿期表现出来的活泼、外向的特点，在以后的生活中也很少改变。

但是，气质也并不是完全一成不变的。因为人的高级神经活动的特点有着高度的可塑性，尤其是幼儿的神经系统正处在发育过程中，其气质往往是先天遗传与后天环境、教育影响的结合体。在生活环境、教育条件的影响下，气质可以被掩蔽，也可以得到一定程度的改造。如有的学生在入学时比较内向、胆怯、害羞，通过做班级干部，逐渐担负一些重要的工作，经过几年的实践，这个学生在很多方面都克服了原有的气质特点，变得主动、开朗、大胆、不怕困难。在集体生活中，按照一定的要求行事，有些动作缓慢的人也可能变得行动迅速起来。

2.气质的分类及表现

气质学说最早源于古希腊医生希波克里特，他对气质的分类方法历史久远，一直影响至今。他认为个体内有四种体液——黏液、黄胆汁、黑胆汁、血液，其配合比率不同，就形成了四种不同类型——胆汁质、多血质、黏液质及抑郁质，每种类型的人都有其各自的典型特征。

（1）胆汁质 这种气质的人，黄胆汁过多，反应速度快，精力旺盛、态度直率、表里如一，但脾气暴躁、不稳重、易感情用事。这样的人能以极大的热情投入工作，并克服工作中的各种障碍，但有时缺乏耐心，当困难大并且需要持续努力时，他们会显得意气消沉、心灰

意冷。如《三国演义》里的张飞。

（2）多血质　拥有这种气质的人是由于血液过多，他们会对一切吸引他们的东西作出兴致勃勃的反应，他们精力充沛、活泼好动、动作敏捷，有较高的可塑性，容易适应新环境，也善于结交新朋友，言语具有表达力和感染力，有着较强的坚定性和毅力。如《红楼梦》里的贾宝玉。

（3）黏液质　这种气质的人黏液过多，稳重有余而灵活性不足、踏实但有些死板、沉着冷静但缺乏生气，情感不易发生，也不易外露。通常遇事不慌不忙，能够有条理、持久的工作，但循规蹈矩，缺乏创新精神。如《西游记》里的唐僧。

（4）抑郁质　这种人由于黑胆汁过多，心理反应速度缓慢，动作迟缓，讲话慢慢吞吞，不善于与人交往。通常表现为多愁善感、优柔寡断、易恐惧畏缩、心神不安。他们的主动性较差，不能把事情坚持到底，但富于想象，具有克服困难的坚忍精神。如《红楼梦》里的林黛玉。

巴甫洛夫通过实验研究，发现四种高级神经活动类型，与希波克里特提出的传统的气质类型相吻合。他根据高级神经活动三种基本特性的结合，对气质类型进行了划分。

高级神经活动有以下三种基本特性。

（1）神经过程的强度　这是指兴奋和抑制的强度，即神经细胞所能承担的刺激量，以及神经细胞工作的持久性。

（2）神经过程的平衡性　这是指兴奋和抑制两种神经过程之间强度的对比。如果兴奋强于抑制或者是抑制强于兴奋，都是不平衡的表现。

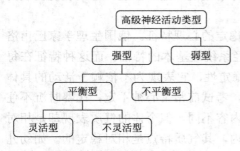

图8-1　高级神经活动类型

（3）神经过程的灵活性　这是指神经细胞的两种神经过程转换的速度。高级神经活动基本特性结合的不同，可以形成四种高级神经活动类型。其中，三种是强型，一种是弱型。强型又可分为平衡型和不平衡型。平衡型再可分为灵活型和不灵活型。详见图8-1。

① 弱型。兴奋、抑制过程都很弱。外来刺激对它来说大都是过强的，因而使其精力迅速消耗，难以形成条件反射。

② 兴奋型。是强而不平衡的类型。其特征是容易形成阳性条件反射，但难以形成抑制性条件反射。

③ 安静型　强而平衡，但不灵活，反应较迟缓。

④ 活泼型　强而平衡又灵活的类型。

以上高级神经活动类型为人和动物所共有的。巴甫洛夫指出，人的大脑皮层的神经系统活动还有第一和第二信号系统之分，因此还可以分为第一信号系统占优势的类型（艺术型）和第二信号系统占优势的类型（思维型）以及中间型。

高级神经活动特性在人的心理活动和行为中的表现，可以从下列几个方面看。

（1）敏感性　即对刺激物的感受性，是神经过程强度的表现。强型的人，其敏感性比弱型者低。

（2）敏捷性　包括不随意动作的反应速度和一般心理反应及心理过程进行的速度。比如讲话的速度、思维的敏捷度、记忆的速度等。神经过程强而灵活的人，反应速度较快。

（3）灵活性　即对外界环境适应的难易程度，如对新事物是否容易接受、情绪的转变、

接触新环境和陌生人时是否拘束、注意的转移等。

（4）耐受性　即对外界刺激作用时间和强度的耐受程度。比如，注意集中的持久性，对长时间智力活动或操作活动的坚持性，对强刺激的耐受性等。弱型的人耐受性比较差。神经过程平衡和有一定惰性的人耐受性较强。

（5）外向或内向　反映了神经过程平衡型问题。兴奋强的人容易外向，抑制强的人容易内向。

从上述几个方面的表现，可以把儿童划分为各种气质类型。表8-1简要说明了四种气质类型的特点。

表8-1　四种气质类型

神经类型	气质类型	心理表现
弱	抑郁质	敏感、畏缩、孤僻
强、不平衡	胆汁质	反应快、冲动、难约束
强、平衡、惰性	黏液质	安静、迟缓、有耐性
强、平衡、灵活	多血质	灵活、活泼、好交际

气质类型有着明显的差别，但这种分类也是相对的，在现实生活中，并不是每个人都能归入某一个气质类型，少数人具有四种气质类型的典型特征，大多数人都属于中间型或混合型，即只是较多地具有某一种类型的特点，却也同时兼有其他类型的一些特点。

3.幼儿气质与教育

气质并没有好坏之分，只表明人与人行为方式的差异，如同水的流动，平原上的河水缓慢流动，回环婉转，高山上的河水则一泻千里，水流湍急。气质仅仅是构成每个人心理独特性的最原始成分，是人的性格和能力发展的前提之一。气质也不决定一个人的成就水平，不同气质类型的人都能以自己特有的动力特征成为对社会有用的人。但它对个体的心理活动及行为有着积极或消极的影响，不正确看待和引导，会成为形成不良个性的因素。因此我们要正确认识幼儿的气质特点，并根据幼儿的气质特点进行培养和教育。

针对多血质幼儿粗心大意、虎头蛇尾、兴趣不定的特点，教师应该注意要求他们在学习中认真细致，刻苦努力，在激发他们多种兴趣的同时，培养中心兴趣。在具体活动中，增强幼儿的组织纪律性，培养他们耐心和专心做事的习惯。多血质幼儿犯错时，成人的批评要耐心细致，具有一定的刺激强度，尤其要做好转化后的巩固工作，防止反复。

胆汁质幼儿为人热情、爽朗、勇敢、主动、进取，但他们性格中也有粗暴、任性、高傲，不善于控制自己情绪的弱点。对于这类幼儿应该要求他们善于控制自己，面对问题沉着冷静、深思熟虑、从容不迫。对他们的教育不能急躁粗暴，应该是慢言细语，实实在在、干脆利落地讲清道理，努力抑制他们的激动状态。

黏液质幼儿一般在班里默默无闻，容易被人忽视，但大多是个性沉稳、有耐心、安静且不妨碍别人的。对于这类幼儿，教师应引导他们多与其他幼儿交往，鼓励他们多参加集体活动，着重培养他们积极、主动、活泼的品质。

抑郁质的幼儿，平时给人以呆板而羞涩的印象，这类幼儿最易出现伤感、沮丧、忧郁、退缩等行为现象。但在友爱的集体和教师的关怀下，又能充分表现出细致、委婉、坚定、富于同情心等优良品质。对这类幼儿，教师要创造条件，安排他们从事有一定困难，需要与他

人交往和配合的活动，多表扬、多鼓励，提高他们的自信心和活动积极性，发展他们的机智、认真、细致的优良个性品质。由于他们比较敏感，所以不宜在公开场合点名批评，批评时点到即可。

三、性格

1.性格的含义

性格是由人对现实的态度和他的行为方式所表现出来的个性心理特征。它是人与人相互区别的主要方面。如：诚实或虚伪、勇敢或怯懦、谦虚或骄傲、勤劳或懒惰、果断或优柔寡断。

性格表现在人对现实的态度和惯常的行为方式中。在日常生活中，人们对待周围的人与事的态度是各种各样的，有的人待人热情，善于关心别人；有的人冷漠，私心重，只顾自己；有的人勤快，有的人懒惰等，这种一个人经常表现出的对人、对己及对事的态度方面的差异，是人性格的一个主要方面。而态度又表现在人的行为方式中，如在工作中出现错误时，有的人敢于承担责任，光明磊落，有的人怯懦退缩，推卸责任，指责他人；当卡车翻车水果撒了一地时，有的人积极帮忙，减少损失，有的人趁火打劫，据为己有。这就是人们对待同一事物的不同态度，并表现在不同的行为中，它们构成了人们的不同性格。态度不同，行为方式不同，人的性格也就大不相同了。

所谓惯常的行为方式，是与一时的、偶然的、情境的区分开的。如某人因工作忙碌而忘记了家人的嘱托，不能说他性格粗心大意；一个偶然的场合表现出胆怯的行为，也不能据此就说他是怯懦的。只有当一个人的态度以及符合这种态度的行为方式比较固定、经常的发生，这种态度和行为方式才具有性格的意义。

2.性格与气质

由于性格与气质相互制约、相互影响，因而在实际生活中，人们经常把二者混淆起来，把气质特征说成性格，或把性格特征说成气质。例如，有人常说某人的性格活泼好动，有的人性子太急或太慢。其实是讲的气质特点，性格与气质是既有区别又有联系的两种不同的个性心理特征。

（1）性格与气质的区别　气质更多地受个体高级神经活动类型的制约，主要是先天的；而性格更多地受社会生活条件的制约，主要是后天的。气质是表现在人的情绪和行为活动中的动力特征（即强度、速度等），无好坏之分；而性格是指行为的内容，表现为个体与社会环境的关系，在社会评价上有好坏之分。气质可塑性极小，变化极慢；性格可塑性较大，环境对性格的塑造作用较为明显。

（2）性格与气质的联系　性格与气质的联系是密切而又复杂的。相同气质类型的人可能性格特征不同；性格特征相似的人可能气质类型不同。具体地说，二者的联系有以下三种情况。

第一，气质可按自己的动力方式渲染性格，使性格具有独特的色彩。例如，同是勤劳的性格特征，多血质的人表现出精神饱满，热情洋溢；黏液质的人会表现出踏实肯干，从容不迫；同是友善的性格特征，胆汁质的人表现为热情豪爽，抑郁质的人则表现出温柔。

第二，气质会影响性格形成与发展的速度。当某种气质与性格有较大的一致性时，就有助于性格的形成与发展，相反会有碍于性格的形成与发展。如胆汁质的人容易形成勇敢、果断、主动性的性格特征，而黏液质的人就较困难。

第三，性格对气质有重要的调节作用，在一定程度上可掩盖和改造气质，使气质服从于

生活实践的要求。如飞行员必须具有冷静沉着、机智勇敢等性格特征，在严格的训练中，这些性格的形成就会掩盖或改造胆汁质者易冲动、急躁的气质特征。

3. 幼儿的性格特点及培养

幼儿最突出的性格特点如下。

（1）活泼好动　幼儿总是不停地做各种动作，不停地变换活动方式。有些家长常说，我的孩子睁开眼睛就没有闲着的时候，这就是幼儿的典型特点。一般情况下，幼儿并不因为自己的不断活动感到疲劳，而往往因为活动过于单调、枯燥而感到厌倦。例如有的教师在教学活动中缺乏教育组织方法，让幼儿一遍又一遍地重复一些儿歌、古诗，幼儿就会十分乏味。好动的特点和幼儿身体发育的特点有关，活动方式的多变符合幼儿生长发育的需要，这种性格特征在幼儿期逐渐和其他品质相结合。好动的特征本身，使幼儿容易形成勤快、好劳动的良好性格倾向。如幼儿喜欢蹦蹦跳跳、走来走去，喜欢搬东西，愿意参加一些力所能及的活动，根据这一特点就可以指导幼儿做一些事情，如扫地、擦桌子、整理玩具、布置教室等，幼儿会很高兴，并且感到很自豪。但如果成人总是干涉、限制，或包办代替，幼儿就可能形成懒惰的性格倾向。

（2）好模仿　好模仿是幼儿突出的性格特点。幼儿模仿性强，喜欢去模仿别人的动作和行为。在幼儿园，一个幼儿唱了一首流行歌曲，很快别的幼儿也模仿学唱；放学的时候，一个幼儿高兴地大喊，其他的幼儿也会笑着一起喊；回到家里，幼儿会模仿老师的样子讲话、讲课等。因此，可以利用它作为教育的一种手段，在生活中给幼儿树立良好的榜样。如组织课堂时，教师可以说："看，乐乐坐得多好啊。"马上就会有很多幼儿腰杆挺直，不必逐个让幼儿坐好。同时，家长、教师还要注意自己的一言一行，潜移默化地影响幼儿，让幼儿在模仿中学习。

幼儿的模仿也和他们的受暗示性有关。幼儿缺乏主见，常常随着外界环境的影响而改变主观的意见，受暗示性强。例如，在对话中，教师问小班幼儿"这个人坏不坏啊？"幼儿通常答"坏"，当幼儿讲述或者回答问题后，教师提出疑问，他们会立刻改变原来的意思。还有一种消极暗示，当幼儿摔倒时，本来没怎么样，成人紧张地问"摔倒了！没事吧？"孩子会立刻哭起来。因此，我们要注意与幼儿对话时，尽量提出一些开放性的问题，少做消极暗示，避免引起不良的后果。

幼儿的认知能力和分辨是非的能力较差，家长、教师应该多以正面教育为主，加强他们的自信心和独立性，使幼儿形成善于学习正确榜样而不去模仿不良行为的性格特点和习惯。否则，其性格将会向受暗示性强和缺乏自信心的方向发展。

（3）好奇，好问　幼儿的好奇心强，很多东西对他们来说都是新鲜的，他们都想看一看、摸一摸。在好奇心的驱使下，幼儿渴望试试自己的力量，做些大人做的事。有些大人禁止做的事情，幼儿也往往要试一试。幼儿的好奇心通常表现在探索行为和提出问题上。幼儿的探索行为比较外露，一般是用眼睛观察，加上用手摆弄。

好问，是幼儿好奇心的一种突出表现。他们经常要问许多个"是什么"和"为什么"，经常不断地追问，具有"打破砂锅问到底"的精神。这与他们的知识经验贫乏有关，成人应该抓住这一点，因势利导。对于孩子的提问应当给予必要的、满意的答复。绝对不能置之不理，对于孩子的提问，家长、教师如果也不能予以正确的答复，可以直接告诉幼儿这个问题我不清楚，与幼儿约定好时间，查完资料再给予解答，不能粗鲁地对待孩子或说孩子多嘴。

幼儿好奇、好问的特征，能得到成人正确的引导，很容易养成勤奋好学、勇于进取的良好性格特征。反之，如果过多约束、指责，甚至对幼儿的提问采取冷漠讽刺的态度，则会扼杀这种性格特征的萌芽。

（4）易冲动　幼儿的情绪容易变化，易冲动，做事缺乏深思熟虑。例如幼儿喜欢擦桌子，但擦桌子的时候急于完成这项任务，常常比较马虎，粗心大意，不大关注擦得是否干净。他们的思想比较外露，喜怒哀乐都写在脸上，这种性格特征被认为是天真幼稚的。其优点是对人真诚、坦率、不虚伪。在此基础上，进行正确的引导和培养，幼儿将会养成既善于思考问题、处理问题，又胸怀坦荡的性格特征。

随着年龄的增长，这些性格的典型性会发生变化，年长后或勤劳或懒惰，或好学或消极，或独立自信或自卑，或沉着冷静或冲动。幼儿期是性格发展和初步形成的时期，虽然还没定型，但却是未来性格形成的基础。我们必须通过环境和教育的影响来引导幼儿的性格向良好的方向发展。

思考与练习

1. 谈谈个性的基本特征。
2. 幼儿的自我意识体现在哪几个方面？
3. 如何培养幼儿的兴趣？
4. 谈谈幼儿创造力的培养。
5. 如何结合幼儿的气质特点进行培养和教育？
6. 幼儿的性格特点有哪些？

马斯洛的需要层次理论

马斯洛需要层次理论，是美国犹太裔人本主义心理学家亚伯拉罕·马斯洛1943年在《人类激励理论》一书中提出的需要层次论，将人类需求像阶梯一样从低到高按层次分为五种，分别是：生理需求、安全需求、社交需求、尊重需求和自我实现需求五类。

1. 需要层次理论

（1）生理需求　这是人类维持自身生存的最基本要求，包括饥、渴、衣、住、性的方面的要求。如果这些需要得不到满足，人类的生存就成了问题。在这个意义上说，生理需要是推动人们行动的最强大的动力。马斯洛认为，只有这些最基本的需要满足到维持生存所必需的程度后，其他的需要才能成为新的激励因素，而到了此时，这些已相对满足的需要也就不再成为激励因素了。

（2）安全需要　这是人类要求保障自身安全、摆脱事业和丧失财产威胁、避免职业病的侵袭、接触严酷的监督等方面的需要。马斯洛认为，整个有机体是一个追求安全的机制，人的感受器官、效应器官、智能和其他能量主要是寻求安全的工具，甚至可以把科学和人生观都看成是满足安全需要的一部分。当然，当这种需要一旦相对满足后，也就不再成为激励因素了。

（3）社交需求　社交需求包括对友谊、爱情以及隶属关系的需求。当生理需求和安全

需求得到满足后，社交需求就会突显出来了。在马斯洛需求层次中，这一层次是与前面两个需求层次截然不同的另一层次。随着我国经济的快速发展，人民生活水平的提高，这一需求表现得越来越明显。

（4）尊重需求　人人都希望自己有稳定的社会地位，要求个人的能力和成就得到社会的承认。尊重的需要又可分为内部尊重和外部尊重。内部尊重是指一个人希望在各种不同情境中有实力、能胜任、充满信心、能独立自主。总之，内部尊重就是人的自尊。外部尊重是指一个人希望有地位、有威信，受到别人的尊重、信赖和高度评价。马斯洛认为，尊重需要得到满足，能使人对自己充满信心，对社会满腔热情，体验到自己活着的用处和价值。

（5）自我实现需求　这是最高层次的需要，它是指实现个人理想、抱负，发挥个人的能力到最大程度，完成与自己的能力相称的一切事情的需要。也就是说，人必须干称职的工作，这样才会使他们感到最大的快乐。马斯洛提出，为满足自我实现需要所采取的途径是因人而异的。自我实现的需要是在努力实现自己的潜力，使自己越来越成为自己所期望的人物。

2.理论关系

一般来说，某一层次的需要相对满足了，就会向高一层次发展，追求更高一层次的需要就成为驱使行为的动力。相应的，获得基本满足的需要就不再是一股激励力量。

五种需要可以分为高低两级，其中生理上的需要、安全上的需要和感情上的需要都属于低一级的需要，而尊重的需要和自我实现的需要是高级需要，而且一个人对尊重和自我实现的需要是无止境的。同一时期，一个人可能有几种需要，但每一时期总有一种需要占支配地位，对行为起决定作用。任何一种需要都不会因为更高层次需要的发展而消失。各层次的需要相互依赖和重叠，高层次的需要发展后，低层次的需要仍然存在，只是对行为影响的程度大大减小。

3.理论价值

关于马斯洛需求层次理论的价值，有各种不同的说法。没有绝对肯定或绝对否定，该理论既有其积极因素，也有其消极因素。

（1）积极因素

第一，马斯洛提出人的需要有一个从低级向高级发展的过程，这在某种程度上是符合人类需要发展的一般规律的。一个人从出生到成年，其需要的发展过程，基本上是按照马斯洛提出的需要层次进行的。

第二，马斯洛的需要层次理论指出了人在每一个时期，都有一种需要占主导地位，而其他需要处于从属地位。这一点对于管理工作具有启发意义。

第三，马斯洛需要层次论的基础是他的人本主义心理学。他认为人的内在力量不同于动物的本能，人要求内在价值和内在潜能的实现乃是人的本性，人的行为是受意识支配的，人的行为是有目的性和创造性的。

（2）消极因素

第一，马斯洛过分地强调了遗传在人的发展中的作用，认为人的价值就是一种先天的潜能，而人的自我实现就是这种先天潜能的自然成熟过程，社会的影响反而束缚了一个人的自我实现。这种观点，过分强调了遗传的影响，忽视了社会生活条件对先天潜能的制约作用。

第二，马斯洛的需要层次理论带有一定的机械主义色彩。一方面，他提出了人类需要发展的一般趋势。另一方面，他又在一定程度上把这种需要层次看成是固定的程序，看成是一种机械的上升运动，忽视了人的主观能动性，忽视了通过思想教育可以改变需要层次的主次关系。

第三，马斯洛的需要层次理论，只注意了一个人各种需要之间存在的纵向联系，忽视了一个人在同一时间内往往存在多种需要，而这些需要又会互相矛盾，进而导致动机的斗争。

花园里的故事

一天，一位国王走进皇家花园，发现所有的花木都快要枯萎了。门口一株橡树对国王说，它不想活下去了，因为它不像松树那样高大和美丽；松树也很灰心，因为它不像桃树那样能结出可口的果实；桃树呢，则恨自己不能像针叶树一样散发芳香。

但是当国王走到一株紫罗兰面前，却看见它生机勃勃地绽开着笑脸。国王问它，为什么在这个大家都很消沉的环境里能这样高兴。它解释说："陛下，我知道，我不过是一株小花，而且，我永远也变不成大树。但是我也知道，你需要一株紫罗兰，才把我种在这里，不然你会在这儿种橡树或松树。所以我决定做我自己———株最好的紫罗兰。"

四种典型气质儿童及其教养方法

一、性格测试

世上没有两片完全相同的叶子，同样，也没有两个完全相同的宝宝，每个宝宝都有自己独特的气质。但是，你知道吗？不同气质的宝宝需要爸妈区别对待哦。

注意：本问卷为单项选择题，请爸妈在每题中选出最像宝宝性格的那个选项，记住在一张纸上记下你的选项哦，这将成为判断宝宝性格的关键资料！

1.你的宝宝在日常生活中：

A.喜好娱乐　　　　B.善于说服　　　　C.坚持不懈　　　　D.适应力强

2.你的宝宝在与人交谈中：

A.露骨　　　　　　B.专横　　　　　　C.观察　　　　　　D.忸怩

3.你的宝宝在人际交往中：

A.善于社交　　　　B.意志坚定　　　　C.不善交际　　　　D.温良平和

4.你的宝宝在处理事务中：

A.健忘　　　　　　B.逆反　　　　　　C.挑剔　　　　　　D.胆小

5.你的宝宝给人的感觉：

A.生机勃勃　　　　B.贯彻始终　　　　C.井井有条　　　　D.愿意听从

6.你的宝宝是否表现出：

A.经常插嘴　　　　B.性情急躁　　　　C.优柔寡断　　　　D.无安全感

7.你的宝宝在游戏中是：

A.发起者　　　　　B.领导者　　　　　C.调解者　　　　　D.聆听者

8.你的宝宝宝是否显得：

A.杂乱无章　　　　B.鲁莽易怒　　　　C.心思细密　　　　D.经常哭泣

9.你的宝宝思维方式为：

A.跳跃性　　　　　B.攻击性　　　　　C.规范性　　　　　D.顺从性

10.你的宝宝是否经常：

A.喋喋不休　　　B.排斥异己　　　C.过分敏感　　　D.抑郁妥协

总计：A（　）个；B（　）个；C（　）个；D（　）个

问卷分析：

根据心理学家们多年的研究发现，每个人身上都可能同时具有4类因子，即活泼、力量、完美与平和因子。而上述问卷中，A选项代表的是活泼因子，B选项代表力量因子，C项为完美因子，D项为平和因子。而每个宝宝身上也可能同时具备活泼、力量、完美、平和4类因子，爸妈可以仔细算一下，若您的宝宝某一类因子数达到3个或更多，就说明他是此类气质的宝宝（如：A选项有4个，那宝宝就是活泼型）。当然，宝宝亦可能是两种因子同时超过3个的复合型宝宝，那他就同时具备这两种气质。

此外，A、B两项所代表的是外向元素，C、D两项则为内向元素。换言之，A、B因子越多的宝宝个性越外向，反之，C、D两项多的宝宝就是比较内向的。外向、内向元素的比差越大，性格倾向就越明显。计算一下，爸妈就可以基本掌握自家宝宝是属于哪一类型啦。我们设定一些小场景，让4大典型气质的宝宝们粉墨登场表演一回，你一定就能看明白了。

1.活泼型宝宝（A选项超过3个）

游戏中的表现：游戏中的创意人、发起人。

碰到新事物的反应：很乐意接受新事物，但很快就会把玩具丢到一边，寻找新目标。

超市购物：比较容易被转移注意力，用其他物品引诱一下可能就忘记刚刚的坚持了。

讲故事比赛：讲起故事来表情丰富，配合着故事情节手舞足蹈，声音洪亮，整个人异常兴奋。

2.力量型宝宝（B选项超过3个）

游戏中的表现：是小领袖，指挥带领大家一起玩。

碰到新事物的反应：很乐意接受新事物，并非常认真地研究这件玩具。

超市购物：不容易放弃。但是会怕爸妈冷处理、不理睬他的需求。

讲故事比赛：讲故事对他来说，就好像完成一件任务一样，干脆利落，力求速战速决，表情镇定自如，非常自信。

3.完美型宝宝（C选项超过3个）

游戏中的表现：从中协调矛盾的人物。

碰到新事物的反应：刚开始对新事物的表现比较冷淡，但一旦开始玩，又会非常专注。

超市购物：要与他讲道理，或许比较费口舌需要辩论。

讲故事比赛：事先会周全准备背景音乐甚至道具，为的就是使故事的情节精彩。讲完故事后，她还会主动鞠躬，说声"谢谢大家"。

4.平和型宝宝（D选项超过3个）

游戏中的表现：跟随在后面模仿大家行动的宝宝。

碰到新事物的反应：对新事物的表现比较冷淡，会畏缩、会向爸妈求助。

超市购物：爸妈拉长脸说句"不能买"可能就会放弃。

讲故事比赛：表情很平静，没有手势和动作，语气很平淡，就好像背书一样完成了讲故事的过程。

如果我们的爸妈来当评委，你觉得你的宝宝是哪种性格？他的表现是特别像活泼型、还是靠向完美型呢？当然如果宝宝是复合型气质的宝宝，爸妈就要细心观察，某一时段某一场景中宝宝是哪种因子在起作用，并且针对宝宝的个性特质进行针对性的教育。

二、四类典型个性小孩教养法

以上是判断宝宝个性趋势的小测试，下面我们针对4种最常见的个性特质给出一些建议，帮助你循序渐进地理顺个性宝宝。

1.爱挑剔的小孩："怎么又吃这个破玩意儿啊！"

爱挑剔的孩子喜欢刚刚坐在汽车座椅里就抱怨："怎么还不到啊？"之后，他会每隔两分钟就重复一遍这句话。他还喜欢经常到厨房里面看一看，视察一下今天晚餐的食谱，然后感叹："怎么又吃讨厌的菠菜啊？"公平地讲，这些挑剔者都是心思细腻、头脑缜密的孩子，他喜欢开动脑筋和观察别人忽略的细节。

（1）就事论事的处理办法　对他表现出你很愿意听他的意见。引导你家的小完美主义者说出他的期望值是什么，这样你才能有做思想工作的机会。对于这个头脑清楚的小人，你不能糊弄他，因为那是在侮辱他的智商，而且会加重他今后的猜疑。所以你不能骗他说那不是菠菜而是西兰花，而是直接告诉他："今天就是吃菠菜鸡蛋，不过饭后有好吃的冰淇淋。"

对于这个喜欢在汽车后座上"装领导"的小家伙，你也可以马上告诉他："我们路上需要7个小时，不过旅途中间我们可以下来散散步。"

（2）天长日久的调整措施　挑剔的孩子通常在某些地方被压抑或者信息受到封闭，因为很多事情不是他能够决定的。所以，你应该尝试给孩子一些决定自己事情的机会：给他介绍哪些CD适于长途旅行，而具体听哪盘由他决定，或者带着他一起买菜，一起商量一份大家都满意的菜谱。

事后，你可以询问他决定一件事情的原因，以此来了解他的想法。记住，每当孩子抱怨的时候，你一定要了解他到底在想什么，这是解决问题的关键。

2.爱耍花招的小孩："爸爸同意我这样做了！"

从某种意义上讲，每个孩子都会经历这个阶段。他们通常会出于自我保护，把责任推给别人。作为家长，我们不能给孩子养成这种习惯。

喜欢耍花招的女孩比男孩多，这些孩子通常心灵手巧，表达能力超强，但内心里他们又缺乏自信，他们诡辩，因为非常需要被人承认。面对刁钻古怪的小家伙，爸爸妈妈最需要做的是发现他的动机，然后向他说明做人要坦率，而不要找这样那样的借口。

（1）就事论事的处理办法　给他摆出事实："我知道是你叫妹妹把电视打开的，因为你怕我说你吧？现在，去把电视关掉。"

说话的时候不要太婉转，态度明确，表达清晰，不让你家的小滑头钻空子："还要买一支喷水枪？昨天在饭桌上，你爸爸不是已经说过不能再买了，而且你也答应了？妈妈记得清清楚楚的！"

（2）天长日久的调整措施　你应该找些原因了，你的孩子为什么总去想方设法获得那些对他有利的东西。这种孩子实际上容易产生妒忌心，他的心里总是会说："为什么别人可以，而我不行？"这时，你应该经常和他谈谈，听听他到底哪儿不满意。如果他耍花招是为了逃避惩罚或者获得更大的好处，那么你应该检讨自己的做法，是不是给了孩子钻空子的机会？

3. 敏感的小孩："这样怎么成呢……"

敏感的孩子总是坐在房间里面叹气，当你问他"你怎么了"时，他会抱以更长的一声叹息然后说："没事。"如果你再接着问："到底是谁惹你生气了？是不是中午没有睡好？"他可能慢慢会说出实情：他做了一个梦，一个让他心情不好的梦。

当然，敏感孩子的感伤来得快去得也快，因为他马上又会被另外一个人、一件事困扰，产生另外一份忧愁，因为他的承受力很弱。

（1）就事论事的处理办法　我们对这样的孩子不用太过小心翼翼，但是和他在一起的时候，应该尽可能细心一些。

如果他又表现出不太高兴的情绪，你应该想到他一定是出于什么原因而感到自己受伤害了。比如他觉得自己是没有受到公正的对待，或者他的某些要求被大人忽视。如果是这样的话，你应该向他道歉，然后把他重新拉回日常生活的轨道。

如果你确认敏感的孩子没有任何原因地嘟嘟囔囔，你就应该装作没有看见。他并不能因为敏感，就获得特权。慢慢的他就会理解，如果自己总用抱怨对待生活的话，就将什么也得不到。

（2）天长日久的调整措施　敏感孩子的内心其实通常是矛盾的，他也怀疑自己对世界的看法是不是正确，所以你应该经常和他谈论你的心情和感受。爸爸妈妈不必太在意，因为这其实也是孩子引起别人注意的一种方式。所以你们要以最常态的口吻对待他，时间长了之后，他就会学到正常的表达方式，并且明白有话就好好说，一样可以得到大人的重视。

4. 迷迷糊糊的小孩："我这是在哪儿呢？"

幼儿园小朋友一起外出的时候，他准是最后一个出来的，磨磨蹭蹭不知道在想什么。当你让他帮你拿衣架的时候，他却端着这些东西溜达到他的房间里去。他随手把玩具放在路过的某个地方，然后又跑来问你："妈妈我的玩具去哪儿了？"迷迷糊糊的小孩往往把想象和实现生活割裂开来，然后犯一些低级错误。

不过如果你给他一个艰巨的任务，他反而能完成得特别好。他做事可能非常慢，但是很用心，成绩也比较突出。当他碰到不能处理或者不感兴趣的事情时，他便重新回到自己的世界中。

（1）就事论事的处理办法　对他尽可能多付出行动，而少使用语言。比如当你需要他帮你收拾屋子，直接把抹布递给他就好了。如果一个小时之后他还在房间里愣着，那么你就应该带领他一起完成工作。如果他正在进行一件你认为比较重要的事情，比如练琴，那么你最好一直坐在他身边督促，随时提醒他回到现实中。

（2）天长日久的调整措施　对于爱走神的孩子，你应该分析一下他每天的运动量是不是足够，能否充分消耗他的体力。你应该每天给他安排一两件需要集中精力做的事情，用来锻炼他的专注力。除此之外，你还应该去发现他对什么事情比较用心。有些孩子会完全沉浸在童话世界里面或者是某种想象里面，你可以尝试走进他的世界。

（文章来自39健康网）

实践在线

1.请运用兴趣和需要的有关知识对下面的材料加以分析。

一天下午，我带孩子们去户外做游戏。当我把游戏场地布置好，准备叫孩子们做游戏时，发现有一群孩子围成一团，兴奋地讲什么事。我不停地喊叫："快过来，过来，游戏要开始了……"可孩子们好像没听见，还在一旁说着。我想了想，悄悄走过去，一看，他们正围着一只蜗牛说笑着。于是其他孩子也开始了找蜗牛的行动。我站在那里，听着小朋友的讨论。过了一会儿，涵涵发现了我，高兴地说："老师，你看，这是我发现的蜗牛。"于是，孩子们你一言我一语地争着告诉我，"我发现蜗牛的头上有两对角"，"蜗牛喜欢吃……"

我被孩子的兴趣感染了，也加入到他们的队伍中去，引导孩子观察蜗牛的外形，告诉他们一些有关蜗牛的知识。接着，我让孩子们观察蜗牛的爬行，并学它的样子走路。孩子们高兴地看着、学着。最后我请一名孩子把蜗牛拿到自然角去饲养，告诉孩子们："我们把蜗牛放在自然角的桌上，等我们做完游戏再来看看，有什么变化"。于是，我又领着孩子们在场地上玩游戏。我把游戏的内容改为"蜗牛赛跑"。孩子们玩得很开心。

游戏结束后，孩子们迫不及待地回到教室，惊奇地发现蜗牛爬到了另一端。我引导幼儿观察蜗牛爬过的地方有什么不同。孩子们高兴地说："有一条长长的线。""对了，这就是蜗牛的腹脚分泌的黏液。黏液黏在桌上，就会留下一条白线……"孩子们听得津津有味。

2.请分析下面这四个幼儿的气质类型。

地点：某电影院门口。

时间：演出开始10分钟后。

人物：查票员、四个迟到的幼儿。

情节：幼儿园组织学生看电影，电影院规定演出开始10分钟后不许入场。4位迟到者面对查票者其表现各不相同。

第一个幼儿：大哭大闹，怒发冲冠，情绪不能安抚。

第二个幼儿：讨好检票员，找机会溜进去。

第三个幼儿：不吵不恼，安静离开并自言自语"不看就不看吧"。

第四个幼儿：胆怯、一言不发、垂头丧气、十分委屈，认为自己总是很倒霉。

3.请从幼儿和教师的角度对下面的案例进行分析。

幼儿园小班的数学课，教师带领幼儿练习点数"2"。

教师问一个幼儿："请你数数，你有几只眼睛。"

幼儿："我有3只。"

教师生气了，说："你还4只呢。"

幼儿赶快答："哦，4只。"

教师："还8只呢。"

幼儿："对对，8只。"

教师忍不住笑出声，幼儿以为答对了，也咧开嘴笑起来。

第九章

幼儿的人际交往

只要是生活在现实社会之中的人，都不可避免地要与他人交往，从而不断地受他人影响，也不断地影响他人，形成纷繁复杂的人际关系。有人估计，一个人每天除了8小时睡眠以外，其余16小时中有70%的时间是在进行人际交往，可以毫不夸张地说，人际交往构成了人生的主要内容。孩子从小就表现出与人交往的需要：当妈妈喂婴儿吃奶时，用"呵呵"的声音与婴儿交往，孩子会用眼睛看着妈妈或以笑作答；当孩子开始对母亲的爱抚报之以动作或微笑时，就开始了人与人之间的交往。研究表明，成年后的人际关系状况，往往与幼年时的人际交往能力有着密切的联系，因此，本章在介绍人际交往的含义、原则、影响因素等的基础上，重点对幼儿亲子关系、同伴关系、师幼交往等内容进行分析，并提出了切实有效的提高幼儿人际交往能力的方法。

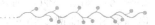

第一节　人际交往概述

美国著名心理学家拿破仑·希尔经过20年的不断努力，对包括福特、罗斯福、洛克菲勒等著名人士在内的500多位成功者进行了深入的研究，其结果为：成功＝人际关系（75%）＋业务能力（20%）＋机遇（5%）。由此可见，良好的人际关系是成功的第一要素。

一、人际交往的含义

"人际关系"作为专用名词，是在20世纪初由美国人事管理协会最先提出来的。早在1933年美国哈佛大学教授梅奥创立的人群关系论中就系统阐述过人际关系。良好的人际关系是社会生活正常运行的润滑剂，能使我们在温馨宜人的环境中愉快地学习、生活和工作。

人际交往主要是指人与人之间的交流和来往。也有人认为它是人与人交往关系的总称，包括亲属关系、朋友关系、学友关系、师生关系、雇佣关系、战友关系、同事关系等。还有人认为人际交往也称人际沟通，指个体通过一定的语言、文字或肢体动作、表情等表达手段

幼儿心理学

将某种信息传递给其他个体的过程。

虽然人们对人际交往的概念有不同的理解，但总的来说人际交往包含两个方面的含义：首先，从动态的角度看，指人与人之间的信息沟通和物质的交换，即通常人们所说的人际沟通或人际交往，人与人之间一切直接或间接的相互作用，都超不出信息沟通和物质交换。当我们与别人交谈时，我们就是在与别人进行信息沟通；而我们买东西、送别人礼物或进行其他物质交换时，我们此时的相互作用既有物质的交换，也有信息的沟通。其次，从静态的角度看，人际交往指人与人之间通过动态的相互作用形成起来的情感联系，即通常所说的人际关系。这种关系是通过直接交往所产生的情感积淀，是人与人之间相对稳定的情感纽带。正因为如此，人际关系是人与人之间最具普遍性的联系，它对于人的生活与发展有着根本性的影响❶。

人是社会动物，每个个体均有其独特的思想、背景、态度、个性、行为模式及价值观，然而人际关系对每个人的情绪、生活、工作有很大的影响，甚至对组织的气氛、沟通、运作、效率及个人与组织的关系均有极大的影响。通常人际交往有赖于以下条件。

（1）传送者和接受者双方对交往信息的一致理解。

（2）交往过程中有及时的信息反馈。

（3）适当的传播通道或传播网络。

（4）一定的交往技能和交往愿望。

（5）对对方时刻保持尊重。

二、人际交往的意义

1. 人际交往是人身心健康的需要

我国著名的医学、心理学专家丁瓒教授曾指出："人类的心理适应，最主要的就是对人际关系的适应。"人际关系代表着人的心理适应水平，是心理健康的一个重要标志，而人际交往不良常常是心理疾病的主要原因，与人发生冲突会导致精神紧张、抑郁，不仅可致心理障碍，而且可刺激下丘脑，使内分泌功能紊乱，进一步引起一系列复杂的生理变化。许多身心疾病，如冠心病、消化性溃疡、甲状腺功能亢进、偏头痛、月经失调和癌症，都与长期不良情绪和心理遭受强烈的刺激有关。

如果缺乏必要的交往会导致心理负荷过重。大量的研究证实，离群索居会使人产生孤独、忧虑，可导致心理障碍。有的国家以限制人际关系、实行心理隔离作为惩罚罪犯的手段，经过数年隔离，罪犯轻者出现心理沮丧，失去语言能力，重者可患精神分裂症。缺少正常人际交往的孩子，往往会表现出如下适应困难：拘谨胆小、害羞怕生、孤僻退缩，或自我中心、不能合作、任性攻击。常言说：多个朋友多条路，每个人都有快乐和忧愁，快乐与朋友分享会更快乐，忧愁向朋友倾诉就可以减轻焦虑，倾诉的过程就是减轻心理压力、缓解心理紧张的过程。人际交往中的尊重、分享、合作、关心则是预防和治疗这类心理问题的灵丹妙药。

2. 人际交往是人获得安全感与归属感的需要

良好的人际关系能够使人获得安全感和归属感，给人精神上的愉悦和满足，促进身心健康。社会心理学家所做的大量研究提示，与人交往是获得安全感的最有效途径。心理学家埃德·迪纳和马丁·塞利格曼进行过这样一项研究：他们以大学生为研究对象，对大学生的幸

---

❶ 中国青少年发展服务中心编.心理健康辅导.北京：世界图书出版社，2005.

福感做调查。首先，他们要求被调查的学生列出自己感觉幸福的程度。然后，他们将自我感觉最幸福的学生和感觉一般及感觉最不幸福的学生的各个方面进行比较，结果发现：主观幸福感最高的学生共同并且独有的一点是他们有非常好的人际关系。最幸福的学生少独处，他们比主观幸福感一般或较低的学生更为开朗、更为友善，也感觉到较少的压力。这样，他们对自己的生活非常满意，在生活中体验到更多的积极情绪。

我们有这样的体验：当面临危险的情境而感到恐惧时，与别人在一起可以直接而有效地减少恐惧感，感到安宁与舒适。有人研究过战场上与部队失散的士兵的心理，发现最令散兵恐惧的不是战场的炮火硝烟，而是失去同战友联系的孤独。一旦一个散兵遇到自己的战友，哪怕其完全失去了战斗力，也会感到莫大的安慰，其独自一人时的高度恐惧感也会大大减轻甚至消失。

3.人际交往是个性保持健康的基本条件

美国人格心理学家、实验社会心理学之父奥尔波特指出，个性成熟的人都同别人有良好的交往与融洽的关系，他们可以很好地理解别人，容忍别人的不足和缺陷，能够对别人表示同情，具有给人以温暖、关怀、亲密和爱的能力。

心理学家发现，在人为的孤立环境下成长的猴子会形成许多心理缺陷，他们性格孤僻，胆小。对这种状况最有效的治疗手段就是让他们与正常的同龄猴子一块玩耍，过不了多久，这些问题猴子就会变得正常起来，动物如此，何况人类。如果一个人长期缺乏与别人的积极交往，缺乏稳定而良好的人际关系，这个人往往就有明显的性格缺陷。心理学家专门研究了身体、智力和心理健康水平都很优秀的宇航员、研究生和大中学生，得出了一个共同的结论，即心理健康水平高的人同别人的交往以及人际关系都很好。他们有着一系列有利于积极交往和建立良好人际关系的个性特点，如友好、可靠、替别人着想、温厚、诚挚、信任别人等。在临床实践中也发现，绝大多数青少年的心理问题，都是与缺乏正常的交往和良好人际关系相联系的，那些心理健康水平高者，往往来自于人际关系状况良好的幸福家庭，这从一个侧面提供了人际关系状况影响个性发展和健康的佐证。

4.人际交往是人的本能需要

人类的祖先——古猿的自我保护能力很差，他们没有锐利的牙齿和爪子来充当自卫的武器，奔跑的速度也不如其他动物，因此他们要生存、保护自己、繁衍后代，就必须群体活动，依靠集体的力量来抵御敌害与灾难。经过长期的进化，古猿逐渐形成了群集的习性，并通过种族繁衍传给后代，因此人们天生就有与别人共处、与别人交往、与别人保持良好关系的需要。也只有与群体中的其他人保持良好的关系，人才能真正具有安全感。

5.人际交往是了解自己的一个重要途径

在20世纪初，美国社会学家库利发现，个体对自己的认识是先从认识别人的评价开始的。别人对个体的评价、态度，包括对待他们的行为方式就像一面镜子，使个体从中了解了自己，界定了自己，并形成了相应的自我概念。如果一个人被他的父母喜爱，被他的老师重视，被他的朋友认可，大家都愿意和他交往，那么这个人就一定会认为自己是一个具有某些令人喜爱的品质的人。

"人贵有自知之明"，自我认知是人际交往的基础，一个人如果不了解自己，就会产生错误的认知和行动。把自己看得过高会产生自傲心理，把自己看得过低会产生自卑心理；太过自信会变得以自我为中心，太不自信会变得羞怯。只有恰当地估计自己的能力和特点才能从

容自如地与别人交往，而恰当地估计自己的能力和特点的前提就是在与他人交往的过程中不断地发现自己，认识自己，最终完善自己。

三、人际关系的建立与发展

人际关系的建立和发展有一定的规律，可以沿着预计的轨道发展。勒温格等人认为，关系的发展有三个阶段：第一是单向注意阶段，这种类型的人际关系只包含交际双方微乎其微的接触，始终只有一方对另一方的了解，而没有任何实际交往，我们的社会性关系大多属于这种类型。第二是表面接触阶段，双方有初步的、浅层的互动，但是还没有相互卷入，也就是说没有走进彼此的私人领域。人们在这种关系中基本上是以严格规定了的角色来进行交往的，比如同售货员、服务员等人所发生的接触就属于这种水平，一般的泛泛之交就停留在这一阶段。第三是相互卷入阶段，双方向对方开放自我，分享信息和感情，这是友谊发展的阶段。

阿特曼等人提出了社会渗透理论（social penetration theory）来解释关系发展的过程。他们认为人际交往主要有两个维度：一是交往的广度，即交往或交换的范围；二是交往的深度，即交往的亲密水平。关系发展的过程是由较窄范围内的表层交往向较广范围的密切交往发展。人们根据对交换成本和回报的计算来决定是否增加对关系的投入。良好的人际关系的发展，一般经过四个阶段：定向阶段、情感探索阶段、情感交流阶段、稳定交往阶段。

1.人际关系的建立与发展阶段

（1）定向阶段 人生是有限的，不可能广泛与每个人建立关系，选择是建立人际关系的第一步。进入一个交往场合时，人们往往会选择性地注意某些人，而对另外一些人视而不见，或者只是礼貌性地打个招呼。对于注意到的对象，人们会进行初步的沟通，谈谈无关紧要的话题，这些活动，就是定向阶段的任务。在这个阶段，人们只有很表层的自我表露，例如谈谈自己的职业、工作、对最近发生的新闻事件的看法等。根据观察决定是否与之发展相互关系，了解对方是否愿意与自己发展关系。

人际关系的定向阶段，其时间跨度随不同的情况而不同。邂逅相遇而相见恨晚的人，定向阶段会在第一次见面时就完成。而对于可能有经常的接触机会而彼此又都有较强的自我防卫倾向的人，这一阶段要经过长时间沟通才能完成。

（2）情感探索阶段 如果在定向阶段双方有好感，产生了继续交往的兴趣，那么就可能有进一步的自我表露，例如工作中的体验、感受、对某些事情的看法等，这时，通常我们与之交往的对象多数均保持在表面接触阶段。因为交往初期的接触只能是表面的，开始就进行坦诚的情感交流是不现实的。但在这一阶段，双方有一定程度的情感卷入，但交往的话题仍避免触及别人私密性的领域，交往的模式仍与定向阶段相类似，还会受到角色规范、社会礼仪等方面的制约，比较正式。

这一阶段的目的，是彼此探索双方在哪些方面可以建立真实的情感联系，而不是仅仅停留在一般的正式交往模式。自我暴露的深度与广度也逐渐增加。

（3）情感交流阶段 如果在情感探索阶段双方能够谈得来，建立了基本的信任感和安全感，就可能发展到情感交流的阶段。此时，双方关系较为密切，会谈论一些相对私人性的问题，进行真诚的赞许或批评，情感卷入也比较深。例如相互诉说工作、生活中的烦恼，讨论家庭中的情况等。

在这一阶段，双方的关系已经超越了正式交往的范围，比较放松自在，没有多少拘束，逐渐无话不说，并提供真实的评价性反馈信息，相互欣赏，建立友谊。如果关系在这一阶段破裂，将会给人带来相当大的心理压力，出现焦虑、痛苦等情绪。

（4）稳定交往阶段　情感交流如果能够在一段时间内顺利进行，就有可能进入稳定交往阶段，在这一阶段，人们心理上的相容性会进一步增加，双方在认知、情感和行为上均达到相当一致，关系比较稳定，允许对方进入自己高度私密性的个人领域，可以分享各自的生活空间、情感、财物等，自我暴露广泛而深刻，相互关心也更多。

"人生得一知己，千古知音最难觅"，一般来说，能够达到这种境界的关系相当少，这也就是人们常说的许多人同别人的关系并没有在第三阶段的基础上进一步发展，而是仅仅在第三阶段的同一水平上简单重复。当然，这一阶段双方并非没有矛盾，有了矛盾，彼此间如能相互尊重，相互谅解，求同存异，就能将矛盾化解，亲密相容的关系也能更稳固、更长久地保持。

上述阶段人际关系状态及其相互作用水平如表9-1所示。

表9-1　人际关系状态及其相互作用水平

图解	人际关系状态	相互作用水平
○ ○	零接触	低
○→○ ○⇄○	单向注意 双向注意	↓
○○	表面接触	
◯◯	轻度卷入	
◯◯	中度卷入	
◯◯	深度卷入	高

（引自：中国心理卫生协会.心理咨询师.北京：民族出版社，2005.）

2.人际关系的瓦解

每个人都希望拥有良好的人际关系，长久地享受美好的爱情、友谊。然而遗憾的是，在一个人所交的朋友中，很多都是或早或迟地分道扬镳了。人际关系从融洽开始瓦解，到最后结束，大约经历分歧、疏远、冷漠、逃避和终结五个阶段。

3.影响人际关系的因素

在日常生活中，人们经常与各类人交往。其中，有人很贴心，有人则很疏远；有人一看就喜欢，而有的人怎么看都不顺眼；有人越交往关系越亲近，也有人会变得越来越冷漠。可见，在交往中，人与人之间的心理距离是不同的。

人际吸引是个体与他人之间情感上相互亲密的状态，是人际关系中的一种肯定形式，按吸引的程度，人际吸引可分为亲和、喜欢和爱情。亲和是较低层次的人际吸引，喜欢是中等程度的吸引，爱情是最强烈的人际吸引形式。

影响人际吸引的因素有很多，在这里只介绍几点。

（1）熟悉与邻近　熟悉能增加吸引的程度。在其他条件大致相当的情况下，人们会喜欢

幼儿·心理学

和自己邻近的人。人与人空间距离接近，见面机会较多，就容易建立友好的关系。如同一寝室的室友、同桌同学、邻居都有较强的吸引力。

美国社会心理学家费斯汀格有一项著名的研究，是关于空间距离与人际关系的：他调查了一个住宅区的"友谊模式"。这个小区的住户都是偶然搬进去的，之前一般相互都不认识。调查的问题是这样的："在这个社区的社交活动中，你最亲近的是哪三个人？"结果表明：距离越近的住户关系越密切。其中41%的人选择了同一层最近的邻居，22%的住户选择了隔壁的邻居，只有10%的人选择了距离很远的邻居。

（2）交往频率　交往频率是指人与人之间在单位时间内相互接触次数的多少。一般说，交往频率增高，人际吸引就越强。但也有研究指出，交往频率与喜欢程度的关系呈倒U形曲线，过低与过高的交往频率都不会使彼此喜欢的程度提高，中等交往频率时，彼此喜欢程度较高。

（3）仪表风度　容貌、体态、服饰、举止、风度等个人外在因素在人际情感中的作用也是很大的。尤其是接触初期的第一印象往往会成为人们决定是否继续交往的基础，美国社会心理学家沃尔斯特以明尼苏达大学的新生为研究对象，做了一项研究，结果显示：无论男生还是女生，均把外貌作为喜欢的首要原因，而才华和社会交往能力仅给予考虑。但是随着时间的流逝，相貌的"威力"开始减少，人们会更关注个人的品质、能力等特征。

（4）相似性　物以类聚，人以群分。人们通常喜欢与那些在态度、价值观、社会地位、兴趣爱好及教育程度等方面与自己类似的人交往，这样可以找到更多的共同点，更能被对方接纳和认同。

美国心理学家阿龙森认为，观点的相似性能对人际关系产生有利的影响，是因为当人们发现别人的观点与自己的相邻近时，会造成一种"我是正确的"的奖励效果，从而使人更喜欢与自己意见相同或相近的人交往。实际的相似性很重要，但更重要的是双方感知到的相似性。

（5）互补　互补式吸引是交往的双方在交往的过程中每个人的需要都得到满足的人际吸引状态。当交往双方的需要和满足途径正好形成互补关系时，双方会产生强烈的吸引力。这种互补可以表现在需求、利益、社会角色、人格特征、思想观念等诸多方面。人们发现，能言善辩的人可能会和沉默寡言的人建立友好的关系，性格外向的人可能会和内向的人成为朋友。

（6）心理品质　心理品质是人际吸引中深层的稳定的因素。人们一般都喜欢与热情开朗、富有幽默感和同情心的人交往，而不喜欢与冷漠、古板、心胸狭隘、居心叵测、自私的人交往。美国心理学家安德森认为，真诚受人欢迎，不真诚则令人厌恶。如表9-2所示。

表9-2　个人品质吸引表

最令人喜欢的性格品质	最令人讨厌的性格品质
1. 诚实	1. 说谎
2. 正直	2. 虚伪
3. 通情达理	3. 庸俗
4. 忠实	4. 暴戾
5. 耿直	5. 不老实
6. 可信	6. 不可信赖
7. 聪明	7. 不愉快
8. 可喜	8. 心术不正
9. 开朗	9. 自卑
10. 深思熟虑	10. 欺骗

（引自：彭贤.人际关系心理学.北京：清华大学出版社，2008.）

（7）对等性吸引　人们有一种心理倾向，即喜欢那些喜欢自己的人，被喜欢者对喜欢者的评价与喜欢者对被喜欢者的评价是对等的，这就是对等性吸引规律的表现。这种规律除了评价态度外，还表现在自我暴露的对等和尊重相容的对等上。

在日常生活中，我们要充分利用人际吸引的规律，建立和保持和谐融洽的人际关系。

4.人际距离

人际距离是指个体之间在进行交往时通常保持的距离。由于人们的关系不同，人际距离也相应地不同。美国人类学家霍尔认为"人际距离"可分为4种。

（1）亲密距离　15～45厘米，通常用于父母与子女之间、情人或恋人之间，在此距离上双方均可感受到对方的气味、呼吸、体温等。

（2）个人距离　45～120厘米，一般是用于朋友之间，此时，人们说话温柔，可以感知大量的体语信息。这是在进行非正式的个人交谈时最经常保持的距离。和人谈话时，不可站得太近，一般保持在50厘米以外为宜。

（3）社会距离　120～350厘米，用于具有公开关系而不是私人关系的个体之间，就像隔一张办公桌那样。如上下级关系、顾客与售货员之间、医生与病人之间等。

（4）公众距离　350～750厘米，用于进行正式交往的个体之间或陌生人之间，这时的沟通往往是单向的，一般适用于演讲者与听众、彼此极为生硬的交谈及非正式的场合。在商务活动中，根据其活动的对象和目的，选择和保持合适的距离是极为重要的。

美国学者研究认为，与爱人约会的时候，距离最好不要超过46厘米，否则对方会觉得受到了你的冷落。与同事或领导讨论公事，最佳的空间距离为122～213厘米：大于这个距离，对方会误认为你态度不认真；小于这个距离，对方会觉得你有逼迫之意。

最佳距离的多少还与交往者的文化背景有关。如与美国人交谈，距离不得小于60厘米，否则他会觉得你不友好；与阿拉伯人交往，就要小于60厘米，否则他也会觉得你不友好。

四、人际交往的一般原则

每个人都希望自己能够得到他人的认可与接受，能够与周围的人友好相处，能够获得长久稳定的友谊和爱情，但在现实的交往过程中，总是或多或少地存在着一些不尽如人意之处，影响了人际交往的正常进行。在社会上，尽管人际关系微妙复杂，每个人的交往动机、要求和期望差别巨大，但其中是有原则可以遵循的。

1.平等原则

首先，在人际交往中总要有一定的付出或投入，交往的两个方面的需要和这种需要的满足程度必须是平等的，不付出只要求回报是不现实的，一门心思地对他人好，不要求回报，有时候也违反了平等原则。如果想帮助别人，而且想和别人维持长久的关系，那么不妨适当地给别人一个机会，让别人也能有所回报，这样才能让他（她）感觉到在交往中所处的位置是平等的，有些人在交往中过于主动、热情、大方，认为这样做一定会使友谊得到巩固和加强，殊不知，这样的"过度投资"，不给对方任何回报和补偿的机会，无形中就打破了双方在交往中的平等地位，使对方产生很大的心理压力，对继续交往产生逃避的心理。

其次，交往双方的社会角色和地位、影响力、对信息的掌握等方面往往是不对等的，这会影响双方形成实质性的情感联系。平等交往主要指交往双方态度上的平等，每个人都有自己独立的人格和做人的尊严。在交往过程中，如果一方居高临下、盛气凌人、颐指气使，那

么他很快便会遭到孤立。坚持平等的交往原则，就要正确估价自己，不要光看自己的优点而盛气凌人，也不要只见自身弱点而盲目自卑，要尊重他人的自尊心和感情，而不能"看人下菜碟"。

最后，与人交往应做到一视同仁，不要爱富嫌贫，不能因为家庭背景、地位职权等方面的原因而对人另眼相看。平等待人就是要学会将心比心，学会换位思考，只有平等待人，才能得到别人的平等对待。

2.双向性原则

指信息沟通的双方在沟通过程中应该保持信息的互动，形成对信息的相互传递和相互理解，这样才能达到良好沟通的目的。如果在与他人沟通时只顾自己说，容不得他人插话或者发表意见的话，会让对方感觉被动，从而达不到良好沟通的效果。所以，人际沟通过程中一定要注意信息的你来我往。

3.相互性原则

人际关系的基础是彼此间的相互重视与支持。任何个体都不会无缘无故地接纳他人。喜欢是有前提的，相互性就是重要的前提，人际交往中的接近与疏远、喜欢与不喜欢都是相互的。

4.及时性原则

即在沟通中讲究实效。沟通不仅是传递信息的过程，而且对信息的传递必须及时，这样才能增强沟通的效果。如果沟通者传递给对方的信息都是过时或者陈旧的，必然会使对方的沟通兴趣下降，甚至产生厌烦感。

5.适时性原则

适时性原则是指在沟通中把握恰当的沟通时机，如果发现对方明显处于情绪低落的状态，最好避免与其沟通，待其情绪稳定后再说。

6.宽容原则

不管人们如何谨慎，在人际交往中，都不可避免地会出现不和谐的音符，"严于律己，宽以待人"是维持良好人际关系的一件法宝。

在日常生活中，每个人都有做错事讲错话的时候，都可能无意中伤害到别人，如果这时不退让，斤斤计较，不仅会使自己的情绪变坏，造成心理波动和失衡，还会激起对方的不良情绪，造成矛盾对立和激化，使冲突加剧，甚至会导致关系破裂，无法补救。正确的做法是，对于非原则性的问题，不要用"放大镜"来照对方的不足之处，要持宽容忍让的态度，能够容得下别人的某些缺点和不足，尊重别人那些和自己不同的兴趣和行为习惯。雨果说："世界上最广阔的是海洋，比海洋更广阔的是天空，比天空更广阔的是人的心灵。"正所谓退一步海阔天空。人不犯我，我不犯人。人先犯我，礼让三分。不要因为一些小事而陷入人际纠纷，这样会浪费很多时间，同时也变得很自私自利，变得很渺小。要主动与人交往，广交朋友，交好朋友，求同存异、互学互补、处理好竞争与相容的关系，更好地完善自己。

7.诚实守信原则

诚实是做人的基本品质，是人们相互信赖和友好交往的基石。美国心理学家安德森对关于个性品质的喜爱程度进行研究后发现，在最受人们欢迎的个性品质中，排在最前面的五个品质都与"真诚"品质有关。而排在最后、最受排斥的品质又都不同程度地与"不真诚"有关。由此，我们可以得出这样的结论："真诚"是最受人欢迎的个性品质，"不真诚"则是人们最为厌恶的个性特征。而每个人都喜欢和诚实正派的人交朋友。因为这样，他会有安全感，不必心存疑虑。只有真诚待人，才能产生感情的共鸣，收获真正的友谊。没有人会喜欢虚情假意、口是心非的人，朋友交往切忌小心眼，耍小聪明。有些人往往因这一点，日后被朋友识破而失去朋友的信赖。

交往离不开信用。信用指一个人诚实、不欺、信守诺言。古人有"一言既出，驷马难追"的格言。在与朋友交往中，要取得朋友的信赖，就应言行一致，信守诺言。守信就要言行一致，说到做到；守信不能轻易许诺，答应别人的事要尽量做到，做不到的要讲清楚，以赢得对方的理解。在人际交往中，人们可以容忍别人的缺点与失误，但却无法忍受虚伪和欺骗。如果一个人常常失信于人，必然会引起他人的反感、厌恶，阻碍正常的交往。只有真诚的态度才有助于交往的有效进行，它能够给别人提供一个安全和自由的气氛，使双方可以没有任何戒心、放心大胆地进行交流。

8.互利合作原则

指交往双方的互惠互利。人际交往永远是双向选择，双向互动。你来我往交往才能长久。当一方需要帮助时，另一方要力所能及地给对方提供帮助。这种帮助可以是物质方面的，也可以是精神方面的，可以是脑力的，也可以是体力的。人们交往的动机在于使社会了解自己，承认自己，同时获得个体所需要的利益，交往所追求的目的就是维持一种"我为人人，人人为我"的互利关系。交往双方若在满足对方需要的同时，也得到了对方的报答，人际关系就能继续发展，若交往只想获得而不给予，人际关系就会中断。只有单方获得好处的人际交往是不能长久的。

9.尊重原则

美国心理学家马斯洛在他的需要层次理论中把尊重的需要列入人的高级需要，认为每个人都有自己的人格尊严，并期望在各种场合中得到尊重。尊重能够引发人的信任、坦诚等情感，缩短交往的心理距离。生活在大千世界中的人在性格、爱好、能力等方面存在着很大的差异，对事物、问题的认识与理解也不尽相同。因此，要尊重别人的生活习惯、兴趣爱好、人格和价值。不能以自己为标准来要求朋友，吹毛求疵，古人语"敬人者，人恒敬之"，只有尊重别人才能得到别人的尊重。

尊重别人，一定要在大庭广众下给人留足面子，不要做有损对方颜面的事；尊重别人，就要将心比心，设身处地地为他人着想，这样才能真正了解对方，找到和他沟通的适当方法；尊重别人，就要肯定别人的成绩，并真诚地为他的成绩高兴，使对方感觉到你在重视他，这样他才会真正喜欢你。

❀克服不良的交往行为和习惯，建立良好人际关系❀

每个人都希望自己有更多的朋友，特别是希望结交有能力、有作为的朋友。有的人社交能力并不差，可就是人缘不好，交不上知心朋友。遇到困难时没有人关心。有的人交际能力并不强，但是由于对人憨厚，待人真诚，却结交了不少的朋友。人际关系的好坏，取决于主体、客体和情境三方面的因素。一个人如果在工作场合或社交场合没人愿意同他交朋友，他肯定存在许多不良的交往行为，无法引起他人的好感。人际关系不好，首先要从自己身上找原因，以下的不良交往行为，都是必须努力克服的。

1. 自高自大，以夸耀来掩饰自己

心理学家认为，一个人想得到而没有办法得到，又怕人看不起，就只好打肿脸装胖子。例如经常挟名人以自重，常以"某某人是我的朋友"来抬高自己的身价。

2. 趋炎附势

有的人过分势力，对上求荣，对下欺压，缺乏坚持正义的风格，认为交朋友的目的就是为了"互相利用"，因此他们只结交对自己有用、能给自己带来好处的人，而且常常是"过河拆桥"。这种人际交往中的占便宜心理，会使自己的人格受到损害，久而久之会失去知心朋友。

3. 时常打断别人的话题，横插自己的意见

具有强烈的说话欲望，不分场合和时间，也不管对方是否愿意听，逮着了就发表一番自己的观点。尤其当别人谈兴正浓时，还没有把意思表达清楚，就贸然打断话题。

4. 喜欢对别人诉苦

一见到别人，话没三句，便开始诉说自己生活如何苦闷，自己身体状况如何，命运对自己如何不公平，抱怨家人和朋友，抱怨一切不如意。谁愿意和一个喜欢抱怨的人在一起呢？本来很好的心情也会被搅坏，对付这种人最好的办法就是避而远之。

5. 自私心理

处处以自我为中心，只讲索取，不讲奉献。争名夺利，甚至损人利己。这种心理对于交际危害极大。它时时处处会伤害到别人，这种人永远也不会找到真正的朋友。

6. 暗地议论他人

喜欢说闲话、爱说长道短、拨弄是非的人是十分令人讨厌的。

7. 习惯用责问的口气谈话

人人都有自尊心。人有地位高低之分，但人格是平等的。谈话时动不动就怪罪他人，是最伤自尊心的事。

8. 心胸狭隘

有的人心胸狭隘，经常猜疑他人，容易为他人的一句话、一件事生闷气，斤斤计较，有时甚至"无事生非"。和这种小心眼的人做朋友令人劳神和紧张。

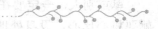

第二节　幼儿的亲子关系

亲子关系是每个人来到世间的第一个人际关系，它对每个人的心身健康都是十分重要的。

一、亲子交往的含义

亲子交往是指儿童与其主要抚养人（主要是父母）之间的交往，人们也常常把它称为亲子关系。它是儿童期最重要的人际关系，对于儿童的心理发展具有重要的影响。在亲子关系中，父母相对儿童来讲，处在亲子关系的主动地位，父母的想法、观念和行为对孩子产生极大的影响，是学前儿童安全感的建立和将来人际交往、社会适应能力发展的基础。良好的亲子关系不仅可以减轻压力和紧张感，还对孩子性格的形成、品质的培养、意志的磨炼、与人

交往模式的建立产生极大的影响，可以说，亲子关系直接影响子女的生理健康、态度行为、价值观念和未来的成就。

二、亲子交往的重要性

俗话说"父母是孩子的第一任老师"，孩子一出生，首先接触的就是父母，朝夕相处，父母对孩子的健康成长具有非常大的作用。近年来，"亲子教育"越来越受到人们的关注，"亲子园"、"亲子俱乐部"相继问世，各类"亲子游戏"也备受欢迎，亲子教育以认知、精细动作、大运动、社交行为、语言为五大要项，以蒙氏儿童观、多元智能理论等为依据，坚信儿童是一个自由的个体，他们的身体中含有生机勃勃的动力，通过游戏、律动等活动让幼儿感受肌肤之爱，体验愉快的情绪，开发各种潜能，进而使幼儿快乐健康成长。

其实童年在技能和知识上的优势对于孩子整个人生的积极影响是微乎其微的。最重要的是良好的亲子关系。好的亲子关系本身就是好的教育，如果亲子关系不好，家长会发现很难教育孩子，父母的话，孩子不爱听不想听；相反，不仅孩子会更加合作，而且会在这种亲子关系中学会很多，比如平等、独立、心态平和等。如果父母在和孩子相处中，能在坚持自己原则的同时尊重孩子的需要，那么孩子就会体验并学会平等待人，将来走出家门，对别人就会不卑不亢，受人尊敬。

1. 良好的亲子关系能提高儿童的认知能力

婴幼儿阶段是孩子智力发展的关键期，良好的亲子关系是儿童认知能力发展的前提，在日常生活中，儿童通过和父母的交往，学习到大量的生活知识，认识了各种生活用品，学会玩不同种类的玩具。父母常常引导他们注意观察身边的事物，模仿小鸟飞，学习认字卡、灯、花、鸡、猫等物名、玩藏猫猫的游戏，在与成人交往中，幼儿的好奇心、求知欲、语言能力、感知能力、观察能力和思维能力都得到了一定的发展。

2. 良好的亲子关系能稳定儿童的情绪

"感时花溅泪，恨别鸟惊心。"古诗道出了情绪对人们的影响。情绪是一个人对所接触到的世界和人的态度以及相应的行为反应。人的情绪体验无处不在，对于儿童来说，情绪尤其重要。发展心理学家曾经指出，幼儿的世界是一个情绪的世界。良好的亲子关系是儿童身心健康、情绪稳定的重要保证。

关于依恋的许多研究都表明，当父母在场时，儿童往往更加安静、坦然、踏实，更具支持性地完成任务；就连父母的声音或者录像，也对儿童具有"安慰剂"的功效，能使他们更加放松地应对陌生情境，从紧张、焦虑或恐惧的状态中解脱出来，恢复平静。和谐的亲子关系可以让幼儿建立对周围世界的安全感和信任感，敢于独自探索周围的环境，形成最初的独立自主精神。

3. 良好的亲子关系能提高儿童的人际交往能力

0～6岁是婴幼儿个性和社会性发生发展的关键期，良好的亲子关系是孩子个性和社会性发展的基石。一个人如果在与父母的交往中就学会了沟通，善于理解别人，也善于让别人理解自己，那他与同学、师长、同事、上下级的关系也很可能得到良好的发展。美国心理学家霍妮说："儿童的异常行为始于儿童期制造焦虑的那种环境，特别是不正常的亲子关系。"在交往过程中，父母向幼儿传授着许多方面的社会性知识、道德准则、行为习惯和交往技能，儿童的许多亲社会行为，如分享、谦让、轮流、协商、帮助、尊敬长辈、关心他人等，

就是在与父母的交往中，在成人的要求和指导之下逐渐形成的。早期亲子交往的经验对儿童至关重要，甚至会影响到他们成年以后的人际交往态度、行为和关系状况。

三、依恋

1.什么是依恋

亲子交往始于依恋。依恋理论的创始人——英国著名的精神病学家和心理学家约翰·鲍尔比认为，依恋是指孩子与照料者（通常是母亲）之间强烈、持久的情感联结，它令孩子接近和依赖照料者。这种情感联结通常发生在母婴之间，其质量受孩子与照料者之间交往方式的影响，并影响其以后的心理发展。

依恋可以通过依恋行为表现出来，这些行为主要包括：在独处或者和陌生人在一起时，婴儿会哭泣、叫喊、追随、靠近、抓挠和反抗等，尤其是在受到惊吓、生病、疲劳或者处于其他应激状况时，依恋系统会被激活。如当孩子玩玩具的时候，他会时不时地回过头来，看一看母亲是否在身边。当母亲在他视线范围内的时候，他会很安心地玩耍，而当他突然发现母亲不在身边的时候，他会放下手中的玩具，中断他的探索性行为，转而去寻找母亲。

2.母婴依恋对儿童发展的重要性

母婴依恋是母婴之间稳定的情感联系，也是一种积极的、充满深情的感情联结。婴儿常常倾身要母亲抱，身体依偎着母亲，或在屁股后面紧紧跟着母亲，这叫做婴儿与依恋对象的接近倾向。婴儿常常紧紧地抱着母亲，不肯分开，这叫做依恋行为的维持接触倾向。几乎我们每个成年人都看见过"小孩子东看西看到处寻找妈妈"的镜头。这种寻找倾向是依恋的典型行为。"寻找"只能在最亲近的人身上发生。依恋是母婴双方的相互应答，这种应答对婴儿的个性、社会性发展都十分重要。可以说母婴依恋是婴儿赖以生存和生长的无可取代的情感纽带。

3.依恋的发展阶段

总的来说，依恋是婴儿寻求并企图保持与另一个人亲密的身体和情感联系的一种倾向，婴儿主要通过吮吸、拥抱、抚摸、对视、微笑甚至哭叫等一系列行为逐渐与看护者建立起依恋关系。一般认为，婴儿与主要照料者（母亲）的依恋大约在第六七个月里形成，与此同时，对陌生人会开始出现害怕的表现，即俗话所说的"认生"。婴儿依恋的发展可以分为四个阶段。

第一阶段：无差别的社会反应阶段（0～3个月）

这个阶段婴儿对人反应的最大特点就是不加区分、无差别的反应。他们对人的脸甚至一个精致的面具都会喜欢、都会注视、都会微笑，听到人说话的声音时都会微笑，手舞足蹈，特别是母亲或抚养者和婴儿说话或抱他，都能引起他的兴奋，使他们感到愉快、满足，这时他们对母亲和陌生人的反应没有任何差别。

第二阶段：有差别的社会反应阶段（3～6个月）

这时期婴儿对母亲和他所熟悉的人的反应与陌生人的反应有了区别。婴儿在熟悉的人面前表现出更多的微笑、啼哭和咿咿呀呀（在熟悉的人当中，对母亲更为偏爱），而在其他人面前，这种反应会相对少一些，表明婴儿更愿意接近母亲。母亲离去，会使婴儿啼哭和不安。

第三阶段：特殊的情感联结阶段（6个月～3岁）

由于婴儿开始获得新的运动技能，他们开始到处爬动。这使他们有了更强的探索外部环境的能力，并开始主动地接触父母，表现出有意识的社会行为。婴儿对不同对象的反应出现巨大的差别。当婴儿所依恋的对象离去时，开始通过哭泣表示抗议。这时，依恋对象成为婴儿探索的安全基地。他们对陌生人表现出更为明显的警惕、戒备和退缩。开始出现陌生人焦虑和分离焦虑。

第四阶段：目标调整的伙伴关系阶段（3岁以后）

3岁后，婴儿会走、会说话、会自己玩了。此阶段的儿童能较好地理解父母的愿望、情感和观点等，同时能调节自己的行为，并逐渐建立起更复杂的双向人际关系。例如他现在能够忍耐父母迟迟不给予注意，也能够忍耐同电话铃声和家务竞争注意的需要，还能够忍耐同父母的短期分离，他相信父母将会返回。此时儿童已学会为了达到特定目标而进行有意的行为，并能在这个过程中考虑他人的情感和目标，能够洞察到母亲的行为、情感和动机，这为之后母亲与孩子之间建立复杂的情感联结打下了坚实的基础。

值得一提的是，跨文化研究表明，依恋的发生时间有文化差异和个体差异，但发展模式却基本一致。

4.依恋的类型

尽管所有的婴儿都存在着依恋行为，但由于儿童和依恋对象的交往程度、质量不同，儿童的依恋存在不同的类型。一般认为，儿童的依恋行为可以分为三种类型❶。

（1）安全型依恋　这类儿童把母亲看作"安全基地"，母亲在场时能安全玩耍，尽情地探索环境，婴儿并不总是依偎在母亲身边，更多地表现为用眼睛看看母亲，对母亲微笑或与母亲进行远距离的交流。母亲在场时，对陌生人的反应比较积极，能和陌生人一起玩。母亲离开时出现分离焦虑，当母亲返回时，就寻找母亲，很快地与他们接触，并与母亲身体接触，期望被拥抱和抚慰，以结束这种分离忧伤。但很快就会平静下来，继续进行自己的游戏活动。1岁婴儿中大约有70%属于这种婴儿。安全依恋对婴儿的情绪发展、信任感和爱以及良好的人格发展都有极大的帮助。

（2）回避型依恋　这类儿童与成人未形成亲密的情感联结，母亲在不在场无所谓，即使与母亲在一起，对探究玩具也不感兴趣。母亲离开时他们不反抗，不焦虑，很少紧张和不安。母亲回来时，他们往往也不予理会，自己玩自己的，回避与母亲接触。有时也会欢迎母亲的到来，但只是暂时的，接近一下又走开了。这些婴儿对陌生人不十分警觉，实际上并未与母亲形成特别的情感联结，母亲在与不在，都无所谓，所以也称为无依恋婴儿。1岁婴儿中，大约20%的婴儿属于这一类。

（3）矛盾型依恋　这类儿童母亲离开时显得苦恼、极度反抗，母亲回来时，紧紧缠在妈妈身边，生怕妈妈再次离开，怎么安慰都没有用；与妈妈重聚时，他们的态度又很矛盾，既需要又拒绝，如孩子见到母亲立刻要求母亲抱他，可刚被抱起来又挣扎着要下来。有时甚至会表现出生气、反抗、踢打妈妈的行为。这类儿童母亲在场时，对陌生人也非常警觉，不喜欢探究玩具，婴儿的行为处于矛盾的状态，容易出现内隐的行为问题，如情绪抑郁、胆小、退缩、缺乏好奇心和探索欲望等。大约10%的婴儿属于这一类。

在这几种类型中，安全型是比较好、积极的依恋，这种类型的婴儿长大后会主动承担起社会和认知方面的任务，在各种社交场合可能成为领导者或受欢迎的人，而且面对失败时能够跌倒爬起，行为问题相对较少。其他两种是不安全型、消极的依恋。儿童早期对父母所形

---

❶ 史献平主编.幼儿心理学.北京：高等教育出版社，2009.

成的依恋性质对儿童以后的认知发展和社会适应有一定的影响。

5.建立良好的母婴依恋

母婴依恋是母婴双方在相互应答中建立和进行的，母婴的安全依恋可以成为儿童的心理背景，并为儿童的交往和探究活动提供安全场所，因此对于儿童以后的发展有着重要的意义。有许多因素影响母婴依恋的形成，其中重要的因素有：① 母亲与婴儿之间的相互作用与交往；② 婴儿的情感需要，特别是安全感的需要；③ 婴儿的生物需要，如食品和保护的需要；④ 婴儿追求刺激的需要。婴儿与母亲的依恋关系的建立与发展，更主要依赖于母亲的养育态度与养育方式。因此，母亲应该从婴儿出生之时起，就为建立母亲与婴儿的依恋情感而努力。主要的做法有：① 母婴的早期皮肤接触。母子间的早期皮肤接触会促进亲子间的依恋关系的建立。婴儿出生后，母亲对自己的孩子表现出更多的接触和爱抚，充满了母爱的行为无疑有助于建立母婴之间的依恋关系。② 对婴儿的行为作出积极反应。母亲的行为对建立婴儿与母亲的依恋关系非常重要。母亲对婴儿的哭、微笑等表情要十分在意，对于婴儿的各种需要要非常敏感。对婴儿的各种“信号”和要求，要及时了解。母亲的在意、敏感和了解是为了给予婴儿适当的满足。③ 给婴儿以充满爱的表达。母亲对孩子的爱应该是持续的、永远的，从心底里表示出来的；不能是高兴时兴致勃勃、充满热情，不高兴时就对孩子不理睬、发脾气；或者随自己的情绪而多变。母亲不能用自己的个性、情绪去要求婴儿，或把自己的某些行为强加给婴儿。④ 经常给婴儿以亲密的身体接触。如以快乐和喜悦的心情搂抱、亲吻、抚摩婴儿。母子充分尽享天伦之乐。

“陌生情景”实验

研究母婴依恋关系类型的一种典型手段是“陌生情景”实验，这种实验的设计是：① 母子同时进入一个陌生的房间，房内有许多玩具；② 母亲坐在一旁，孩子自由玩耍；③ 一个陌生人进入房间，设法与孩子玩耍，母亲离开；④ 让孩子与陌生人在一起；⑤ 母亲回到房内，陌生人出去；⑥ 母亲离开，孩子单独留在室内；⑦ 陌生人进入房间，替代母亲的角色；⑧ 最后母亲回到房内，陌生人离开，母亲鼓励孩子继续探索、游戏，并在需要时给予安抚。在这种情景中，实验者可以观察儿童对玩具的摆弄行为、儿童的表情、其他情绪反应（如啼哭等）以及儿童与陌生人交往的倾向等，以此判断母子依恋关系的性质。

四、亲子交往的影响因素

亲子交往的影响因素主要有以下几个方面。

1.家庭物质环境和父母受教育水平的影响

家庭物质环境主要指家庭的经济状况，如衣、食、住、行等方面的物质条件。

研究表明，母亲是否参加工作以及从事什么类型的工作，对其子女的交往关系乃至儿童的身心发展，都有相当程度的影响。有工作，尤其从事知识性、层次较高工作的母亲，在亲子交往中多采用引导、说理和鼓励等抚养方式，亲子间关系比较融洽。相反，母亲没有工作，家庭经济比较紧张，或者母亲从事层次较低的体力工作，则母亲在与儿童交往中容易缺乏耐心，多采用简单化的训斥、拒绝的教养态度，影响亲子关系和儿童发展。

2.家庭气氛的影响

在轻松、愉快、幽默的家庭气氛中，儿童会保持愉快的情绪，表现出富有朝气，乐观开朗和自信的性格特点。如果家庭成员彼此不尊重，不信任，总是充满了敌意和争吵，会使儿童情绪紧张、烦躁，易表现出攻击性行为。研究表明，父母和孩子之间如果缺乏交流，孩子在缺乏爱的氛围中成长，幼儿会出现缺乏自信、没有自尊等不良后果。

3.父母的性格、爱好、教育观念、教养态度的影响

作为亲子关系中的一个方面，父母自身的素质必定影响亲子关系，这是显而易见的。父母的性格特征各不相同，有的父母热情、开朗、民主、富有爱心，有的父母内向、胆怯、专制、暴躁。这不仅会影响到父母与他人的人际交往，也同样会影响到与子女的关系。一般来说，热情、有爱心的父母容易与子女建立良好的亲子关系，专制、暴躁的父母不易与子女建立良好的亲子关系。

父母的儿童观是否正确对亲子关系影响甚大，因为对儿童的基本看法决定了他们对子女的态度以及对父母角色的理解，当父母把孩子看作是一个独立的个体并有着各自不同的特性时，他们就会尝试着理解孩子，因材施教，相反，如果父母认为孩子是自己生出来的，我爱怎么样就怎么样，他们就会去控制孩子，要求孩子一切都要服从自己。

在家庭教育中，家长要树立正确的教养态度和方法，不要因为是独生子女就过分的溺爱孩子，替孩子包办所有的琐事，如吃饭、穿衣、刷牙、洗脸等，也不能抱着"棍棒底下出孝子"的旧思想不放，对孩子要求太严，成天唠叨、打骂、限制孩子，使孩子始终处于被动的地位，更不能把自己没能实现的理想和愿望强加给孩子，对孩子要求过急、过高。长此以往，孩子的自由空间被剥夺，交往机会被抑制，容易养成事事依赖、被动的习惯，缺乏相应的社会交往能力。

❀ 教养类型对儿童交往能力的影响

国内外大量研究表明，不同的父母在教养儿童的具体方式和行为上存在着诸多差异，构成了不同的教养类型，最终作用于幼儿的发展，对幼儿的人际交往产生直接的影响。早在1978年，美国心理学家戴安娜·鲍姆林德提出了家庭教养方式的两个维度，即要求性和反应性。要求性指的是家长是否对孩子的行为建立适当的标准，并坚持要求孩子去达到这些标准。反应性指的是对孩子和蔼接受的程度及对孩子需求的敏感程度。根据这两个维度，可以把教养方式分为权威型、专制型、溺爱型和忽视型四种。

1.权威型——对孩子高要求、高反应

权威型教养方式的家长对儿童的态度积极肯定，在其教育行为上注意给孩子创设民主、平等、宽松的家庭环境，他们了解、尊重孩子的兴趣爱好，经常以平等的身份与孩子交流。他们对儿童提出明确的要求，并坚定地实施规则，对其良好行为表示支持和肯定，而对孩子的不良行为表示不快。这种中等偏高程度控制、情感上偏于接纳和温暖的教养方式对儿童的心理发展带来了许多积极的影响：在这种教养方式下培养出来的孩子情绪稳定、乐观、向上、自信、独立、爱探索、能积极主动地解决问题、直爽、亲切、宽容、忍让、大方，能和同伴友好相处，喜欢与人交往。

2.专制型——对孩子高要求、低反应

专制型的家长对孩子实行高压政策，他们经常命令、要求、控制孩子的行为，强调权威，要求孩子必须一切听从家长的意见，儿童的意见和愿望不容易表达，正当需要得不到满足，孩子往往得不到应有的温暖和尊重，缺少参加社会交往的机会。父母经常要求儿童无条

件地遵循有关的规则，却又缺少对规则的解释，并常常对儿童违反规则的行为表示愤怒，甚至采用严厉的惩罚措施。在这种教育方式下，孩子往往不能接纳自我，容易形成依赖性强、缺乏安全感、情绪不稳定、心胸狭窄、感情淡漠等性格特征，有的甚至养成当面一套背后一套的坏习惯，这不仅影响儿童对社会的适应能力，而且还压抑他们的智力发展。

3.溺爱型——对孩子低要求、高反应

在这种类型的教养方式下，家长经常过度保护儿童，不让孩子承担必要的责任，无原则地迁就，对孩子的不良行为不制止、不教育，把孩子骄纵得成为家庭主宰者，让他们为所欲为。这种方式下的孩子容易以自我为中心、妒忌、胆小、态度傲慢、自理能力差、不尊重他人，他们在家里是小皇帝，在外面缺乏独立应变能力，不能适应新的生活环境，不善于进行正常的社会交往。

4.忽视型——对孩子低要求、低反应

这是一种对儿童的发展不关心，不管是反应还是控制都较为缺乏的教养方式。在这类家庭中，父母对子女缺乏爱心和积极的反应，亲子间交往很少，家长仅仅满足孩子基本的温饱需求，对孩子的需要不予理睬或者不敏感。在情感上或者其他方面很少给予孩子爱，既不对孩子提出要求和行为标准，也不倾听孩子的其他需求，表现出冷漠和随意的教养态度。这是最不成功的教养方式。在这种教养类型下成长的孩子，自控能力差、自私、责任感差、目标不明确、对人冷漠、对生活会采取消极的态度。容易表现出较高的攻击性、易于发怒等问题，更为严重的是，这些孩子有可能成为充满敌意、自私、叛逆的青少年，他们缺少远大的目标，易出现如酗酒、逃学等反社会行为，甚至多种犯罪行为。

4.传统文化背景和时代风尚的影响

传统文化和时代风尚潜移默化地影响着亲子关系。我国传统的亲子关系是子女要服从家长的控制，不论是统治阶级还是平民百姓都是这样的。因此相对于西方国家的亲子关系，我国的亲子关系更偏重于家长要有权威和子女要听话，西方国家的亲子关系更强调彼此的义务、责任，这是不同的文化传统背景造成的。随着社会的发展，新思想、新观念逐渐渗透到家庭的亲子关系中。"以人为本、以儿童发展为本"的人本主义思潮的掀起，父母和子女的角色、地位和交往方式也发生了翻天覆地的变化。儿童是具有独立人格的个体，不再是父母的附属品，父母应该给孩子更多的尊重、宽容，不能随意地打骂孩子。亲子园、早教机构的崛起，对亲子关系的发展产生了巨大的影响，父母和孩子在教师的引导下进行教学活动，通过活动使孩子感受肌肤之爱，体验愉快的情绪，培养开朗的性格和交往的能力，养成良好习惯，如此既开发了婴幼儿的潜能，又增进了家长和宝宝的亲情。

5.儿童自身的发育水平和发展特点

每个孩子从新生儿期起就开始表现出其独特的个性，有的安静，有的活跃；有的强壮，有的弱小等。这些差异往往引起父母不同的抚养行为。如容易型婴儿，他们情绪比较稳定，亲子之间交往机会较多，父母对孩子给予更多的注意和爱抚；困难型的婴儿，经常哭闹，且很难平静下来，对父母的抚养行为缺乏积极的响应，他们的父母也往往倾向于不满、抱怨，甚至责备、惩罚孩子，很少为他们提供积极、耐心的指导，亲子关系更容易紧张。

第三节　幼儿的同伴关系和师幼交往

婴儿在三岁以前，主要是和父母接触，但这时事实上也已经有了一定程度的同伴社交行为，入园进班，是儿童同伴关系和师幼交往的开始。

一、幼儿的同伴关系

1.同伴关系的含义

同伴关系是儿童在交往过程中建立和发展起来的一种儿童之间特别是同龄人之间的人际关系。

同伴关系和亲子、师生关系同样存在于整个人类社会，尽管它不像亲子关系那样充满亲情，也不像师生关系那样富有"教育性"，但同伴关系在儿童的发展和社会适应中具有成人无法取代的重要作用，是不容忽视的重要环境因素之一。良好的同伴关系使他们能够更全面地认识自己，发展交往能力，提高社会适应性，获得全新的社交经验。同伴，就像最和煦的一缕春风，给儿童的生活带来无尽的快乐，也成为儿童发展不可或缺的影响因素。

2.幼儿同伴交往的特点

（1）婴儿期　在婴儿期，儿童的社会交往非常有限。但研究发现，同伴之间的交往，最早可以在6个月的儿童身上看到，这时，婴儿相互触摸、相互观望，有时还以哭泣来对其他婴儿的哭声作出反应。6个月以后，婴儿之间交往的社会性逐渐增强。有人对2岁以内儿童的同伴交往进行研究，并分成了三个发展阶段。

第一阶段：物体中心阶段。这时儿童之间虽有相互作用，但他把大部分注意都指向玩具或物体，而不是指向其他儿童。

第二阶段：简单的相互作用阶段。儿童对同伴的行为能做出反应，并常常试图支配其他儿童的行为。例如一个孩子坐在地上，另一个转过来看他，并挥挥手说了声"哒"，并继续看那个孩子，这样重复了三次，直到那个孩子笑了，以后，每说一声"哒"，那个婴儿就笑一次，一直重复了12次。这个孩子的重复动作就是一种指向其他儿童的社会性交往行为。

第三阶段：互补的相互作用阶段。出现一些更复杂的社会性互动行为，对他人行为的模仿更为常见，出现了互动的或互补的角色关系，如"追赶者"和"逃跑者"、"躲藏者"和"寻找者"、"给予者"和"接受者"。这一阶段，当积极性的社会交往发生时，常伴有微笑、出声或其他恰当的积极性表情。

（2）幼儿期　进入幼儿园以后，儿童开始主动寻求同伴，喜欢与同伴共同参与一些活动。同伴间的社会性联系逐渐成为幼儿生活的重要内容，研究表明，从3岁起，儿童偏爱同性别伙伴。在3～4岁之间，依恋同伴的强度以及与同伴建立起友谊的数量有显著增长。

儿童之间绝大多数的社会性交往是在游戏情境中发生的。游戏是儿童喜爱的活动之一，也是相互交往的最好方式。儿童在游戏中的交往是从3岁左右开始的，而3岁前的儿童独自游戏比较多，进入3岁以后，儿童在游戏中的互借玩具、彼此的语言交流及共同合作逐渐增多。

儿童之间的交往，不仅表现为相互合作，也常常表现为对立争吵，一般来说，这种争吵并没有故意敌对的成分，通常并没有伤害性。教师要及时、公正地加以处理，引导儿童分清"对"和"不对"，学会如何正确地对待自己的意见和别人的要求，如何协调自己与别人之间的关系。也可尝试着把问题还给孩子，启发孩子自己思考解决的方法，和孩子站在相同的地位，不过度地干涉。

值得一提的是幼儿期同伴交往主要是与同性别的儿童交往，而且随着年龄的增长，越来越明显。女孩更明显地表现出交往的选择性，其偏好更加固定。女孩游戏中的交往水平高于男孩，表现在女孩的合作游戏明显多于男孩。男孩对同伴的消极反应明显多于女孩。

3.幼儿同伴交往的类型

（1）受欢迎型　这类幼儿喜欢与同伴交往，在交往中行为积极友好，具有外向的、友好的人格特征，他们擅长双向交往和群体交往，而且在活动中没有明显的攻击行为。因而普遍受到同伴喜爱、接纳，在同伴中地位、影响较高。

（2）被拒绝型　这类幼儿同受欢迎型孩子一样，也喜欢交往，但交往中行为不友好，多消极、攻击性行为。如经常大声喊叫、推打小朋友、抢别人玩具，因而被大多数幼儿所排斥、拒绝。

（3）被忽视型　与前两类儿童不同的是，这类儿童不喜欢交往。他们常常独处或单人活动，在交往中表现得退缩或畏缩。他们既很少对同伴做出友好、合作的行为，也很少表现出不友好、侵犯性行为，因此既没有多少同伴主动喜欢他们，也没有多少同伴主动排斥他们。他们在同伴心目中似乎是不存在的，被大多数同伴忽视和冷漠。

（4）一般型　这类儿童在同伴交往中既不是特别主动、友好，也不是特别不主动或不友好，有的孩子喜欢他们，有的孩子不喜欢他们，因此他们在同伴中的地位一般。

上述四种同伴交往类型，在儿童群体中的分布是各不相同的。其中，受欢迎型儿童约占13.33%，被拒绝型儿童约占14.31%，被忽视型儿童占19.41%，一般型儿童占52.94%。

儿童的交往类型反映了他们在同伴中的社会地位和受欢迎程度，同时也影响着他们的心理发展。被忽视和拒绝型的儿童都可以称为"社会处境不利"儿童，对于这些儿童来说，他们不仅会失去与同伴一起活动的快乐，同时还体验到情绪上的孤独感和压抑感，甚至会影响其一生的人际关系和性格。因此，在幼儿期，教师和保育员要尽量帮助那些交友困难的幼儿，帮助他们了解受欢迎儿童的性格特点及自身存在的问题，帮助他们学习与他人友好相处。同时，教师要引导其他幼儿发现这些幼儿的长处，及时鼓励和表扬，提高这些幼儿在同伴心目中的地位。使他们逐渐被同伴接受。

❀行为特征对儿童同伴交往的影响

行为特征是儿童社会能力的重要体现。儿童个体之所以交往成败不同、同伴地位各异，主要是因为这些儿童具有明显不同的行为特征。通过社会测量技术，可以发现儿童有着各自不同的行为表现，如表9-3所示。

表9-3　受欢迎儿童、被拒斥儿童和被忽视儿童的行为特征

受欢迎儿童	被拒斥儿童	被忽视儿童
积极、快乐的性情	许多破坏行为	害羞
外表吸引人	好争论和反社会的	攻击少 对他人的攻击表现退缩

受欢迎儿童	被拒斥儿童	被忽视儿童
有许多双向交往	极度活跃	反社会行为少
高水平的合作游戏	说话过多	不敢自我表现
愿意分享	反复试图与社会接近	许多单独活动
能坚持交往	合作游戏少，不愿分享	逃避双向交往，花较多时间和群体在一起
被看做好领导	许多单独活动	—
缺乏攻击性	不适当的行为	—

社会测量技术包括同伴提名法（peer nomination）和同伴评定法（peer rating）。这是测量同伴关系最典型的方法。同伴提名法是指在一个社会群体（比如一个班）中，让每个儿童根据所给定的名单或照片限定提名，让每个儿童说出他们最喜欢的和最不喜欢的同伴，如"你最喜欢（或最不喜欢）和谁一起玩（或一起学习）"等。根据从每个儿童那里获得的正负提名的数量多少，对儿童进行分类。这种方法可以测量同伴地位的一些重要差异，但是方法本身又存在一些局限性：在测量过程中，有些儿童忽然忘记了最喜欢谁，这样获得的结果也就不准确了；而且这种测量不能给出关于那些处于"最喜欢"和"最不喜欢"中间段儿童的信息（Durkin，1977）。基于这些原因，有些研究者（Bukowski和Hoza，1989）主张用同伴评定法，即要求每个儿童根据具体化的量表对同伴群体内其他所有成员进行评定，如让儿童回答有关同班内每个同学的问题："你在多大程度上喜欢和这个同学一起学习（或一起玩）？"并且给出一个"喜欢——不喜欢"的评定量表。这种方法虽然涉及一些道德伦理问题（比如会遇到评价本班同学时感到不舒服的问题），但使用起来比较可靠和有效，而且利用此方法获得的结果与从实际同伴交往情况和同伴偏好观察活动中得到的数据有较高的相关性。

（引自：王振宇主编.幼儿心理学.北京：人民教育出版社，2009.）

4. 同伴交往在儿童心理发展中的作用

（1）可以满足儿童归属、爱和尊重的需要　归属和爱以及尊重的需要是人类的需要之一。儿童与同伴交往可以获得从成人那里得不到的心理满足，特别是当儿童在集体中被同伴接纳并建立友谊时，会获得依恋感、亲密感和归属感。

（2）可以促进儿童的社会交往技能的发展　当儿童与同伴交流的时候，他们基本上是在平等的基础上进行社会交流的，没有一个单独的个体对其他人有绝对的权利或权威，因而每一个人都有机会获得观点选择、劝说、协商、妥协和情感控制的技能。

儿童在与同伴交往中学习如何与他人建立良好关系、保持友谊和解决冲突。如果儿童发出的是友好、合作、分享等积极行为，同伴便做出肯定和喜爱的反应；如果做出抢夺、抓人、独占等消极行为，同伴会做出否定、厌恶和拒绝的反应。这种丰富而直接的反馈有利于激发儿童的社会行为向积极、友好的方向发展，而控制其侵犯性或不友好的行为。

（3）有利于儿童自我概念的形成　同伴既可以提供儿童有关自我的信息，又可以作为儿童与他人比较的对象。到了四岁左右，儿童已能将自己和同伴作简单的对比，他们经常说："他不乖，我乖"，"我跑得最快"，"我第一"，"最漂亮"等。同伴的行为和活动就像一面"镜子"，为儿童提供自我评价的参照，让儿童能够更清楚地看见自己、认识自己。儿童就是

在与同龄伙伴的交往过程中逐渐认识自己在同伴中的形象和地位的。

（4）有利于儿童社会认知的发展　认知能力是幼儿社会性发展的重要组成部分，它能为幼儿掌握社会规范、学习社会行为打下良好的基础。在同伴交往中，不同的孩子具有不同的生活经验和认知基础，他们在共同活动中也会做出各不相同的具体表现，即使面对同样的玩具，也可能玩出不一样的花样，可见，同伴交往为幼儿提供了大量与人交流、协商、讨论、分享知识经验、互相模仿、学习的机会，幼儿常在一起讨论物体的多种用途或问题的多种解决方式。这些都有助于儿童扩展知识，提高自身的思考、操作和理解问题的能力。

5.幼儿交往能力的培养

（1）创造条件，家园共育，为幼儿提供同伴交往的机会　幼儿和成人的交往，不能替代幼儿与同伴的交往。成人，尤其是父母亲和教师，一定要努力为孩子创造建立适宜伙伴关系的条件，珍惜儿童的伙伴关系，积极地给予帮助和引导，千万不能粗暴干涉。

家长应多为幼儿提供同伴交往的机会，让幼儿走出家门，多与周围人接触，让儿童逐渐在实践中学会协调自己与他人的关系。如请小朋友到自己家做客，让孩子走出家门与邻居小伙伴一起玩。当孩子们出现争执时，家长应采用疏导的方法，帮助孩子解决矛盾。作为幼儿教师，应努力创造一个让幼儿相互交往、自由交谈、玩耍的良好环境，通过生日会、春游、游戏、区角、小组等活动，使幼儿多接触，多交流，进而强化幼儿的交往意识，培养幼儿的合作能力。

（2）学习交往策略，提高幼儿的同伴交往技能　儿童的社会性是在与他人共同活动中形成的，能够运用有效的交往策略是儿童赢得更多交往机会、获得更好发展的重要方式。家长和老师应该根据儿童的具体情况，训练儿童掌握有效的交往技能，使儿童早日适应社会环境。

不同性格的幼儿可采取不同的教育方法：对于那些胆小羞怯，不愿参加集体活动的幼儿，要经常鼓励他们敢于向同伴表达自己的意愿和要求，并尽量给他们说话和游戏的机会，增强其交往信心；对那些优越感强，常挑剔伙伴缺点，不容易与人交往的幼儿，可采取多种形式引导这些幼儿学会宽容，谦让，并接纳别人。

对于交往不利的儿童来说，他们最需要得到交往策略和技能方面的指导。如别人说话时要注意倾听；不要随意打断别人的话；帮助儿童熟悉强调、协商的技巧；在对别人提出要求时，语气不要太生硬，要婉转等。

（3）强弱搭配，增强同伴间的相互影响　教师可以让交往能力较强的幼儿和能力稍弱的幼儿一起，让能力较强的幼儿带动能力弱的幼儿，从而让他们能更加愉快主动地参与到交往活动中。对一些不愿参与小组游戏的幼儿，我们也尊重他们的愿望，不强求他们，而是另外找时间帮助他与别的游戏小组建立密切联系。因为儿童交往技巧能力的提高是一个渐进的过程，促进交往不是一蹴而就的。

（4）尊重幼儿游戏的权利，鼓励孩子间的群体活动，允许儿童参加"没有组织"的游戏　游戏是儿童认知发展的重要途径，是儿童参与社会生活的特殊形式。当孩子间因游戏发生轻微的争执时，如果不涉及个人安危、原则性问题时，教师和家长尽量不要参与，要让幼儿自己尝试解决。因为没有成人的组织，孩子们要在一起玩，就得自己建立规则、遵守规则，就要学会妥协、协调、让步、服从大局。在这个过程中，幼儿学会了合作、分享、尊重、移情、关心与帮助他人等品质，这些品质对儿童的交往能力都会产生影响。

二、幼儿的师幼交往

1.教师在师幼交往中的地位

师幼关系是教师和幼儿在教育教学和交往过程中形成的比较稳定的人际关系，与亲子关系、同伴关系等幼儿的其他人际关系相比，师幼关系的特殊之处在于它蕴涵着教育的因素，是一种特殊的"教育关系"。

儿童进入幼儿园后，他的活动重心就从家庭转移到了幼儿园。儿童不仅在家庭中受家长的直接监护和教育，还要在幼儿园里接受教师的监护和教育。对儿童来说，过去在家庭中，父母是他们心目中的权威，他们的言行都要受到父母的关爱和指导。入园后，幼儿与教师的接触也逐渐增多，与教师的相互交往成为幼儿社会生活的另一重要内容。儿童心目中的权威发生了转移，教师成为他们心目中的新权威。教师自身的言行、对幼儿的态度、工作能力和教学内容，会对儿童心理的发展产生重大的影响。

我国庞丽娟教授（1992）的研究表明，教师期望对儿童心理发展有直接、深远的影响，尤其在儿童发展早期，对年龄越小的孩子，教师期望的影响越大。教师对幼儿期望不同，会直接造成不同的幼儿发展，并出现明显差异，幼儿很容易成为教师期望的那一类孩子。幼儿还很容易受教师情绪状态的影响，他们不仅会因教师高兴而高兴，因教师烦恼而惊恐，因教师不悦而老实，而且还会因教师的热情或冷漠的不同态度而取得截然不同的学习效果。

2.师幼交往对幼儿的影响

（1）师幼关系影响幼儿对新环境的适应能力　和谐的师幼关系能使幼儿心情愉快、情绪饱满，学习的积极性提高。而不和谐的师幼关系会使幼儿产生否定的内心感受与体验，使其情绪沮丧、低落。由于不同的师幼关系给幼儿提供的社会性资源不同，因此它对幼儿的幼儿园适应造成的影响也不同。和谐的师幼关系给幼儿提供的是支持（帮助和安全感），而不和谐的师幼关系给幼儿提供的却是压力（冲突和紧张感）。如果幼儿与教师形成的是亲密而不是冲突性的关系，他们就能够更好地适应幼儿园。

（2）师幼关系影响幼儿同伴交往能力　当孩子遇到冲突和挫折时，他们首先希望得到教师的同情和接纳，即使他们的行为并不合理，因为这意味着老师的关爱，这种爱能有效缓解甚至消除儿童的心理紧张和情绪不安。等儿童的情绪安定下来，再做启发和引导，不仅有效地保护了儿童的自尊心，也易取得事半功倍的效果。众多研究都发现，与教师建立起和谐、亲密师幼关系的幼儿更倾向于为同伴所接纳，更加爱交际，很少出现退缩和侵犯行为。

（3）师幼关系影响幼儿的社会性发展　师幼关系对幼儿社会性各方面的发展具有不可低估的作用。教师是幼儿社会知识的传授者和社会行为的指导者。在和谐的师幼关系中，通过师幼间的积极交往，幼儿能够拓展社会认知，学习一定的社会行为规范和价值标准；在教师的示范指导下和对教师的观察模仿中，幼儿能学会分享、合作、同情、谦让、移情等亲社会行为，并发展积极的社会性情感。同时，教师对幼儿的情感、态度和评价对于幼儿自我意识的发展也具有决定性的影响。

? 思考与练习

1.什么是人际交往？人际交往的意义有哪些？
2.结合你自己的成长经历，谈谈影响人际交往的因素有哪些。

3．简述人际交往的原则有哪些。

4．什么是亲子交往？亲子关系的重要性主要体现在哪几个方面？

5．同伴交往在儿童心理发展中有什么样的作用？如何培养幼儿的交往能力？

6．师幼交往对幼儿有哪些影响？

让幼儿在体验中学会交往

孩子从家庭走向幼儿园，跨出了人生的第一步，与同伴间良好的交往是他们获得集体生活快乐的源泉。然而并不是每个幼儿都能很快适应幼儿园的生活，很快获得与同伴交往的能力。因为每个幼儿来自不同的家庭，不同的家庭生活环境和教育造就了每个幼儿不同的性格和不同程度的交往能力。

案例描述

打人之后

一天早饭后，大班小朋友们都在院子里玩，明明在桌上玩塑料小人。小晗跟别人踢沙包，一不小心沙包掉到桌子上，塑料小人被碰倒了，小晗赶快跑过去把小人扶起来，还不停给明明道歉，可明明还是狠狠地朝小晗的后背捶了一拳。

为培养大班孩子分辨是非、解决问题的能力，我请大家回班，针对这一问题讨论。先请两个当事人谈事情经过，明明理由十足地说："他把我的小人碰倒了！"小晗马上承认，并如实讲了上述事实。接着我请小朋友对事情的是非对错进行分析，并出出主意，说说以后应该怎么做。

小朋友们认为小晗做得对，因为他不是故意的，而且还马上道歉，把小人扶好。出的主意是：下次再踢沙包时，注意离桌子、玩具和小朋友再远点。大家认为明明打人不对，出的主意是：明明不打人，和小晗一起把小人扶起来就对了。

这时，我看到明明眼皮一耷拉，向下斜视着，显得很不服气。于是，我请明明谈谈自己的想法，他不说话，我告诉他怎么想的就怎么说，想错了也没关系。他说："噢，他把我的小人碰倒就白碰啦？对不起也碰倒了！"

我问大家对这个问题是怎么想的。小兴说："小人是玩具，又不知道疼，扶起来就行了。小晗是大活人，你打他，他多疼啊。"我马上加一句："真是，小晗的心脏还不大好，到现在跑起步来还有点吃力。"（在小班刚入园时，我发现小晗一跑就有些喘，经询问得知他小时曾经患过心肌炎，他妈妈还告诉我，医生说没关系，锻炼锻炼就会好，所以我从未提过此事。）

小朋友们一听"心脏不好"就谈开了，这个说，"小晗心脏本来就不好，你再捶他后背，他多难受啊"；那个说，"如果打得他心脏病犯了可怎么办啊，我奶奶犯心脏病可难受、可危险啦，还得送到医院去抢救"。

我看明明刚才那股不服气的劲儿在消失，马上说："明明都难过了，觉得自己刚才打人太不应该了，想想真后悔，真把小晗打坏了可怎么办啊？该多着急、多心疼啊！"我一边注意明明的表情（我一说，他低下了头，听着听着他眼圈红了），一边马上加了一句："明

明后悔得都快流眼泪了。"我问明明有什么要说的，他马上站起来流着眼泪走到小晗面前，深深地给小晗鞠了一躬，真诚地说："小晗，我错了，我不该打你，请你原谅我吧！你哪儿疼我给你揉揉。"

他的真情感动得小晗眼圈也红了，忙说："没关系，我不疼了。"事情很完美地解决了。

看着明明发自内心地道歉，我感到他真的动情了，真的意识到他自己错了。他那流着眼泪、内疚的表情及深深地一鞠躬，不仅感动了小晗也感动了我，就连在我们班跟班学习一个月的其他园的三位老师都感动得眼圈红了。

我想明明之所以内疚，是因为上述一事一议的过程，使这个在家里备受宠爱的孩子（因为长他6岁的哥哥比较木讷、寡言，而他聪明、活泼、能说会道，深得爷爷奶奶的宠爱）跳出了遇事只从自己角度出发衡量利弊的习惯。同伴们的发言使他开始站在别人的位置上想问题，感受他人的体验，使他意识到自己的行为妨碍、伤害了对方，及可能造成的严重后果和给他人带来的痛苦，从而发自内心地主动调整自己的行为。这说明在大班开展这样的一事一议、对事不对人的活动是有益的。

但我想开展这样的活动是有条件的。首先，当事人（错误的一方）与老师之间要有较深厚的情感，应对老师充满信任，深信老师是喜爱他的。否则，如师生感情有隔阂，会使其产生误解，以为老师故意与他过不去，组织大家"整"他，从而产生抵触情绪，加深对立情绪。其次，也要针对孩子的不同性格，因人而异。明明是个外向开朗的孩子，喜怒哀乐都挂在脸上，表现在行动上，不愉快不会憋在心里。老师较容易掌握情况，避免给他带来新的伤害。对于较内向、有事爱憋在心里、承受能力差的孩子，这种方法不一定适合。总之，要给当事人充分的发言权，了解他的真实想法，才能解开他心中的疙瘩。同时，在整个过程中，老师要多观察幼儿的反应，掌握好火候。尤其对当事人，在他开始有了感悟、有了情感变化时便适可而止，把调整的主动权留给他。教师要把握同伴发言朝着善意的、帮助他出主意、解决问题的方向，使有过错的孩子感到真诚与温暖。

案例分析

这个案例中的老师通过让幼儿对问题进行反思，利用对事不对人的讨论，引导明明站在对方的角度思考问题，使其知道自己行为不适宜的地方，及不适宜行为给对方带来的影响和可能产生的后果，激发了明明的内在情感——自责、内疚、甚至有些后怕，从而引发了发自内心的主动道歉。

《纲要》要求，要注重让幼儿"体验并理解基本的社会性规则"。随着幼教改革的深入，教师们已经越来越认同了"体验"是引导幼儿在社会性领域主动学习的基本策略。

1. 教师应让幼儿体验什么

（1）自己的不适宜行为给对方造成的影响、痛苦、伤害，从而发自内心地主动调整自己的行为，使幼儿获得内化的、自觉的行为准则。

（2）如果重点让孩子体验伤害别人后给自己带来的利益，易导致其凡事从自己的角度出发衡量利弊，只关切自己的利益，而对他人则十分淡漠，意识不到妨碍、伤害他人的行为给他人造成的痛苦，就不能使孩子形成正确的道德标准和行为。

2. 教师怎样引导幼儿体验

（1）当事双方都充分陈述事件经过，认清事件和事件中自己的行为。教师自始至终都

能耐心听取。发生分歧时，特别注意给过失方幼儿陈述的机会。

（2）引导幼儿站在他人角度、体验他人感受，促进其产生对他人的同情和关爱，从而产生自责、内疚等心理体验。教师自己也要采取对事不对人的态度。

（3）充分调动幼儿的原有经验，多方面理解和深刻认识不适宜行为给别人造成的影响和可能的伤害后果。教师要敏锐地发现身边可利用的资源并加以利用。

（4）明确对幼儿具有普遍意义的、幼儿已达成基本共识的正确行为方式。

（5）把握体验的适宜度。以幼儿有发自内心的感受为宜，以免做出负面行为的幼儿产生逆反心理。同时考虑幼儿的心理承受能力，以免造成新的伤害。

（选自：倪敏.幼儿教师最需要什么.南京：南京大学出版社，2011.）

实践在线

人际关系测试

从三个备选答案中选择一个。

1.我的人际关系信条是：

　　A.大多数人是友善的，可与之为友

　　B.人群中有一半是狡诈的，一半是善良的，我选择善良者为友

　　C.大多数人是狡诈、虚伪的，不可与之为友

2.最近我结识了一批朋友，这是：

　　A.因为我需要他们

　　B.因为他们喜欢我

　　C.因为我发现他们很有意思，令人感兴趣

3.外出游玩时，我总是：

　　A.很容易交上新朋友

　　B.喜欢一人独处

　　C.想交朋友，但又感到困难

4.我已经约定要去看望一位朋友，但因为耽搁而失约了。在这种情况下，我感到：

　　A.这是无所谓的，对方肯定会谅解我

　　B.有些不安，但又总是在自我安慰

　　C.我很想了解对方是否对自己有不满的情绪

5.我结交朋友的时间通常是：

　　A.数年之久

　　B.不一定，合得来的朋友能长久相处

　　C.时间不长，经常更换

6.朋友告诉我一件很有趣的个人私事，我是：

　　A.尽量为其保密

　　B.根本没有考虑过要继续扩大宣传此事

　　C.当朋友刚一离去，随即与他人议论此事

7.遇到困难时，我：

    A.通常是靠朋友解决的

    B.找自己信赖的朋友商量此事

    C.不到万不得已不求人

8.当朋友遇到困难时，我觉得：

    A.他们大多喜欢来找我帮忙

    B.只有那些与我关系密切的朋友才来找我商量

    C.一般都不愿意来麻烦我

9.交朋友时，我选择的一般途径是：

    A.经过熟人介绍

    B.在各种社交场合

    C.必须经过相当长的时间，并且还相当困难

10.选择朋友时，我认为最重要的品质是：

    A.具有能吸引我的才华

    B.可以信赖

    C.对方对我感兴趣

11.我给他人的印象是：

    A.经常会引人发笑

    B.经常会启发人们去思考

    C.和我相处时人会感到舒服

12.在联欢晚会上，如果有人提议让我表演或唱歌时，我会：

    A.婉言谢绝

    B.欣然接受

    C.直截了当地拒绝

13.对于朋友的优缺点，我：

    A.诚心诚意地当面赞扬他的优点

    B.会诚实地对他提出批评意见

    C.既不奉承也不批评

14.我所结交的朋友：

    A.只是那些与我的利益密切相关的人

    B.通常能和任何人相处

    C.有时愿与同自己趣味相投的人和睦相处

15.如果朋友和我开玩笑（恶作剧），我总是：

    A.和大家一起笑

    B.很生气并有所表示

    C.有时高兴，有时生气，视自己当时的情绪和情况而定

16.当别人信赖我的时候，我是这样想的：

    A.我不在乎，但我自己却喜欢独立于朋友之中

    B.这很好，我喜欢别人信赖于我

    C.要小心点，我愿意对一切事物的稳妥可靠持冷静、清醒的态度

计分方法：用下面的分数表，对照你的每一题的答案，得出你的总分：

题号＼选项	A	B	C
1	3	2	1
2	1	2	3
3	3	2	1
4	1	3	2
5	3	2	1
6	2	3	1
7	1	2	3
8	3	2	1
9	2	3	1
10	3	2	1
11	2	1	3
12	2	3	1
13	3	1	2
14	1	3	2
15	3	1	2
16	2	3	1

评分方法：

38～48分：很融洽，受人喜欢。

28～37分：不稳定，有人喜欢你，有人不喜欢你，如想受拥戴，需做很大努力。

16～27分：不融洽，交往圈子太小，有必要扩大你交往的范围。

（选自：刘迎泽.人际心理学.北京：海潮出版社，2009.）

第十章

游戏与幼儿的心理发展

游戏既是教育的内容又是教育的手段，不仅促进了幼儿体能、心智与情感的发展，而且符合幼儿身心发展特点，深得幼儿的喜爱。本章主要介绍幼儿游戏的产生与发展，以及如何促进幼儿游戏的发展。

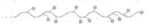

第一节　游戏的基本概念

一、游戏的定义

什么是游戏？这一直是古今中外不同学者探讨的问题。由于儿童游戏的范围广泛，各种游戏在主动控制的分量、复杂的程度、动静性质和运用游戏材料的多少等方面，差距很大，游戏又具有灵活性、多变性。研究者的角度和所依据的材料不同，对什么是游戏这一问题，各研究者有种种不同的解释。

游戏是儿童内心活动的自由表现，是儿童最纯洁、最神圣的心灵活动的产物；游戏是释放过多精力的一种活动；游戏是帮助儿童松弛、恢复精力的一种手段；游戏是对未来生活需要的活动的准备，是本能的联系；游戏是儿童学习的自然方法；游戏是儿童内部存在的自我活动的表现；游戏是儿童学习知识的最有效的手段；游戏是儿童为了寻求欢乐而自愿参加的一种活动；游戏是种族的过去活动习惯的延续和再现；游戏是为儿童以后的成人生活提供早期训练；游戏是假扮行为，是对周围生活的反映；游戏是儿童的一种同化活动，包括外显行为和白日梦；游戏是在真实条件之外借助想象，利用象征性的材料再现人与人的关系；游戏是一种以自我为中心的个体转变成社会化的、以他人为中心的个体的工具；游戏是儿童固有的、快乐的活动；游戏是儿童了解社会规则和成人职业的重要方式；游戏是儿童有趣而又严肃的事情；游戏是一种没有直接目的的活动；游戏是这样一种活动，在其中形成和完善在定向活动的基础上对行为的心理调节；游戏是儿童的自动活动和学习，等等。

可见，给游戏下一个精确而又能得到公认的定义是很困难的。近几十年来，随着幼教界对游戏理论和实践研究的深入，中外许多学者认为，无论人们怎样界定游戏，最重要的是应意识到游戏的一些最基本的因素和主要的特征，如游戏是幼儿个体发起的活动；游戏是令幼儿愉快的、有趣的活动；游戏没有外在目的，其动机来自幼儿内部；游戏是幼儿自发自愿的活动，没有强制性；游戏产生于幼儿熟悉的事物，幼儿能够修改游戏规则；游戏需要游戏者主动的参与。

二、游戏的外部特征

以往关于游戏的特征的研究仅仅停留在列举与描述的水平上，缺乏对各种特征之间相互关系的分析，同时没有在特征研究的基础上形成一套可以帮助人们在实际生活情景中判断活动性质的具体方法与指标。帮助人们，尤其是帮助幼儿园教师在教育情景中判断幼儿当前活动的性质，对于幼儿园教师组织和指导幼儿开展游戏，提高幼儿园游戏活动的质量，具有重要意义，也是一个迫切需要加以研究的问题。

把幼儿的游戏看作一种外部可观察的行为，首先应当把它当作一种"客观事实"来看待，弄清楚这些作为"客观事实"而存在的外部表现究竟是什么。换句话说，人们究竟是如何知道幼儿是在游戏或不是在游戏的，人们的判断是以幼儿的哪些行为表现为依据的。

表情、动作、活动对象以及言语等通常是活动的外显因素。人们可以通过对幼儿在游戏活动中的表情、动作、言语、材料等外显行为因素的观察，认识游戏的外部特征。

1.表情

表情是人们常常用来判断一种活动是不是游戏的一项外部指标。皮亚杰就曾经用微笑作为游戏发生的标志，用以区分探讨和游戏。当小婴儿偶然地碰到绳子而带动了挂在摇篮上方的玩具摇晃发出声响时，他最初的表情是严肃的、认真的。但是经过几次反复，他理解并掌握了这种情景之后，开始出现了轻松愉快的表情，这时，皮亚杰认为活动的性质由探讨转变为游戏。婴儿活动的目的是为了"让有趣的情景保持下去"。

但是，必须指出的是，幼儿在游戏时并不总是在"笑"。有时候他们的表情是非常认真的，比如说当他们在拼图、在和伙伴讨论用什么东西代替给小兔子吃的草、在观察蚂蚁搬家时的表情。这取决于游戏活动的性质与类型（例如是认知性成分较强的活动还是嬉戏性成分较强的活动；是自己玩还是与伙伴一起玩等），也取决于游戏活动的阶段（开始还是进行中或是结束）和材料（新异的玩具还是熟悉的玩具）等。

不管是专注认真的表情还是微笑、嬉笑、扮鬼脸（夸张变形）、哈哈大笑，幼儿在游戏中的表现特征说明幼儿在游戏中身心总是处于一种积极主动的活动状态，而不是消极被动状态。这一点可以帮助人们把游戏和无所事事、闲逛、坐着发呆等行为区分开来。无所事事是一种消极被动的状态，其典型的表情特征是茫然发呆。无所事事表明幼儿没有在游戏。因此，也可以把无所事事作为判断幼儿是否在游戏的一个客观指标。如果一个班级中的幼儿无所事事率高，说明参与游戏活动的幼儿人数少。反之亦然。无所事事与幼儿活动的积极性主动性成反比。

在组织幼儿游戏时，首先要注意观察一下幼儿的表情。如果发现还有幼儿坐着发呆或东游西逛，无所事事，就应了解原因，设法帮助他们参与到活动中去。

2.动作

幼儿游戏中最吸引人注意的是他们的游戏动作。在游戏活动中，幼儿对物体或游戏材料的使用往往不同于日常生活对物体的使用方式，具有非常规性、重复性和个人随意性的特点，也就是根据自己的兴趣与需要来操作。如骑在椅子上开汽车，幼儿看到椅子并没有做出"坐"的动作，而是出其不意地做出"开车"的动作，可见，幼儿在游戏中的动作是非常规的。同时，在幼儿园经常看到幼儿喜欢在滑梯上反复地爬上爬下，通过这一反复动作人们会认为他们在游戏，因此，可以断定，重复性也是他们游戏动作的特征之一。此外，在幼儿游戏中，不同的人可以用不同的方式去对待同一个物体，同一个人可以用不同的动作对待同一个物体，所以游戏还具有个人随意性。

根据游戏的不同性质，可以把游戏动作分为探索、象征和嬉戏三种基本类型。

探索是对当前事物的性质以及事物与事物之间的关系、事物的变化与自己的动作之间的关系的考察，通常是视觉、听觉、主体感知觉的联合活动。探索既包括对物质的探索，主要解决"物体是什么，有什么用"等问题；也包括物体之间关系的探索，主要解决"物体怎么排列、怎么对应、怎么拼插"等问题；还包括动作效应的探索，主要解决"用什么动作改变物体，用多大力量推动物体"等问题。探索在个体发生上和游戏时序结构上都先于象征的发生。象征是在表象作用支配下的想象性虚构性动作，主要包括以一物假装代替另一物来使用和以语言、动作假装代替另一物和动作的意义。嬉戏是故意做"坏事"或某种动作来取乐，带有幽默、逗乐、玩笑的性质，如一次一次地把玩具扔在地上；洗澡时故意拍打水花，溅的到处都是等。

在不同内容的游戏活动中，这三种不同性质的游戏动作可能所占的比例不同。如在娃娃家游戏中象征性动作可能占优势，在搭积木、拼图游戏中，探索性动作可能占优势。另外，在游戏的不同阶段，占优势的动作也不同。例如在搭积木的最初阶段，占优势的动作可能是探索，在后期积木打好后，幼儿可能用它来玩娃娃家，这时占优势的动作就是象征性动作了。

3. 角色扮演

角色扮演是一种特殊的游戏动作，是幼儿以自身或他物为媒介对他人或他物的动作、行为、态度的模仿，也可以说是一种象征性动作。如果在游戏中看到幼儿在模仿别人的行为、态度时，就可以判定幼儿在游戏，这是幼儿游戏的一种鲜明的外部特征。

幼儿在游戏中扮演的角色主要有三种类型：机能性角色、互补性角色和想象性角色。

（1）机能性角色　幼儿经常在游戏活动中通过模仿熟悉人物或者范例的一两个最典型的动作，来标志自己所扮演的角色。如通过转动方向盘来扮演司机的角色。

（2）互补性角色　幼儿在游戏中扮演所熟悉的社会、人际关系中以另一方的存在为前提的角色。如当"医生"，就得有人当"病人"，这类角色源于幼儿的社会生活，幼儿喜欢扮演其中占主动地位的一方，如医生——病人中的医生。

（3）想象性角色　这种角色在现实生活中并不存在，常来源于故事、语言等文学作品或电视、电脑等传播媒介，如喜羊羊、灰太狼、白雪公主、七个小矮人等。

4. 言语

幼儿游戏是常常伴随着言语表达的。注意倾听幼儿的言语，可以帮助家长和老师判断幼儿是否在游戏。

幼儿在游戏中的言语，按照功能划分，大致有三种类型。

（1）伙伴间的交际性言语　这是幼儿在游戏之外的语言交流。如"我们来玩过家家吧！""这是我的，不给你玩！"这种交际性言语具有提议、解释、协商、表达、申辩、指责等功能。

（2）角色间的交际言语　这是幼儿在游戏之中的语言交流。如"服务员，这个东西多少钱？能不能便宜点？""医生，我的孩子病了，能给看看吗？"等，这种交际性语言具有维系和支持游戏情节发展的功能。

（3）想象性独白　这是幼儿以自我为中心，在游戏中一边玩一边自言自语的想象性独白。如："这是喜羊羊的家，懒羊羊睡觉呢，灰太狼要吃掉他们，他又要抓羊了……"这种言语是幼儿在游戏中思维与想象外化的表现。

注意倾听幼儿的言语，可以帮助人们判断幼儿是否在游戏以及游戏的水平或状况。

5.材料

幼儿的游戏往往依赖于具体的游戏材料或玩具来进行，对于年幼的幼儿来说尤其如此。研究证明，幼儿年龄越小，对游戏材料的逼真性程度越高。因此，可以把有无玩具作为判断幼儿是否在游戏的一个物质指标。

总之，幼儿游戏是一种可通过对幼儿的表情、动作、角色扮演、言语和所使用的材料来观察的行为，这五个外部行为因素作为一个整体，能够帮助人们更好地识别与组织幼儿的游戏。

第二节　游戏的理论流派

幼儿游戏作为一种社会文化现象，早在人类社会开始之时就已产生。把游戏作为科学研究的对象来进行理论上的研究，是在19世纪自然科学的三大发现，尤其是在达尔文的生物进化论思想的直接影响下开始的。幼儿游戏，开始作为童年时期所特有的现象而受到关注，人们开始探讨游戏本身与儿童发展的关系。在人类的思想史上，第一次严肃地思考并解释了幼儿游戏出现的原因和意义，提出了许多游戏理论。

一、经典游戏理论

从19世纪下半叶到20世纪30年代左右，是幼儿游戏研究的初兴阶段，在这阶段出现了最早的一批游戏理论，这些理论被称做"经典游戏理论"。

1.精力过剩理论（剩余精力说）

代表人物是德国的思想家席勒和英国的社会学家、心理学家斯宾塞。

其主要观点是：游戏是由于机体内剩余的精力需要发泄而产生的。生物保护自己生存的精力除了维持正常生活外，还有剩余。过剩的精力必须寻找方法消耗掉，而游戏是剩余精力加以释放的最好形式。剩余精力越多游戏就越多。低等动物用于维持生命的精力较多，剩余精力较少，所以没有游戏或很少游戏。高等动物用于维持生命的精力相对少，剩余的精力多，就有较多的游戏。

2.娱乐论（松弛说）

代表人物德国哲学家、心理学家拉扎鲁斯。

其主要观点是：游戏不是发泄精力，而是松弛、恢复精力的一种方式。艰苦的脑力劳动使人身心疲劳，这种疲劳需要一定的休息和睡眠才能消除，然而只有当人脑解除紧张状态时，才可能得到充分的休息和睡眠。游戏和娱乐活动可使机体解除紧张状态，具有一种恢复精力、增进健康的机能，所以人需要游戏。

3.复演论（种族复演说）

代表人物是美国心理学家霍尔。

其主要观点是：游戏是远古时代人类祖先的生活特征在幼儿身上的复演。不同年龄的幼儿复演祖先不同形式的本能活动，复演史前的人类祖先到现代人进化的各个发展阶段。他认为人类的文化经验是可以遗传的，游戏中的所有态度和动作都是遗传下来的，如幼儿爬树是重复类人猿在树上的活动等。幼儿就是要在游戏中让个体摆脱原始的、不必要的本能动作，为当代复杂的活动准备。

4.生活预备说

一些科学家认为，游戏行为是未来生活的排演或演习，游戏行为使得动物从小就能熟悉未来生活中要掌握的各种"技能"，如追逐、躲藏、搏斗等，熟悉未来动物社会中将要结成的各种关系，这对于动物将来生存适应是非常重要的。著名的黑猩猩研究者珍妮·古道尔发现，幼小的黑猩猩常常用手掌舀一点水，用牙齿嚼烂树叶来汲取手掌中的水。而成年黑猩猩在干旱的季节，就是用嚼烂的树叶汲取树洞中的水解渴的。因此，提出了"游戏是生活的演习"的观点。

二、精神分析学派的游戏理论

20世纪40年代开始到50～60年代，是儿童游戏研究的缓慢发展阶段，弗洛伊德的精神分析理论在这一阶段的儿童游戏研究领域占统治地位。

弗洛伊德认为游戏是敌意或报复冲动的宣泄，儿童就是为了追求快乐、宣泄不满而游戏。儿童期的主要愿望就是快快长大，做成人所做的事，这在现实中是不可能实现的，儿童就在游戏中寻求成为大人的愿望的满足。动物的本能欲望可以直接表现，人的欲望却常因受压抑而不能随意表现。儿童天生也有着种种欲望需要得到满足、表现和发展，但由于儿童所生活的客观环境不能听任儿童为所欲为，从而使他们内心产生抑郁，导致自私、爱捣乱、发脾气、怪癖等不良行为。游戏则是一种保护性的心理机制，它能使儿童得以逃避现实生活中的紧张、拘束，为儿童提供了一条安全的途径来发泄情感，以实现现实生活中不能实现的冲动和欲望，使心理得到补偿。

弗洛伊德认为游戏并不总是和愉快的体验联系在一起，不愉快的体验也往往成为儿童游戏的主题。这是另一种"惟乐原则"的体现，使自己由现实中被动的承受者转变为游戏中主动的执行者。如在现实生活中有过生病打针的经历，游戏中则会出现给别人打针的情景；在现实生活中有过恐惧、害怕的经历，游戏中则会出现恐吓别人的情景。

弗洛伊德作为精神分析学派的创始人，并没有建构系统的游戏理论，他只是在其他工作的不同方面附带地提及了游戏，后来的精神分析学家在弗洛伊德游戏理论的基础上，扩展了他的理论并作了进一步说明。精神分析派的游戏理论把游戏的研究与儿童心理发展理论密切联系起来了，强调早期经验对健康的成年生活的重要性，强调游戏对于人格发展、心理健康的价值，这对于人们重视游戏在儿童发展中的作用具有积极的意义。

三、认知发展学派的游戏理论

瑞士著名心理学家、认知发展学派的创始人皮亚杰把游戏看作是智力活动的一个方面，试图通过研究幼儿的游戏和模仿，来找到沟通感知活动与运算思维活动之间的关系。他认为游戏是思维活动的一种表现形式，并提出练习性游戏和感知运动阶段相对应，象征性游戏和前运算阶段相对应，规则性游戏和具体运算阶段相对应。

由于幼儿认知发展的阶段和幼儿游戏的相应表现不同，皮亚杰把幼儿游戏分成三个发展阶段。

第一阶段：练习性游戏（0～2岁）。2岁前的幼儿，还没有真正掌握语言，其认识活动处于感知——运动水平，即只是依靠感知和动作的协调活动来认识事物和解决问题。游戏的目的是取得一种机能性的快乐，活动形式是重复偶然习得的动作图式。最初，婴儿是对偶然产生的新动作进行重复，随后，婴儿对重复动作本身的兴趣大于动作的效果，再以后孩子开始将习得的各种动作进行整合性的重复，这种重复性的动作就是游戏。

第二阶段：象征性游戏（2～7岁）。所谓象征，是一种符号系统，学前儿童还不能完全依靠语言这种抽象的符号来思维，他们主要依靠象征来思维。所谓象征活动，是指真实事物不在眼前时，用其他事物来代替，它是由"信号物"和"被信号化之物"构成一种心理结构，即表征。象征性游戏是以表征的形式把世界吸收到一个以自我为中心的同化过程，可见它是一种意义形式。同样是象征性游戏，2～4岁和4～7岁这两个阶段，幼儿的表现有着明显的区别。前一阶段嬉戏性象征达到顶峰，而后一阶段由象征而接近现实，幼儿的游戏动作、语言、情景的关系更具有逻辑性。

第三阶段：规则性游戏（7～11岁、12岁）。规则性游戏的发展主要在学龄期，它标着游戏逐渐失去了具体的象征性内容而进一步抽象化。皮亚杰认为，规则性游戏是由于通过感觉运动阶段动作的练习和掌握，使动作技能提高了，又经过具有象征意义的智慧的整合，思维的抽象概括水平提高了，在这个基础上产生的游戏。规则所要求的智力复杂性反映了这一阶段幼儿认知能力的提高，也说明了幼儿的能力已经达到接受规则支配的社会关系的水平。

皮亚杰的游戏理论引导了当代幼儿游戏的研究潮流和方向，70年代以来的幼儿游戏研究大多集中在认知领域，正可以看作是皮亚杰理论的贡献。

四、社会文化历史学派的游戏理论

社会文化历史学派是苏联最大的心理学流派，主要成员有维果茨基、列昂节夫、鲁宾斯坦、艾里康宁等。他们立足于马克思辩证唯物主义、历史唯物主义观点，创造了与西方根本不同的游戏理论。他们从不同角度证实人的高级心理机能的发展是受社会文化历史制约的，活动在人的高级心理机能的发展中起巨大的作用。

苏联心理学家维果茨基（1896—1934）认为游戏是社会性实践活动，幼儿看到周围成人活动，模仿这些活动，并迁移到游戏中，强调游戏的社会性。他认为游戏这种社会性实践，是在真实的实践情况之外，是在行动上再造某种生活现象，即幼儿在游戏中创造一种想象的情景。幼儿通过游戏，掌握基本的社会关系。他还提出游戏是学前儿童的主导活动，游戏包括心理发展的一切倾向，心理发展的最重要的变化首先产生在游戏之中。

心理学家鲁宾斯坦（1889—1960）认为游戏是一种经过思考的活动，是幼儿对周围现实的一种表现。他提出游戏是解决幼儿日益增长的新的需要和幼儿本身的有限能力之间的矛盾的一种活动，幼儿不是消极被动地接受环境和教育的影响，而且在积极活动中发展。幼儿渴望模仿成人的活动，试探着认识并参加周围生活，要求在行动中表现出自己的印象和体验。但同时幼儿又受知识、能力和体力的限制，不可能真正参加成人的生活，于是主观愿望和实际能力发生矛盾，游戏正是为解决这种内部矛盾而产生的。

艾里康宁较系统地研究了幼儿的游戏，1978年出版了《游戏心理学》，他重点研究角色游戏，认为角色游戏是幼儿的典型游戏。强调角色游戏是在真实条件之外，借助想象，利用象征性材料再现人与人的关系，幼儿在游戏中，不仅模仿，而且创造。他还探讨角色游戏的社会起源，他认为游戏作为幼儿活动的一种组织形式，是由于幼儿的地位在社会发展的一定阶段发生了变化而出现的。当社会产生了幼儿不能直接参加的生产劳动时，幼儿在游戏这种特殊活动中，模仿成人的劳动，满足自己的需要，以及与成人共同生活的愿望。

总之，苏联幼儿游戏理论的最大意义在于，他们强调了游戏的教育价值，揭示了游戏与教育的联系，这种联系表现在，一方面强调了幼儿游戏行为是由成人教给幼儿的，这就将游戏作为了一种教育的内容；另一方面，通过教幼儿游戏，塑造了幼儿正确的社会性行为，游戏又实现了教育的目的。但是他们认为幼儿必须在成人的示范、指导下才能改变物体的名称、才能用角色称呼自己等观点过于偏激。如果幼儿一直玩成人教的游戏，那幼儿就是在为成人而游戏了，如果该理论能注意个体的主观能动性在游戏中发挥的作用，将会对游戏的研究起到更大的促进作用。

五、游戏的觉醒理论

1.理论基础内驱力说

游戏的觉醒理论也可称为内驱力理论，或激活理论。它建立在内驱力学说的基础上，试图通过解释环境刺激和个体行为的关系，来揭示游戏的神经生理机制的假设性理论，理论的实质就是阐明游戏是一种内在动机性行为。

传统的内驱力理论并不能用来解释人和动物的一切行为。动物研究表明，老鼠为了探索具有新颖性的迷宫，宁肯离开安全而熟悉的集穴，即使受到电刺激，也要实现这种探索。人在退休后能活多久，往往不取决于物质生活条件是否优越，而取决于他们能否找到有兴趣的事来做。给刚出生不久的小婴儿看各种花样的图片，结果发现他们花更多的时间注视图案更复杂的图片。因此，人们认为，机体不仅有食物、睡眠、性等需要，还有探索、寻求刺激、理解等需要。这样就导致了活动内驱力、探索内驱力的说法，从而导致了内外动机的区别。即与生理需求相联系的驱动力引发的行为，只是一种为了获得外部奖赏的手段性反应，因而是一种自身的奖赏，是满足自身活动的需要，因而是一种内在动机性行为。

2.觉醒理论的基本观点

"觉醒"（arousal）是游戏的觉醒理论的核心概念。觉醒是中枢神经系统的机能状态，或机体的一种驱力状态。它与两个因素有关，一是外部刺激或环境刺激，二是机体的内部平衡机制。

英国心理学家伯莱因最先提出了游戏的觉醒理论，他的观点经美国心理学家埃利斯的进一步发展和修正，奠定了该派游戏理论的基础，并成为觉醒理论的基本观点。觉醒理论有两个最基本的观点。

（1）环境刺激是觉醒的重要源泉　新异刺激，除了为学习提供不可缺少的线索作用之外，还可能激活机体，从而改变机体的驱动力状态。

（2）机体具有维持体内平衡过程的自动调节机制　中枢神经系统能够通过一定的行为方式来自动调节觉醒水平，从而维持中枢神经系统最佳觉醒水平。

当外界刺激作用于感觉器官时，感觉器官对当前刺激进行感知分析。当刺激与过去的感觉经验不一致，即刺激是新异刺激时，就会使主体产生不确定性，因而导致觉醒水平的增高，机体感到紧张。中枢神经系统有维持最佳觉醒水平的要求，最佳觉醒水平使机体感到舒适，于是，它就采取一定的行为方式来降低觉醒水平；反之，当刺激过于单调、贫乏时，机

体就会厌烦、疲劳，觉醒水平低于最佳状态，于是机体就会去主动寻求刺激，增加兴奋性，使觉醒水平由低回复到最佳状态。

在新异刺激—觉醒水平增高时，发生的行为是探究。所谓探究就是直接感知物体，是对物体的知觉属性（形状、颜色等）的反应。它是由刺激所控制的行为，回答"这个东西有什么用"的问题。觉醒理论的先驱伯莱因把它叫做"特殊性探究"，这种探究的作用在于获得关于外界物体的信息，消除不确定性，降低觉醒水平，以维持最佳状态。

在缺乏刺激—觉醒水平低下时，发生的行为是游戏。游戏的作用在于寻求刺激，避免厌烦等不良的状态，提高觉醒水平。所以，游戏是机体主动影响环境的倾向，它是由机体而不是由刺激所控制的行为，它回答"我能用它来干什么"的问题。例如，当幼儿对滑梯已经熟悉，产生厌倦时，滑梯这一刺激对他来说已经很弱，这时他便变换新的滑滑梯的方式，如倒滑、趴着滑等，以增强这一刺激。伯莱因称之为"多样性探究"。

3.对游戏觉醒理论的评价

游戏的觉醒理论作为一种新的游戏理论，对学前教育的理论与实践工作有重要作用。

首先，游戏的觉醒理论，把研究延伸到了游戏的生理机制这样一个更为微观的领域，同时，由于生理心理学的术语的运用，使得对游戏过程的描述更为精确和严谨。

其次，游戏的觉醒理论，提出了环境与人的交互作用的原理，启发我们应当重视幼儿园环境的科学创设和合理组织。早期教育实践往往强调得更多的是丰富托幼机构的环境刺激，实际上，刺激缺乏固然对儿童发展不利，但刺激过多会使机体觉醒水平增高，超出最佳范围，不仅会抑制游戏行为，而且会使探究行为刻板单一，防御性成分增加，孩子会感到紧张不安、厌恶、退缩。

再次，游戏的觉醒理论，对于做好新生入园的适应工作也具有指导意义。当幼儿新入园时，全新的环境可使觉醒水平增高，孩子感到紧张、敏感、害羞、退缩。这时教师应当安排一些像拼图形之类的独自游戏或其他认知性成分较高的安静性活动，这会更适合于孩子的觉醒状态。

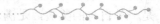

第三节　学前儿童游戏的分类

学前儿童的游戏多式多样，种类不一。在学前教育中，游戏既是教育的内容又是教育的手段，成人或教育者为促进儿童健康、全面地发展，要鼓励和支持儿童开展各种各样的游戏活动。

游戏分类是一个相当复杂的问题，如同定义一般，从不同的角度对游戏进行研究，将揭示游戏的不同内涵和外延。

一、从认知发展的角度分类

皮亚杰认为游戏是随认知发展而变化的，他根据儿童认知发展的阶段，把儿童游戏分为感觉运动游戏、象征性游戏、结构游戏和规则性游戏四类。

1.感觉运动游戏（练习性游戏）

感觉运动游戏是儿童出现最早的一种游戏形式，占全部游戏的100%，一般处于从出生到2岁这一阶段。这种游戏的动因在于感觉运动器官在使用过程中所获得的快感，由简单的重复运动组成。幼儿主要是通过感知和动作来认识环境，他们以自己的身体为游戏的中心，逐渐地会操作具体的物体，从简单、重复的联系中尝试发现、探索新的动作，获得愉快的体验，如奔跑、摇木马、滑滑梯等。随着其他游戏形式的出现，感觉运动游戏的比例会逐渐下降，到6～7岁时，只占全部游戏的14%。

2.象征性游戏

象征性游戏是2～7岁幼儿最典型的游戏形式，其高峰期在3～5岁。这是一种通过使用替代物并扮演角色的方式来模仿真实生活的游戏。儿童把一种东西当作另一种东西来使用即"以物代物"，把自己假装成另一个人即"以人代人"，是象征的表现形式，如玩"过家家"、"医院"、"商店"等游戏。通过象征性游戏，儿童可以脱离当前对实物的知觉，并学会用语言符号进行思维，体现着儿童认知发展的水平。

3.结构游戏

结构游戏是儿童利用各种不同的结构材料来建构、反映现实生活中的物体的活动，如使用积木、竹制材料、金属材料、泥巴、沙、水、雪等材料来搭建一些建筑物等。结构游戏前期带有象征性，后期逐渐过渡成为一种智力活动，是游戏活动向非游戏活动的过度。

4.规则游戏

规则游戏是7～11岁的儿童按照一定的规则进行的、带有竞赛性质的游戏，它包括智力性质的竞赛、动作技巧方面的竞赛、运动能力一类的竞赛等。参加游戏的儿童必须在两人以上，这是4～5岁以后发展起来的游戏，这种游戏可以从幼儿一直延续到成人。

二、从儿童的社会性发展性分类

游戏的另一发展维度便是儿童在游戏中的社会性参与程度，美国学者帕顿从儿童社会行为发展的角度，把游戏分为以下六种。

1.偶然的行为（或无所事事）

幼儿在0～2岁时没有同任何事物或任何人进行游戏，而是注视着身边突然发生的使他感兴趣的事情，或在房间内闲荡或跟随成人。

2.旁观游戏

幼儿两岁以后开始观察其他幼儿的游戏，听他们谈话，或向他们提问题，他的兴趣集中在别人的游戏上，而没有参与到游戏中去。

3.独自游戏

2岁半以后幼儿能自己玩玩具，进行游戏，所使用的玩具与其他儿童的不同。他只专注于自己的活动，不参与别人的游戏，似乎没有意识到其他幼儿的存在。

4.平行游戏

2岁半至3岁半的幼儿，在其他幼儿的旁边游戏，幼儿之间相互靠近，能意识到别人的存在，相互之间有目光接触，但彼此之间没有游戏互动。他们也许选择一个和旁边幼儿一样的玩具、材料和活动，还会看别人的操作，甚至模仿别人的作品和活动，虽然把主要精力放在自己的游戏上，但其游戏的方式却类似于其他幼儿。

5.联合游戏

3岁半至4岁半的幼儿，仍以自己的兴趣为中心，但开始有较大的兴趣与其他幼儿一起

玩。他们在小组里与同伴交换材料，时常发生短暂的交谈行为，提供和接受彼此的玩具，对他人的活动表示赞赏或否定，甚至攻击。但他们事先没有确定游戏的目的，他们只是愿意一起玩，而没有明确的分工，幼儿个人的兴趣还不属于集体，他们只做自己愿做的事情。

6. 合作游戏

4岁半以上的儿童，在小组中大家共同游戏，有预期的目的和目标，在游戏中互相合作并努力达到目的。游戏中有明确的分工、合作及规则意识，有一到两个游戏的领导者，这种游戏具有组织意味，有明显的集体意识，有共同遵守的规则，这种游戏离开了相互间的合作则玩不成，如要搭建一个城堡或比赛谁跑得更快。

三、从游戏的主题分类

美国心理学家比拉认为游戏的主题类型是日趋完善的，它主要经历了五种游戏类型。

1. 未分化型游戏

这是一种最初级、最简单的游戏形式，每隔2分钟、3分钟就出现一种不同的游戏动作，而且每个动作是无规则的。如摆弄玩具、敲打玩具，或在椅子上跳等，这是1岁左右幼儿具有代表性的游戏类型。

2. 累积型游戏

这是一种片段性游戏活动的连接，如一会儿摆弄玩具、一会儿看画册、一会儿涂鸦等。在1个小时能进行4～9种游戏，每种游戏活动10分钟左右，两个片段活动之间没有关系，这类活动在2～3岁幼儿中比较多见。

3. 连续型游戏

这是同一种游戏形式下的各种不同的活动，在一个游戏后插入其他的游戏，中断原来的游戏活动，随之又回到原来的游戏活动。如玩"娃娃家"的孩子，一开始正在"洗衣服"，但在"洗"的过程中，被"洗衣机"吸引而摆弄起开关按钮，然后再接着玩"洗衣服"，这是由于幼儿注意稳定性差所致。这类游戏一般在2～4岁幼儿中比较多见。

4. 分节型游戏

这是一种把完整的游戏分成两次或三次来进行的游戏。幼儿总是对自己正在进行的游戏尽兴以后才转移活动，当他玩腻了一种活动以后就转向另一种活动。如玩腻了搭积木就转向玩沙子，再次玩腻时，又去玩一种新的游戏。这种游戏在4～6岁幼儿中较为多见。

5. 统一型游戏

这种游戏是分节型游戏的延长（约1个小时）。幼儿在一个较长的时间里始终坚持同一种游戏活动，甚至可以用第二块时间来延续情节的发展。整个游戏是在同一个主题、目标下进行的，游戏内容有联系，游戏方式也基本一致。这种游戏形式在5岁、6岁以后的幼儿中比较多见。

四、幼儿园游戏分类的几种形式

1. 创造性游戏和有规则游戏

人们习惯于将幼儿园游戏分为创造性游戏和有规则游戏两大类，其中创造性游戏包括角色游戏、结构游戏、表演游戏，有规则游戏包括智力游戏、体育游戏、音乐游戏。这种分类便于教师了解游戏的教育作用，并选用各种游戏，但同时也给幼儿园游戏的开展造成许多误区。

2.主动性游戏和被动性游戏

主动性游戏幼儿除了需要智力活动外，更需要运用肢体、肌肉的活动去进行游戏，幼儿可以自由控制游戏的速度，也可以按自己的意愿来决定游戏的形式，如手工、搭积木、角色游戏、玩沙、玩水等。根据不同的游戏方式，主动性游戏可以再分为以下四种：操作性游戏、建造性游戏、创作性游戏和想象性游戏。

被动性游戏属于较静态的活动，幼儿只需观看、聆听或欣赏，而不需进行体力活动，如阅读图书、听故事、听音乐、观看动画片等都属于静态接受信息的活动。

3.手段性游戏和目的性游戏

手段性游戏是指以游戏的方式达到教育教学的目的，即教学游戏化。手段性游戏把游戏作为教育教学的手段，教师的控制程度较大，幼儿不能完全依自己的愿望自主地游戏。

目的性游戏是指为幼儿提供为玩而玩、获得游戏性体验的条件。目的性游戏注重游戏活动本身，使儿童在活动过程中体验快乐并使个性、情绪及社会性方面得到发展，幼儿可以主动支配自由的行为，自由参加游戏。

4.游戏的三维度分类方法

三个维度包括：个体—社会维度、生理—心理维度、认知—情绪维度；其中分为五类：满足型游戏、适应型游戏、运动型游戏、认知型游戏、情感型游戏。

第四节　游戏与学前儿童的身心发展

一、游戏与学前儿童认知的发展

皮亚杰的认知发展理论，开拓了从儿童认知发展的角度来考察儿童游戏的新途径。他把游戏解释为"一种同化超过顺应的优势"。在游戏中幼儿按照自己的兴趣和愿望去接受外部环境的信息，并进行加工，使之适应自己的内部图示，来认识世界，促进认知发展。专门的智力游戏，如"配对"和"分类"游戏，更能有目的地发展幼儿的各项智力。

1.游戏与儿童语言发展

儿童约自2岁起便开始尝试各种语言的游戏，包括：声音的游戏、造句的游戏和语义游戏，研究指出语言游戏不仅能让儿童练习和精通语言，而且能增进儿童的内在语言知觉，即认识和分析自己的语言形式和规则的能力。

幼儿在游戏中，发展自己的口头语言。幼儿在与同伴进行交流的过程实质上是其语言组织及表达能力的锻炼过程。幼儿通过语言进行协商、设计，完成对游戏主题、情节的计划，角色、玩具的分配，背景的安排、规则的制定。如角色游戏中建议他人："你当妈妈，我来当宝宝。"在孩子共同建筑一座大厦、一座桥梁等大模型时，大一些的孩子会事先讲出自己的游戏计划，年龄小的孩子也会表达自己的愿望。

在游戏中，幼儿也会使用书面语言。如在枪战游戏中，将书面文字引入游戏，用"射击"和"隐蔽"的牌子，可以使幼儿初步理解这两个书面词汇的含义，而像拼音、文字游戏则直接加强了儿童对书面文字的理解力。

总之，游戏为幼儿提供了语言实践的机会，幼儿通过生动、具体的语言运用，调节自己

的游戏行为，也通过具体的动作，变换自己的语言，从而发展了语言，并以语言为中介建构对现实世界的认识与理解，发展了幼儿认知能力。

2.游戏与儿童创造力的发展

游戏以其特有的魅力吸引儿童，让儿童拥有自由想象的空间，对儿童创造力的发展起着重要作用。对创造力的研究已揭示出，创造力与主动自愿的内部动机、自由民主的气氛、灵活易变的形式有着密切的一致性。这些也正是游戏的特点和性质，游戏与创造力之间有着许多相似之处。

在游戏的训练的研究方面，有的研究发现儿童在游戏中自由操作物品，能促使其对于物品产生更多非标准化的反应；有的研究则发现集中性经验（玩拼图游戏）能增进儿童集中性问题（完成拼图）的解决能力，而扩散性游戏（想象游戏）经验能增进儿童扩散性问题的解决的能力（解决问题的弹性策略）。集中性游戏受条条框框限制，容易使幼儿产生固定化的倾向，而扩散性游戏未受到条条框框的限制，使幼儿有可能去寻求解决问题的多种方法。由此可见，游戏性质与幼儿创造力有密切关系，扩散性游戏更有利于幼儿创造力的形成和发展。

3.游戏促进了儿童智力的发展

游戏是儿童智力发展的动力，儿童通过游戏及游戏的玩具材料，可获得日常生活环境中各种事物的知识，促进儿童观察力、注意力、记忆力的发展。

游戏中的假扮和象征有助于发展儿童的创造力，提高其解决问题的技能；积木游戏是培养儿童三维空间思维能力的最佳方法；游戏中对物品的假想促进了儿童想象力和创造力的发展；儿童在游戏中相互接触、积极交流，语言能力能得到较好的发展。游戏为儿童提供了重复练习的机会，儿童通过游戏来获得技能、在游戏中学会了推理。操作活动为儿童提供了在分类基础上充分发展概念的大量机会，让儿童按照自己的速度建构范畴，积木游戏、骑车、玩沙、戏水、拼图等游戏可以培养儿童对形状、离心力、空间知觉、万有引力、大小等关系和物理概念与活动之间关系的建构，儿童在游戏中也学会了多、少、相似、不一样等关系，这是儿童期分类能力发展的开始，有利于儿童的理解力和预测物质世界能力的培养，可以促进儿童数理—逻辑能力的发展。儿童在角色扮演中，对物体相似特点的选择——以物代物以及将自己假扮成某个角色，再回到现实，都表明儿童开始理解思维的可逆性。

二、游戏与学前儿童社会性发展

幼儿正处于从自然人（生物人）向社会人转变的时期，是社会性发展的关键阶段。游戏作为幼儿的基本活动，是早期社会性发展的重要途径，它使幼儿获得了更多的适应社会环境的知识和处理人际关系的态度和技能。

1.游戏有助于幼儿社会性交往技能的提高

游戏是幼儿交往的媒介。通过游戏活动，特别是伙伴游戏活动，幼儿与同伴之间有更多的交往机会，使幼儿学习与掌握各种社会性交往技能。

合作是一种重要的社会性交往技能。伙伴游戏本身就是合作的过程，幼儿在进行社会性游戏时，要就游戏的主题、情节、规则、玩法进行交流，协商由谁来扮演什么角色，怎样布置背景和使用玩具等来共同完成游戏活动。游戏中的这种幼儿之间交往活动，使幼儿了解自己和同伴的想法、行为、愿望和要求，学会与同伴合作。

在游戏中，幼儿有时会遇到人际交往问题。例如，如何加入其他伙伴的游戏，如何解决冲突、纠纷等。研究表明：如果幼儿试图进入其他伙伴已开始的游戏，75%的可能性是遭到拒绝。幼儿似乎天生地具有保护自己的想象性游戏不被别人打扰的倾向。为了成功地进入他人的游戏，幼儿往往会采取一些策略，如提出请求、进行评论、提供玩具、提出建议等，在这样的尝试中，也发展了他们与他人交往的能力。在游戏中，有时会出现两个幼儿同时想玩同一样玩具，或自己想去玩别人手里玩具的情况，这就要求孩子与同伴分享玩具，学习与小朋友协调、互相谦让、有礼貌等人际交往技能。

2. 游戏有助于幼儿"去中心化"，学会理解他人

游戏是幼儿克服自我中心思维的重要途径。在角色游戏中，幼儿必须以别人的身份（如售货员、医生）出现，在思想上必须把自己放在别人的位置上，这时他既是别人（如我是"妈妈"），又是自己（如我是欣欣）。在这种自我与角色的"同一"与"区别"中，儿童学习可逆性思维，从不同角度考虑问题，发现自我与他人的区别，使自我意识和人我意识得到发展，使幼儿学会从别人的角度来看问题，来观察与体验世界，学会理解别人。

幼儿在角色游戏中，往往会发现自己的观点与别人的想法不一致的情况，这要求幼儿学习协调和接受别人的想法。例如，两个幼儿在玩开车的游戏，车坏了。一个幼儿提议："让我们把车送到维修店里去修吧。"另一个幼儿反对："不，我爸爸车坏了都是自己修的。"两种不同的修车方法，对于两个幼儿来说都是一种新鲜的经验。这种认知冲突既可以丰富幼儿的经验，又可以使幼儿有机会学习协调自己的想法与别人的想法，克服思维的自我中心倾向。

3. 游戏有助于增强幼儿社会角色扮演能力

游戏是幼儿学习和掌握社会角色的一个途径，当孩子扮演同性别的成人角色时，他（她）就在思想上对自己和同性别的成人角色之间的关系（相似）进行了概括，实现了认同。在扮演角色的过程中，通过对于成人行为、态度的模仿，逐渐习得与自己性别相适应的行为方式，性别角色的社会化过程也就开始了。幼儿在游戏中，既是自己，又是"别人"，一个人同时可以扮演几个不同的角色，他一会儿是娃娃家里的"爸爸"，一会儿又是医院里的"医生"。这种自我与别人、角色与角色之间的同一、交叉与守恒，可以使儿童在对角色的多样化与稳定性的理解和体验中，锻炼扮演角色的技能，有助于现实生活的角色扮演和转换，从而增强社会适应的能力。

三、游戏与学前儿童情绪情感的发展

学前期是儿童情绪情感发展的重要时期。作为早期经验的重要内容，幼儿在生活中获得的各种情绪情感体验对成年以后心理生活的健康及人格的完善程度都有至关重要的影响。游戏给幼儿以快乐与满足，它作为幼儿生活中的重要内容对于幼儿情绪情感的发展具有积极的意义。

1. 游戏经常使幼儿体验积极的情绪情感

游戏是一种轻松、愉快、充满情趣的活动，它给幼儿以快乐，幼儿在游戏中经常体验积极的情绪情感。如在"老鹰捉小鸡"游戏中，扮演鸡妈妈的幼儿体验着妈妈对孩子的关心和爱护，用自己的身躯保护孩子，教会孩子躲闪。当幼儿利用游戏材料做出了成果时，会体验到自豪感，增强自信心。如果失败了，幼儿在游戏中也不会有任何负担，不会造成任何损失，可以重玩。幼儿在游戏中出现的情绪情感永远是真实的，孩子不会假装，也不会装样子，"妈妈"真心爱自己的孩子，"交警"由衷地关心怎样更好地指挥来往的车辆。

随着游戏主题和构思的发展和复杂化，幼儿的情绪情感体验更丰富、更深刻。在"医

院"游戏中，幼儿会像医生一样认真给"病人"听诊、开药，嘱咐"病人"按时吃药。当"护士"的幼儿不仅耐心给"病人"试体温、打针，还主动搀扶病人，让"病人"好好休息。在"理发店"、"商店"中当服务员的幼儿，尽职尽责地为"顾客"服务，客人的感谢使他们的满足溢于言表。在表演游戏中，幼儿深深地体验着故事中人物的喜、怒、哀、乐。在竞赛游戏中，幼儿经历着紧张，体会着紧张后的放松。游戏使儿童体验各种情绪情感，学习表达和控制情感的不同方式，而且丰富情绪情感的体验，也对儿童产生潜移默化的影响，发展他们的友好、同情、责任心、爱憎分明等积极情感。

2. 游戏有助于幼儿消除消极的情绪情感

人在生活中不仅有正向的、积极的情绪情感，也有负向的、消极的情绪情感。人的各种情绪情感（如生气、愤怒、绝望、悲哀）如果长期受到压抑而得到不到释放，就会影响人的心理健康。而游戏为幼儿提供了表达自己各种情绪的机会。许多心理学家都认识到游戏的这种价值。以弗洛伊德为代表的精神分析学派认为游戏是幼儿精神发泄的重要途径，可以补偿现实生活中不能满足的愿望，可以缓解心理紧张，减少忧虑。游戏可以消除幼儿生活情境中产生的忧虑和紧张感，使幼儿向自信和愉快的情感过渡。皮亚杰把游戏看作是幼儿自我表达的工具，它可以使幼儿通过同化作用来改造现实，满足自我在情感方面的需要，是幼儿解决认知与情感之间冲突的一种手段。辛格夫妇认为想象游戏的主要优点在于它能提供一个新的刺激场，这种刺激场是幼儿凭想象和回忆创造出来的心理场，它能使幼儿逃避不愉快的现实环境和气氛，使他们产生愉快、肯定的情绪体验，改变受挫的情绪状态，从而间接实现对行为的控制。

3. 游戏有助于发展幼儿的高级社会性情感

游戏作为一种充满情绪情感色彩的学前期儿童基本活动，可以发展幼儿的道德感、美感和理智感。

道德感主要指人评价自己和他人的行为是否符合社会道德行为标准时所产生的内心体验。游戏是对现实生活的反映，角色的行为无不表现了道德行为，比如在公共汽车的游戏中，孩子扮演了给老人让座的乘客，在医院的游戏中，孩子扮演了同情和护送病人的角色等。当孩子游戏中的角色行为经常和道德行为相联系的时候，对角色行为的体验也就常常充满了道德情感的体验，长此以往就有助于形成稳定的道德情感。同时，游戏的开展需要同伴之间的协作、谅解和帮助，游戏中能力弱的孩子常常需要能力强的孩子帮助，这种帮助是被游戏的需要所促进的，被帮助的孩子会体验到友好，表示感激之情，助人的行为得到肯定，使孩子体验到一种满足。此外，分组竞赛的游戏，还会发展起一种集体的荣誉感和责任感。可见，友爱、同情、荣誉等许多道德情感的体验是产生于游戏之中的。

美感是人们在领略美好事物时产生的，是人对事物的审美体验。而幼儿对美的感受源自于游戏。人们可以看到，游戏常常使儿童自得其乐，沉浸在高度的美感享受中，从而产生自发的表现欲。游戏中的结构造型活动使他们痴迷，角色扮演形式使他们陶醉，漂亮的玩具使他们爱不释手，他们用材料装饰、美化自己的游戏环境，从中得到一种审美快感。特别是游戏形式本身充满了美的形态，能使儿童产生各种美感，如在结构游戏折纸、剪贴、搭积木等活动中，儿童的创造和智慧是以一种平衡、和谐、对称的特点体现出来的，他的一句"好看吗"，道出了美感的内心体验；又如角色游戏以物代物、以人代人的活动中，儿童的想象和意境以一种似真非真、似假非假的滑稽形态呈现出来时，他的一句"假的呀"，道出了幽默感的内心体验。可见，游戏总是和美联系在一起的，儿童通过游戏激发了审美创造性。

理智感是与幼儿的认识活动、求知欲、好奇心和解决问题等需要是否满足相联系的内心体验。理智感是由求知的动机引起的，否则就不会有探索、惊奇和了解事物的愿望。幼儿理智感的源泉也是游戏，幼儿的求知欲在游戏中有着最充分的表现，他们看、摸、动、拆、提出问题，自发地去寻求答案，解决问题后会感到一种极大满足和愉快。人们看到，每当他们把一种材料玩出多种花样来，每当他们掌握了一种游戏技巧，每当他们发现了事物的奥秘，每当他们从探索中获得了一个道理，他们都会由衷地发出欣喜的欢呼，这种求知欲的满足正是幼儿理智感的表现。对幼儿来说，在进入正规的学习之前，是游戏帮助他们发展了理智感。

综上所述，游戏不仅满足学前儿童身心发展的各种需要，而且对学前儿童身体、智力、社会性和情绪情感等各方面的发展具有积极的促进作用。游戏是儿童幸福与快乐的砝码，也是他们成长的阶梯，儿童的各种发展在游戏中得以实现。

四、游戏与学前儿童身体的发展

1.游戏与基本动作的发展

各种游戏中，都包括有各种大小动作和活动，特别是户外体育游戏，能锻炼儿童的走、跑、跳、钻爬、投掷、平衡、攀登等基本动作。儿童经常在户外、在阳光下、在新鲜空气中活动，心情舒畅，天天锻炼着基本动作，促进其动作的灵活性、协调性的发展，促进大肌肉、小肌肉运动的控制能力。儿童时期特别是学龄前时期，基本动作的联系都是在游戏中进行的。游戏是发展儿童基本动作的重要途径。

2.游戏与运动能力的发展

儿童的运动能力表现为对肌肉的控制能力、身体的平衡能力、动作的协调能力等，这种能力的发展正是在游戏活动中得以实现的。游戏能满足儿童生长时对运动的需要，并能促进其运动能力的发展。儿童根据自己的运动能力来选择游戏内容，并在游戏中逐渐发展运动能力，随之又根据提高了的运动能力去选择符合其发展水平的游戏活动。儿童的运动能力便伴随游戏水平的提高而提高了。

3.游戏与儿童身体的生长发育

身体健康的儿童比身体不健康、营养不良的儿童更喜欢游戏。游戏使儿童身体各个器官得到活动和锻炼，大到追、跑、跳跃的游戏，小到拼图、绘画、玩沙等游戏，都可以促进儿童大、小肌肉的运动、促进骨骼、关节的灵活与协调。游戏为儿童身体的正常发育提供了许多必要的动作和运动的机会，锻炼了儿童的身体，增强儿童的体质。

第五节　幼儿园各类游戏的指导

一、幼儿园的角色游戏及其指导

1.角色游戏的意义

角色游戏是幼儿以模仿和想象，通过扮演角色，创造性地反映现实生活的一种游戏。

角色游戏是幼儿期特有的游戏，是幼儿自然游戏的一种。

2.角色游戏的结构

角色游戏一般由主题、角色、材料、情节、规则等几个结构要素组成。

（1）角色游戏主题的确定　角色游戏的主题反映了幼儿关注到的社会生活、社会现象的范围，通常表现为角色游戏的题目。随着幼儿年龄的增长，角色游戏主题也在不断增加。角色游戏主题的产生受眼前某种、某些玩具的启发，进而产生游戏的念头和游戏的行为。最典型的表现是在幼儿面对功能固定、特征鲜明、有较强的主题暗示性的玩具时，就会受到玩具造型的暗示性影响，玩相应主题的游戏。4岁以后的幼儿不再单纯依赖当前的实际知觉，而是逐渐能够依赖自己的兴趣、主观愿望来构思角色游戏的主题。

（2）角色扮演　在角色游戏中，幼儿扮演的是一假想的角色，而不是他自己，如爸爸、妈妈、服务员、顾客、医生、老师等。幼儿扮演角色，要求达到一定的心理水平，需要把头脑中已有的人物表象重新组合，借助自己的语言、表情、动作等来表现对这些角色的认识与理解。幼儿扮演角色对发展想象力和自我意识也有很大作用，幼儿常扮演他们认为重要的人物，角色是游戏的中心。在这个过程中，幼儿实现了以人代人的假象。

（3）对物品的假想　角色游戏中的物指的是游戏中的物品和材料。在游戏中以一物代替另一物品，要求幼儿的想象力发展到一定水平。在游戏中，要以游戏中的意义来看待实物，就要求幼儿摆脱对实物的知觉，学会以表象代替实物作为思维的支柱。如霍尔在研究娃娃家的游戏中，发现幼儿可以把三十多种东西假想为娃娃，如枕头、凳、菊花、瓶、黄瓜等。

（4）对游戏动作和情景的假想　角色是幼儿以动作、语言来扮演的。在角色游戏中，幼儿扮演某个角色，操作某个玩具或用具时，幼儿不是单纯地玩玩具，而是通过使用玩具的动作来表现假想的游戏情节，并且以各种游戏情节表达自己的思想、情感和体验。如在医院游戏中，幼儿拿着玩具听诊器给"病人"听诊，这时幼儿就把听诊的动作想象成现实生活中医生给病人看病时听诊的活动，把自己所处的活动角想象为医院，通过对动作和情节的假想来实现游戏情节的发展。

（5）游戏规则的内隐性　游戏中的规则是每个人必须遵守的，是内隐的而不是外显的，它包含在每个角色中。尽管整个游戏都是虚构的，但幼儿却不愿违背真实生活的逻辑原则，使自己在游戏中的假想活动符合角色身份的要求，如经常听见孩子说：医生看病要先挂号再看病，不是这样的等。幼儿在角色游戏中，以假想的材料、假想的角色、假想的动作、假想的情节，追求逼真的表演和体验，游戏规则是真实生活的逻辑原则，是内隐的规则。

3.角色游戏的发展

幼儿角色游戏的发展受各种因素的影响。如儿童身心发展水平：健康幼儿比体弱幼儿更喜爱游戏；成人对幼儿游戏的态度：家庭条件好的幼儿比家庭条件稍差的幼儿更喜爱游戏；幼儿园和家庭的游戏设施：游戏设施健全对幼儿参加游戏的数量和质量有重大影响等。

角色游戏的发展可以从以下几个方面分析，并作为评价游戏的参考。

（1）角色的扮演　可分为下列几种水平。

①摆弄、操作实物的行为。

②在角色游戏的情境下操作实物的行动。

③担任角色，但未能按角色要求行动，临时冲动或意愿仍起作用。

④按角色要求行动，规则胜过使用物品的直接愿望，但仍不稳定。

⑤按角色要求行动，表演逼真。

⑥明确角色间的关系，配合行动，规则复杂化。

（2）游戏的内容——主题和情节　主题指游戏的题目，情节指具体游戏过程，同一主题游戏，具体情节有简单和复杂之分。影响幼儿选择游戏主题的因素如下。

① 幼儿熟悉的内容，了解其中人物的活动。

② 有意愿扮演的角色。

③ 有吸引幼儿的游戏材料或游戏情景。

（3）幼儿游戏的目的性、主动性及组织游戏的能力的发展　教师了解角色游戏的发展，可以在知道角色游戏时有明确的方向，使幼儿角色的扮演、游戏的内容、游戏的目的性、主动性及组织能力等方面在原有的基础上不断提高。可拟定推算幼儿角色游戏水平的具体项目如下。

① 目的性。无目的的游戏；时时更换游戏；事先想好玩什么；按目的持续的玩。

② 主动性。不参加游戏；能参加现成的游戏；在别人带领或分配下游戏；主动参加游戏。

③ 担任角色。不明确角色；能明确角色；能主动担任角色；能担任主要角色。

④ 遵守职责。不按角色职责行动；有时按角色职责行动；能按角色职责行动；完全按角色职责行动。

⑤ 角色表现形式。重复个别活动；各个动作间有些联系；有一系列的动作；能创造性地活动。

⑥ 角色关系。自己玩与别人无联系；与别人有零星联系；在教师引导下与别人合作；明确角色关系配合行动。

⑦ 对玩具的使用。凭兴趣使用玩具；按角色需要使用玩具；创造性地使用玩具；为游戏自制玩具。

⑧ 游戏的组织能力。无组织能力；会商量分配角色；能出主意使游戏玩下去；会带领别人玩或教别人玩。

⑨ 持续时间。10分钟左右；20分钟左右；40分钟左右；1小时左右。

4.角色游戏的指导

角色游戏是幼儿喜欢的游戏，带有很大的自发性，然而游戏又是幼儿园的重要教育手段，要实现游戏的教育作用，并使游戏和其他活动结合起来，必须有教师的指导。怎样指导幼儿的角色游戏呢？可以说，角色游戏指导的中心问题是如何使教师的指导同幼儿在游戏中的主动性结合起来，也就是在保证幼儿发挥主动性的前提下进行指导。

（1）丰富幼儿的知识和生活经验　角色游戏是建立在幼儿所掌握的知识和经验的基础上的。幼儿的知识越多，生活内容越丰富，角色游戏的主题和内容也就越新颖、越充实。教师要善于利用上课、观察、参观、日常生活、劳动、娱乐等多种活动来丰富幼儿的知识经验，加深幼儿对周围生活、人与人的关系的印象。同时帮助家长安排好家庭生活，使幼儿在家庭中获得更广泛的知识经验，为开展角色游戏打下良好的基础。特别是玩"娃娃家"的孩子，他们在家里当爸爸、做妈妈，都需要从生活中学习。

（2）准备游戏材料　苏联教育家马卡连柯说："玩具是游戏的中心，没有中心，游戏就玩不起来。"由此可见，材料是游戏的物质基础，并能刺激游戏的开展。教师要以本班角色游戏开展的情况为根据，从游戏的内容、角色分配、游戏材料的提供、个别幼儿的教育、角色游戏的常规等方面为角色游戏的开展和提高做好准备工作。如开设点心店，教师就要提供很多自制的馒头、面条、围裙、盘子等物品。

（3）观察游戏进程，支持游戏发展　教师要对游戏进行指导，首先就要很细致地对幼儿的游戏活动进行观察。观察方法大体分为随机观察和有目的的观察。随机观察要求教师捕捉

幼儿语言、动作、表情中所发出的信息（目的是了解幼儿行为动机、即时需要、意愿、困难、情绪），以便把握干预时机，满足游戏需要，推进其活动。有目的的观察要求教师有目的有针对性地了解幼儿现有的发展状况、发展的个别差异作为教育的依据，以便因材施教，不断调整教育方案。在教师的观察中，教师要不断地提供游戏材料或对游戏材料的使用进行示范来推动游戏的进程。同时也要根据游戏的发展，提出问题或者建议，用语言来推动游戏的延伸和扩展。

如在商店游戏中，"营业员"在商店里无所事事，生意一直不太好。教师便可建议"营业员"把商品整理好，想想办法来卖商品，或让"营业员"卖力吆喝一下，吸引别的孩子的注意，搞个促销活动"买一送一"等。

（4）介入游戏进行干预　在幼儿游戏时常会遇到一些问题或者矛盾，这时就需要教师及时干预。干预原则：尊重幼儿的年龄特点；尊重幼儿的游戏意愿；尊重幼儿支配游戏材料的权利。干预时机：当幼儿并不投入所构思的游戏想象情境时；当幼儿难以与别人沟通互动时；当幼儿一再重复自己原有的游戏行为，进一步延伸和扩展有困难时；当幼儿缺少材料，使游戏难以继续时；当孩子发生游戏技能的困难时；当游戏中出现负面行为效应时。

如现在的孩子都是饭来张口、衣来伸手，不知道怎么做饭，在进行娃娃家游戏时，会出现有饭吃却没有菜，很多的水果都到了米饭里等情况。这时，教师便可以亲自给幼儿做示范，制作蛋糕和饭菜，并与幼儿一起共进午餐。

（5）游戏评价　一个好的角色游戏要有一个良好的开端也要有个愉快的结束。在幼儿游戏兴致未低落时，及时给予评价，使幼儿知道应该怎样玩游戏。如在点心店游戏中，教师组织幼儿互相评价，幼儿举手说："明明的营业员做得很好，他没有换地方，一直在工作。"还可以引导幼儿讨论谁在游戏中会动脑筋、会克服困难、以后该怎么玩、还需要什么材料等，来提高游戏质量，促进幼儿全面发展。

案例举例

角色游戏：健康医院

活动目标：

（1）让小朋友初步了解医生和护士的工作，并认识几种常用的医疗器械：听诊器、体温表、输液器、注射器。

（2）教育小朋友要讲卫生，预防疾病。

活动准备

几种常用的医疗器械：听诊器、体温表、输液器、注射器。医院标志，白大褂。

活动指导：

（1）课前淡话，引起幼儿对医院的兴趣，并提出游戏的要求。

① 人生病了怎么办？到哪儿去看病治病？

② 谁看病？谁护理病人？

③ 认识医院标志，认清大夫的听诊器、体温表，并看清使用方法。

（2）请3～5名幼儿游戏，按自己的意愿协商分配角色（医生、护士、病人）。

（3）医生、护士戴上帽子，等待病人进来，请几名幼儿去看病，鼓励小朋友勇敢地与医生密切配合。

（4）游戏指导　教师重点指导医生按一定的程序给病人"看病"。

①先给病人挂号、排队。

②医生热情地询问病人哪里不舒服，仔细地用听诊器等为病人诊治。

③护士护理病人，教育幼儿不把打针看成可怕的事，了解护士的辛苦。

④换角色，游戏继续进行，其他幼儿进行观摩，并轮流进医院游戏。

⑤游戏结束时，教师对服务好的医生、护士给予表扬。

二、幼儿园的表演游戏及其指导

1.表演游戏的特点和教育作用

表演游戏是一种深受幼儿喜爱的活动方式，是幼儿根据文艺作品中的情节、内容和角色，通过语言、表情和动作进行表现的一种游戏，是幼儿喜爱的游戏之一。幼儿的表演游戏融想象、创造于一体，对幼儿创造能力的培养与发展起着不可低估的作用，表演游戏还能锻炼幼儿的人际交往能力，促进幼儿集体观念的发展和幼儿良好个性品质的形成。

幼儿园表演游戏的性质定位于"游戏"而又兼具"表演性"，又具有以"故事"为依据的特点，又是幼儿自己"自娱自乐"的活动。在游戏的过程中，幼儿会自发地在头脑中将自己的言行与故事情节、人物联系起来，故事作为"脚本"规范着幼儿的行为，成为幼儿行为表现的框架和评价自己和他人游戏行为的尺度。表演游戏如果缺乏"表演性"，也就缺乏了它自身作为一种游戏类型独立存在的依据。

2.表演游戏的指导

表演游戏的"表演性"要求幼儿以自身为媒介，运用包括语言、表情、动作姿势等在内的手段来再现特定的故事。幼儿的表演游戏要经历一个从一般性表现到生动性表现的发展过程。但是，幼儿自身并不能完成从一般性表现到生动性表现的提升，也不能完成从目的性角色行为到嬉戏性角色行为、再到更高水平的目的性角色行为的回归。因此表演游戏的"表演性"和幼儿表演游戏的一般规律和年龄特点决定了教师对幼儿的表演游戏进行指导的必要性。

（1）内容的选择　选择内容是表演游戏中的一个必要环节，教材内容是否适合幼儿的年龄、心理特点，直接影响幼儿参与游戏的积极性。

凡是幼儿熟悉并喜欢的故事、童话、诗歌等儿童文学作品及幼儿周围生活中有趣味、有意义的人和事都是幼儿表演的基本素材，同时故事中的角色要个性鲜明、情节简单，拥有趣味、动作性强，对话多次重复、语言琅琅上口，易于为幼儿掌握和表演，有集中的场景，易于布置。道具要简单，可以利用现成的桌椅、积木、胶粒拼图及实物等。

如《小熊请客》中表演的动作明显，场景中的房子可用桌椅与积木搭成，扮演小熊、狐狸和小花狗的小朋友带上相应的头饰即可。各种动物的动作性强，适合幼儿爱动的特点，又易于表演，故深受幼儿喜爱，在表演游戏过程中，孩子们不论是自己表演还是观看他人表演，都会使幼儿气氛活跃，情绪高涨，通过游戏，幼儿了解了动物是怎么保护自己的，同时得到了合作表演的快乐体验。

（2）环境的创设　为幼儿创设必要的游戏环境，是幼儿能否顺利开展表演游戏的先决条件。日常的表演游戏，可以在活动室里，用小椅子、小桌子或大的积木围起来设置小舞台，角色相对少的表演游戏也可以有一个较固定的表演区。如：《小熊请客》中有一棵背景树，由两块pvc板合成，表演时打开，狐狸可以躺在树下睡大觉，表演结束直接可以合起来放好，

非常简单方便。

角色造型、服饰和道具也是很重要的，它们不仅能激起幼儿进行表演游戏的愿望，而且还直接影响到游戏的趣味性、戏剧性和象征性。为了更好地表现角色的外形特征和个性特点，教师要引导幼儿在表演游戏时，根据作品的要求进行适当的角色造型。

在表演游戏中老师要鼓励幼儿大胆想办法，出主意参加道具的制作，这样更容易激起他们游戏的兴趣。如：他们用泡沫板拼出小河、用饮料瓶当"话筒"、用皱纸做"小虫"等。这里要注意的是幼儿的表演游戏是灵活自由的，不受场所、时间与道具的限制，准备的道具不必追求齐全、逼真，稍有象征性即可。

（3）游戏过程的组织与指导

① 游戏初期，教师要提示幼儿故事发展的线索。游戏的初始阶段，幼儿可能对游戏的串联有些困难，常常会出现脱节和游戏中断的现象。此时教师自己或可以请能力强的幼儿充当旁白的角色，提示幼儿故事发展的线索或相关情节，幼儿可以根据旁白的提示做出相应的肢体动作并进行对白。

② 游戏中期，教师要引导幼儿表现特定的情景。表演游戏进行了一段时间后，幼儿对情节的发展和对白已经熟悉，表演自如了，但由于受生活经验和表现能力等因素的限制，幼儿常常不能把握好角色特点，出现表演不适当的情况。这一阶段教师应深入进行观察，了解幼儿的游戏水平和需要并给予适宜的指导。如在故事表演游戏《小兔乖乖》中，教师发现幼儿不知应如何表现小兔子的形象，此时教师就引导幼儿观察小兔子蹦蹦跳跳的形态，分析小兔子积极动脑筋、赶走大灰狼的心理活动。在游戏过程中，幼儿也会出现遗忘故事中的部分情节或对话不流畅的情况，教师可悄悄地用语言或动作提醒，不要指责幼儿，影响其游戏的情绪。

在大班，要引导幼儿学会协商、互谦互让、自己分配角色。分配角色可由表演能力和组织能力较强的幼儿担任，要使幼儿懂得照顾同伴，让胆小的幼儿也能扮演角色，但也要避免能力强的幼儿经常做主角的情况。要放手让幼儿去表演，因为这种表演是游戏，是一种创造性的活动。

③ 游戏后期，教师要鼓励幼儿展示自己的表演。在每一个表演活动结束时，应给幼儿提供一次类似"小舞台"的活动，提供给孩子们更多展示自己的机会，在活动中幼儿获得了成功的体验，提高了参与表演游戏的兴趣；在观看他人表演的同时，幼儿也学到他人的长处，拓宽了自己思路，丰富了经验；游戏结束交流分享成功的体验增强了表演自信心。

就幼儿表演游戏的实际而言，幼儿的表演游戏是复杂多样的，因为这是幼儿创造表现的过程，这就要求教师的指导是灵活随机的。因此，幼儿的表演游戏应尊重幼儿意愿，发挥幼儿的主动性和创造性，让幼儿自己来做主，想玩什么表演游戏，怎么个玩法，让幼儿自己来选择、自己来设计、自己来表演，教师最重要的是应该善于观察幼儿的表演游戏，尊重幼儿游戏的实际需要、灵活指导，以促进幼儿的发展。

案例举例

表演游戏：小熊请客

活动目的：

（1）通过反复感受，使幼儿知道名称，理解内容，对表演有一个完整良好的印象，引起学习的兴趣和愿望。

（2）掌握各角色的对话及动作。

（3）知道各角色的出场顺序，能集体分大组表演。

（4）培养幼儿看表演的好习惯。

活动准备：

（1）布置游戏场景，小熊、小猫、小狗、小鸡、狐狸的头饰。

（2）活动前让幼儿了解故事内容，排练好《小熊请客》的表演。

活动过程：

（1）出示字卡"小熊请客"进行认读，引起幼儿活动的兴趣。

（2）第一遍观看表演，并提问。

① 提醒幼儿看时要做文明的观众。

② 刚才表演的叫什么？

③ 小熊请了谁到它家做客？

（3）第二遍观看表演。

① 表演中讲了一件什么事呢？

② 各种小动物都是怎么说的？（引导幼儿说说各只动物的对话）

（4）第三次观看表演，并学习角色间的对话及动作。

① 当小动物们来小熊家时，它是怎么说？怎么做的？（鼓励幼儿用动作、语言表现各种动物）

② 当狐狸来时，小熊是怎么说？怎么做的？（请全体幼儿一起学习小熊的语言和动作）

（5）幼儿分大组表演，教师指导。

① 提醒扮演小动物们的幼儿按照顺序出场。

② 鼓励能力弱的孩子大胆表现各角色。

（6）结束。

师：今天，我们观看了表演《小熊请客》，也表演了一会儿，下次，我们也来表演好吗？

第二阶段

活动目的：

（1）能在语言、动作、表情等方面大胆地表现角色的性格特征。

（2）让幼儿学会与同伴协商、轮流扮演角色合作游戏。

（3）知道没轮到自己表演应等待，养成等待的意识。

活动准备：

同第一次。

活动过程：

（1）引起回忆，激发幼儿活动的兴趣。

师：上次，我们看了什么表演？（《小熊请客》）今天我们一起来表演好吗？

（2）回忆上次游戏时出现的情况。

① 个别角色的扮演者未能按顺序出场。

② 表演时不够大胆，各角色的性格特征表现得不够突出。

（3）学习用各种手段表现角色的性格特征。

① 音色、语调。

小熊：声音粗、憨厚、速度慢、声音低。

狐狸：声音尖、圆滑、骗人的语调。

② 动作。

小动物们高兴、害怕、紧张、胜利的动作。

狐狸的动作：狡猾、眼珠转、斜看人等动作。

（4）提出本次活动的要求。

① 运用多种手法表现各种角色的性格特征。

② 能和同伴合作、协商分小组进行表演。

③ 爱护游戏材料，不影响同伴。

（5）幼儿分小组游戏，教师指导。

① 重点引导幼儿在语气、声调上表现角色的特征。

② 帮助能力弱的幼儿找同伴合作表演。

③ 提醒已表演完的幼儿交换头饰再次表演。

④ 提醒没轮到自己的幼儿应等待不影响同伴表演。

（6）评价及小结。

① 请个别能力强的幼儿说说自己和同伴的游戏情况。

② 教师小结。

三、幼儿园的结构游戏及其指导

1. 结构游戏的特点和教育作用

结构游戏又叫"建筑游戏"，是创造性游戏的一种，是幼儿利用各种结构材料（如积木、积塑、沙、土、金属部件等）和与结构活动有关的各种动作来反映周围生活的一种游戏。它通过幼儿的意愿构思和自己的想象，进行动手造型、构造物体等一系列活动，丰富而生动地再现了现实社会生活中人们的建筑劳动以及各种物品。结构游戏也是幼儿创造性地反映现实生活的游戏。在这一动手活动中，既体现了幼儿对现实环境的单纯机械的模仿与再现，又体现了幼儿对客观生活的主观想象及积极的加工创造。

（1）结构游戏的特点　结构游戏是一种非常有意义的活动，对发展幼儿想象力、增强体智、促进幼儿全面发展有着重要的作用。幼儿在设计和建造活动中，不仅陶冶了情操，还在游戏过程中形成了认真负责、坚持耐心、克服困难、互相协作、团结友爱的良好品质。同时更促进了幼儿感觉、知觉、思维的发展。整个活动既体现了一个认知构造的过程，又保全了一个艺术成型的造型结果。他们要了解各种建筑材料的性质，学习空间关系的知识，理解整体与部分的概念，增强对数量和图形的认识，并在塑造美观、坚固的物体的同时，促进了幼儿的审美能力。

（2）结构游戏的教育作用　教师的指导是发挥结构游戏教育作用的关键。幼儿园开展的结构游戏，其活动性、操作性非常强，很能满足幼儿积极活动的要求，使幼儿经常迷恋在建造活动中，这对于实现寓教于乐的教育是十分有利的。由于幼儿年龄特点的局限，他们在游戏中反映出来的各种要求、思想、能力、行为、认知水平等问题，都离不开教师的合理帮助、正确指导。这里，教师的指导是全面的、系统的，既要主动地为结构游戏的顺利开展创设条件，又要把握游戏中主体与主导的位置，同时还应顺合结构游戏本身的发展趋势及进一步完善的需要。

2. 结构游戏的指导

幼儿结构游戏的指导应把握以下几点。

（1）丰富幼儿的知识，加深幼儿对建筑物体的感性认知　幼儿只有对周围生活环境中的物体和建筑物有了较细致的了解，并形成丰富深刻的印象，才会产生去建造物体的愿望。

首先，要积极培养幼儿仔细观察周围事物的习惯，从日常生活中经常接触的、熟悉的物品入手，如幼儿的座椅、睡觉的小床、操场上的跷跷板、滑滑梯等，逐渐发展到观察生活中常见或少见的物品（体），如电视机、电冰箱、小动物、汽车、轮船等。教师不但要引导幼儿掌握物体的主要特征，还要幼儿能区分同类物体的明显甚至是细微的区别。如四条腿的凳子，有的是长的，有的是方的，还有的是圆的；汽车都有轮子，有三轮，有四轮，甚至有六轮的等。

其次，教师应该通过上课、参观、图片等，指导幼儿认真细致地观察建筑工人的工作，观察周围的各种生活建筑物等。既要让幼儿经常直接观察实物，又可利用图书、照片、电视的介绍让幼儿间接观察物体。同时，还应该经常用谈话、绘画等方式巩固幼儿对各种劳动、建筑物和物体的印象。总之，幼儿脑海中积累的感性物象越多，他们构造时的表现力、创造性也就越强。

（2）提供各种成品材料，充分利用多种自然材料　建筑材料是开展结构游戏的物质保证，也是丰富建造内容、发展幼儿创造能力的必要条件。结构游戏的材料是非常丰富的，如大、中、小型的成套的积木，木制的、塑料制的各种可装拆的积塑、插片，以及各种颜色形状的串珠、插板等。这些定型的成品玩具为结构游戏的开展提供了必要的物质保证。

幼儿园更应就地取材，充分利用多种原材料进行材料加工。教师提供大量的未成品材料，更能满足幼儿日益发展的智力和体力的要求。这些未成型的材料具有特殊的教育作用，它既充实了游戏的内容，又发展了幼儿的想象力。如废旧的塑料吸管、冰棍棒，经过卫生和色彩加工，幼儿能奇思异想地拼出各种形象逼真的蝴蝶、房子、飞机、帆船等；那些随处可见的沙石、泥土、树叶、秸秆等自然材料，也能成为经济实用且随意灵便的构造材料。玩具的制作本身就是一个创造的过程，而利用创造出来的玩具进行创造性的建筑活动，这就使游戏本身的意义和所产生的教育作用得到了高度的统一。

此外，还可以为幼儿提供或共同制造许多辅助材料，既丰富了游戏内容，也能满足幼儿在游戏时突发奇想的需要，更能激发幼儿的创作灵性。如各色小旗、纸花、小树枝、橡皮泥、彩纸、大小纸盒、小铲、小桶等。

（3）帮助幼儿掌握结构活动的基础知识和技能　教幼儿技能，可采用示范、讲解的方法，引导幼儿由模仿练习逐步过渡到独立建造物体，再通过观察、启发、提示以及想象的方法，指导幼儿再现观察得到的印象，设计创造出新的建筑形象。教给幼儿结构活动的基本知识和技能，必须是由浅入深、循序渐进的，由掌握基本的铺平、围合、加高、盖顶等方法构成造型简单的建筑，再要求幼儿逐步掌握用积木砌出不同造型的围墙，开各种形状的门窗等技能，直至学会用不同的积木和多种方法来表现建筑物及物体的基本部分和外形特征。

（4）保证幼儿的主体地位，加强教师的主导作用　幼儿的游戏，离不开教师的指导。教师应首先明确自己在整个游戏活动过程中所处的主导地位。在构造建筑活动中，幼儿确定建筑对象，掌握建筑特征，选用建筑材料，运用建筑技巧，构造建筑物体，这些都是在教师的帮助指导下进行的。因此，每次游戏前，教师应详细计划和安排整个活动的发展，避免放任自流。但这并不是说要教师喧宾夺主、包办代替，而是要求教师一切的指导工作都是围绕幼儿进行的，教师对游戏的指导，目的是为了让幼儿更好地进入游戏，更好地进行创造活动，从而更好地发挥游戏的教育作用。

① 教师要激发幼儿游戏的兴趣，逐步培养幼儿独立构造。幼儿的建筑活动在刚开始的时

候往往是盲目的，他们无意识地摆弄各种材料，一会儿将积木堆高、加宽，一会儿又将自然形成的东西推倒，活动无目的性，意愿表达不明确，没有稳定的建筑主题。这时，教师应适时引导，游戏的主题是不能强加给幼儿的，要通过示范欣赏，提供特定场景，渲染某种游戏的气氛，在激发幼儿游戏的兴趣上，帮助幼儿产生建筑主题，将孩子无目的的游戏动作变为有目的的行为。

幼儿的建筑构造有一个发展的过程，模仿—再现—创造，这是孩子建筑活动的发展轨道。最初的原型模仿完全是直觉感知，在成人反复地示范和幼儿不断地模仿下，并通过重复练习，再逐步发展为离开原型的记忆模仿。这时，幼儿已能够有目的地、有计划地进行构造了，而教师的指导也应该转入幼儿独立构造的能力培养方面了。孩子在构造中遇到了困难，教师不要急于代替解决，应该通过启发引导、鼓励幼儿积极动脑，在反复的实践操作中学习自己解决问题，从而培养幼儿独立构造的能力。

② 教师要重视在游戏过程中不断激起幼儿的新需要，丰富游戏内容，深化游戏主题。在建筑游戏中，一个主题的产生比较容易，但如何在一段时间里稳定游戏的主题，使幼儿在这段时间里始终保持极大的兴趣，这很大程度上要看游戏是否有发展。一个新的主题确实能引起幼儿的新鲜感，并激发幼儿游戏的积极性和主动性，但这个主题如果不加以巩固和发展，始终停留在某一个高度上，那么新主题也会变成老主题，而整个游戏也会因为缺乏新意而停滞不前。因此，教师应该深入引导、不断充实、增加、变化游戏的内容，激起幼儿新的建筑设想，新的建筑需要，从而使建筑游戏得以正常、经常开展。这里提倡一个"因势利导"的指导方法，即针对幼儿现有的经验和不同的水平，教师加以不同的指导。

（5）教师既要把结构游戏作为独立的游戏，还要与各科教学和各类游戏相互联系　在幼儿园中，结构游戏是作为一种独立的游戏出现的，但结构游戏的开展又同时是渗透在其他各类游戏和各科教学活动中的，它们之间是相辅相成，紧密配合的。

作为游戏活动之一的结构游戏应密切配合语言、常识、美术等各学科领域，互相渗透，互相发展，因为幼儿园的教育、教学活动都是通过游戏的形式组织幼儿学习新的知识和技能。语言、常识教学所形成的知识印象是结构游戏开展的基础，而美术的构图、布局，计算的空间图形及数量认识又是结构游戏得以发展的条件。幼儿建筑游戏的主题，通常是以教师的语言启发、故事讲述、物体认识、情景渲染等形式烘托产生的。

建筑游戏的游戏性不仅体现在建筑过程中，即运用游戏材料构筑想象中的生活建筑物，而且也体现在利用建筑成果进行游戏，继续想象地反映现实生活。这就使得游戏同其他各类游戏尤其是角色游戏紧密地结合起来了。在创造性游戏中，建筑游戏同角色游戏的关系最密切。角色游戏常常为了创造角色的游戏环境，如"娃娃家"、"公共汽车"、"幼儿园"等，先要进行建筑，布置场景；而建筑游戏在建成某一物体或场景后，也常常加入角色和情节，发展成为角色游戏。这个转化和发展的过程，充分体现了游戏的完整性。

 案例举例

建构游戏：幼儿园的房子

活动目标：

（1）让幼儿知道游戏的名称，激发幼儿的兴趣，在教师的鼓励下能参与建构游戏活动。

（2）让幼儿对建构材料感兴趣，感知特征，熟悉材料操作方法。

（3）通过老师的鼓励、帮助，初步学习插、搭高、拼的技能。

活动准备：

积塑、插塑，带幼儿熟悉幼儿园的环境以及房子图片。

活动过程：

（1）导入　小朋友们，今天老师要请大家来当小小建筑师，帮幼儿园盖房子。

（2）观察示意图，引导幼儿说出外型特征。

① 幼儿园有哪些房子？他们是什么形状的？

② 围墙是什么样的？高不高？

③ 幼儿园的楼房是几层的？宽吗？

④ 我们要建幼儿园的哪几个部分？

（3）教师示范搭建房子的技能和方法　老师按顺序搭出房子的形状，墙可以用正方形、长方形搭建，屋顶可以用三角形盖顶。

（4）提出建构要求。

① 要搭出房子的主要结构，可以自由选择材料按意愿自由建构。

② 游戏时要爱护玩具，掉到地上要及时捡起来，不要把别人搭建的房子碰倒。

③ 要正确收放材料（轻拿轻放、按标记归类摆放）。

（5）幼儿活动，教师指导。

① 对搭建能力低的幼儿，可引导其模仿教师或看房子图片进行建构。

② 引导他们从搭平面房子过渡到搭立体房子。

（6）欣赏作品　你们觉得哪个房子搭的最漂亮？为什么觉得它漂亮？

（7）评价总结　我们今天搭了什么？你是用什么材料来搭的？你还会搭哪些和老师不一样的房子？（表扬能大胆建构、大胆创造的幼儿）

（8）自然结束。

四、幼儿园的规则游戏及其指导

1. 规则游戏的特点

规则游戏不同于其他游戏，这种游戏的发生、发展有其特殊的历史性，是人类试图将现实生活的竞争抽象化，而演化成为比赛游戏的一种形式。

（1）规则性　事实上，游戏都是有规则的，只是不同类型的游戏，其规则的意义不同而已。在角色游戏中，规则是为了协商角色和保持装扮世界的情景而存在的，作用在于表现人物和人物之间的关系，因而具有一定的灵活性，规则的个人随意性较大。而规则游戏的结构更改则是不被允许的，其规则是每个游戏者一致认同的，在游戏开始之前就决定了的，一旦游戏开始，便不能随意更改。规则游戏中的行为远比角色游戏中的更有限制、更加形式化、规范化，所以更容易模仿和重复，这就有可能一代一代流传下来，并且有可能由一个地区或国家传播到另一个地区或国家。

（2）竞赛性　规则游戏与其他游戏的又一区别是规则指向游戏活动的过程，还是指向活动结果。在角色游戏中，幼儿是以行为本身为目的的，游戏者本身并无比较，所以可以一个人进行。而规则游戏中，幼儿是为了结果，为了取胜而游戏的。如果没有胜负，幼儿是不愿意结束游戏的。幼儿往往要付出一定的意志努力，但规则是必须严格遵守的，否则胜负是没

有意义的。所以规则游戏需要一定的自制力。

2. 规则游戏的种类

规则游戏是由成人编的，以规则为中心的游戏。幼儿园常用的规则游戏有以下几种。

（1）智力游戏　是在教师的指导下，根据教育任务设计，以生动有趣的游戏形式使幼儿在自愿的、愉快的情绪中增进知识，发展智力的游戏。智力游戏有丰富的内容，并有很多种类。

以游戏的作用来分：感官游戏、比较异同的游戏、分类游戏、推理游戏、记忆游戏、计算游戏、语言游戏、纸牌和棋牌类的游戏等。

以游戏的材料分有：操作游戏、图片游戏、棋类等。

（2）体育游戏　是以发展幼儿基本动作为主的有规则的游戏。它的内容广泛，形式活泼有趣，对幼儿具有很大的吸引力。体育游戏大都是有规则的游戏，有的包含角色和情节，有的需要运动器材的配合，有的带有竞赛性质，向幼儿提出一定的任务，游戏的动作要达到正确、灵活、协调、熟练，游戏的结果要能反映幼儿的体力和运动技能状况。

（3）音乐游戏　在音乐伴奏或歌曲伴唱下所进行的游戏。游戏中用动作表现音乐，幼儿必须很好地理解音乐，动作优美，可以发展音乐感受力，增强节奏感和对音乐活动的强烈兴趣。这种游戏生动有趣，又可以活跃和丰富幼儿的生活。

3. 规则游戏的结构

（1）游戏的任务　规则游戏的任务明确，如智力游戏的任务是结合各班智育的要求，根据认识的内容和智力的训练来确定的，小班的游戏任务较大班的游戏任务要明显简单得多。各个游戏也都有不同的任务，如发展感官、猜测、记忆、语言描述等。

（2）游戏的构思　就是对游戏的计划或玩法，如游戏的开始、过程和结束。游戏的名称常常说明这一游戏的构思，如"什么沉到水底了"等，它要能吸引幼儿的兴趣和积极性，愿意主动地去完成游戏中提出的问题。

（3）游戏的规则　规则游戏的规则是事先由成人拟定好的，每个游戏都有一定的规则。游戏的规则要结合幼儿的年龄特点，小班游戏的规则大都通过使用事物、玩具和简单的动作来完成，中、大班则逐渐要求多运用思维、语言进行游戏，或采取竞赛的方式，或在一个游戏中不同任务的参加者有着不同的规则。

（4）游戏的结果　是幼儿在游戏中所追求的目的，就是完成游戏的任务，使幼儿获得快乐和满足。游戏的结果也反映了幼儿掌握知识和智力发展的情况。

4. 规则游戏的指导

（1）智力游戏的指导

① 智力游戏的指导原则。

智力游戏要达到预定的目标，首先要选编适合的智力游戏。对不同年龄阶段的幼儿，要根据智育培养目标的不同，选择或设计适合的智力游戏。在智育任务的要求、游戏规则和玩法的设计上，都要符合不同年龄阶段幼儿的特点，并带有一定的趣味性。

其次要教会幼儿智力游戏的玩法及游戏规则，鼓励幼儿积极游戏。在开展智力游戏前，教师要用恰当的方式教会幼儿游戏的玩法，并让幼儿明确游戏的规则，然后在教师的引领下玩游戏，最后过渡到幼儿独自开展已经学会的智力游戏。

② 智力游戏的指导方法。

首先教师要牢记智育任务，整个游戏不要偏离既定的智育目标。在智力游戏过程中，教师要加强对游戏过程的调控，用提醒幼儿游戏规则等方法来确保幼儿围绕既定的游戏任务开展游戏，防止幼儿在游戏中偏离既定的方向。

其次教师要找出每个智力游戏有效开展的关键所在，加强指导。每个智力游戏都有预设的智育目标，为了达到有效的目标，每个游戏都有有效开展的关键所在，而这正是幼儿应该加强学习和教师应该加强指导的地方。

（2）体育游戏的指导

① 体育游戏的指导原则。

首先要根据幼儿现有的发展水平和特点，选编适合的体育游戏。教师在选编体育游戏时，要考虑到本班幼儿现有的发展水平和身心特点，找到最适合的体育游戏。一般来讲，小班幼儿主要练习走、跑、跳等基本动作的游戏，中班、大班幼儿则可练习钻、爬、投掷、平衡等难度稍大的游戏。

其次要教会幼儿游戏玩法，明确游戏规则，积极开展游戏。根据幼儿的特点和接受能力，教师可先示范并教会幼儿游戏的动作，会念游戏中的歌谣等，采用分解动作的方式，使幼儿学会玩体育游戏。同时，在教给幼儿玩法的同时，使幼儿记住规则，激发幼儿开展体育游戏的兴趣，积极在教师的引导下开展游戏，最终会独自开展游戏。

② 体育游戏的指导方法。

首先要对游戏中的基本动作讲解清楚，示范要规范到位。体育游戏的主要任务就是要达到幼儿对基本动作的学习和锻炼，达到体育教育的预定目的。教师在对体育游戏进行指导时，要把游戏中的关键动作有效地教给幼儿，要讲解清楚，示范到位，并在正式游戏之前让幼儿练习该动作。

其次在游戏过程中要提醒幼儿遵守游戏规则。由于体育游戏常常含有竞赛性，幼儿往往忙于追求结果而忽略游戏规则。所以教师应强调游戏规则的遵守、培养幼儿的游戏规则意识，以此作为指导的重点。游戏规则是完成体育目标的保证，年龄越小的幼儿，越要加强。

（3）音乐游戏的指导

① 音乐游戏的指导原则。

首先要选择和编制适合的音乐游戏。教师要充分考虑到幼儿实际的音乐接受能力和动作发展水平，根据教育任务和要求，来选择和编制适合的音乐游戏。如只需听辨和指认声音从哪里来的游戏，适合中班的幼儿。不但需要听辨音乐的强弱变化，还需要观察并找出带领大家做动作的人，难度适合大班幼儿。

其次要教会幼儿游戏的玩法，教育幼儿遵守游戏规则，积极开展游戏。在开始一个新的音乐游戏之前，教师应以简明生动的语言、适当的示范，帮助幼儿学会游戏的玩法，掌握游戏的规则。在音乐游戏中，教师要注意督促幼儿遵守规则，以保证顺利开展游戏和完成游戏的任务。

② 音乐游戏的指导方法。

首先要介绍游戏的名称及主要内容。在开展音乐游戏时，教师要让幼儿了解游戏的名称是什么，游戏的内容是什么。如游戏中有哪些情节、哪些角色，这是指导幼儿开展音乐游戏的第一步。

其次要学会游戏中音乐的旋律及歌词。音乐游戏的进行离不开音乐，幼儿必须要熟悉其中的歌词或旋律。在以乐曲为主的音乐游戏中，教师要注意引导幼儿倾听音乐，随着乐曲做动作，注意引导幼儿随着乐曲发挥想象力来感受乐曲。在带歌词的音乐游戏中，教师要在对幼儿讲解内容、情节后教唱游戏中的歌曲。

再次教师要进行示范，让幼儿学会音乐游戏中的动作。游戏中所用到的动作，教师要示范给幼儿看，并指导幼儿学会这些动作。如兔子跳、鸭走路、老鹰飞等。

最后教师要指导幼儿自己进行游戏。教师要在幼儿熟悉音乐游戏的乐曲并会自己做音乐游戏后加强指导。其中包括调动幼儿游戏的积极性、强化游戏的规则，还有对游戏中个别幼儿有针对性的指导等。

 **案例举例**

体育游戏：勇敢的喜羊羊

活动目标：

（1）幼儿能够在愉快的游戏中锻炼从高处向下跳的能力以及跨跳能力和平衡能力。

（2）培养幼儿能够与同伴合作的能力，有一定的团队意识。

活动准备：

（1）大约50厘米的塑料板凳若干、大约1.5米的皮筋绳6根、能让幼儿自己爬到高处的辅助物品若干、《喜羊羊与灰太狼》的背景音乐。

（2）喜羊羊、美羊羊的头饰若干，灰太狼、慢羊羊和沸羊羊的头饰各一个。

活动过程：

（1）活动导入（热身运动）　教师带着慢羊羊的头饰扮演村长，带领着小朋友（带着喜羊羊和美羊羊的头饰）伴随着《喜羊羊与灰太狼》的主题曲出场。

（2）小羊练功　"沸羊羊刚才不小心被灰太狼抓到了，现在被关在他的城堡里，你们现在想不想救他？到达灰太狼城堡的路很艰难，要跳过山涧、跨过小河、走过石头桥，我们必须先练好本领，才能到达，现在我们开始到练功场训练。"

小羊们在练功场上分两队（美羊羊队、喜羊羊队）练习爬上高山跳下山涧的动作（幼儿爬上凳子跳下）、跨过小河（两条皮筋拉直间隔一定的距离，幼儿跨过）、走过石头桥（把凳子拼在一起排成一排，让幼儿走）。此环节根据幼儿掌握情况逐渐变换难度，村长（老师）巡回指导，鼓励羊群刻苦训练。

（3）解救沸羊羊

① 村长交代规则和玩法。

"喜羊羊队、美羊羊队分两条路同时出发，到达城堡后如果看到的是沸羊羊就可以解救，看到的是灰太狼，就原路返回。如果被灰太狼发现了，灰太狼就会把路设的更加难走。小羊们路上注意安全，看哪一队先到达城堡后救出沸羊羊！"

② 第一次解救。

路线1：爬上高山跳下山涧（1个凳子）、跨过小河（皮筋拉直间隔一定距离）、走过石头桥（把凳子排成一排）。

小羊们分两队（美羊羊、喜洋洋）出发，到达城堡后看见的是灰太狼，并且被灰太狼发现了，羊群按原路返回村里（终点）。灰太狼出来说（配班老师带着灰太狼的头饰）："哈哈，你们救不了他了，我会很快把他吃掉，而且我会把路设的更加难走。"

③ 第二次解救。

村长（老师）："虽然灰太狼把路设的更加艰难了，山坡更加高了，小河更加宽了，石头桥变的弯曲了。羊群们我们有没有信心去救沸羊羊？你们要小心啊！好了，我们每队准备

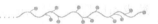

出发。"

路线2：爬上高山跳下山涧（6个凳子插在一起）、跨过小河（皮筋拉直间隔的距离比路线1要宽）、走过石头桥（把凳子排成弯曲的一排）。

小羊到达城堡后再次看到灰太狼，又原路返回到村里（终点）。灰太狼出来生气地说（配班老师带着灰太狼的头饰）："哼，气死我了，你们竟然还敢来？这次的路比上次还险，哈哈你们不会再走过来了！"

④ 第三次解救。

村长（老师）："小羊们灰太狼这次可是真的生气了，你们还敢去救沸羊羊吗？高山更加高了，你们一定要互相帮助，如果爬不过去可以借助山脚下的东西爬上去（老师鼓励幼儿自己爬上凳子跳下）。河更加宽了，石头桥更加难走。羊群们一定要注意安全啊！好了，我们准备出发吧！"

路线3：爬上高山跳下山涧（10个凳子插在一起）、跨过小河（皮筋拉直间隔的距离比路线2要宽）、走过石头桥（把凳子排成弯曲的一排，凳子之间的距离拉大）。

小羊到达城堡后看到的是沸羊羊，成功解救。

（4）羊村庆祝　村长宣布解救成功，回村庆祝。教师带着幼儿伴随着主题曲回教室。

第六节　玩教具和游戏材料

玩具是幼儿的教科书，是幼儿游戏的工具，是幼儿亲密的伙伴。而游戏材料泛指供幼儿游戏的玩具、物品。在幼儿园里，凡是可供幼儿用来游戏的物品都可以称作玩具或游戏材料。

一、玩教具概述

1.什么是玩教具

玩是幼儿生活中的主要内容，而幼儿的大多数游戏都离不开玩具，幼儿在玩玩具的过程中认识世界、培养能力，所以对于幼儿来说，玩具即是教具。在幼儿教育活动中，玩教具指幼儿在游戏和学习活动中使用的玩具和教具。它是借助一定的物质材料，依据一定的设计要求，通过工业化生产或手工制作而完成的，集游戏、娱乐、竞赛、教育功能于一身的，适合不同年龄、智力类型的促进身心健康发展的游戏娱乐工具。

2.玩教具的功能

（1）社会文化传递功能　玩具中记载了人类发展演变的过程，传递着人们的思想和观念，反映了人们对社会和自然的态度，同时传递着社会文化、科学技术、艺术、教育等信息，使幼儿在玩玩具的过程中加深了对生活的理解，提高了适应环境的能力。

（2）娱乐、审美功能　玩具犹如优美的工艺品，形象活泼生动、构思奇特、色彩艳丽，给幼儿带来意想不到的结果，使幼儿在操纵、摆弄玩具的过程中，享受到无尽的快乐。玩具是幼儿发现美、感受美、欣赏美及创造美的工具，是幼儿的亲密伴侣。

（3）益智功能　玩具是幼儿的教科书，是他们认识世界的工具。幼儿在看、听、摸等玩

的实际操作过程中认识事物,培养了幼儿对事物的观察力、注意力,促进感知觉的发展,增进感性认识。幼儿在使用玩具的过程中必须积极地进行思维、想象,使儿童手脑并用、心灵手巧,活跃了思维,发展了创造力。

3. 玩具在游戏中的作用

(1)激发幼儿游戏的动机 玩,固然重要,玩具更为重要。一个好的玩具,可以激发幼儿游戏的动机。幼儿的思维具体形象,在没有玩具的情景下,很难将已有的经验调动出来,不同的玩具可以激发幼儿不同的游戏动机。玩具数量的多少,也会激发幼儿玩不同的游戏。当给幼儿提供不同的游戏材料时,会发现幼儿会以自己的经验和能力玩出不同的游戏情节。而当玩具缺乏时,常常会出现争抢玩具及无所事事的行为。

(2)支撑游戏开展,促进游戏水平的提高 玩具具有多元化的目标,使幼儿可能以不同的方式来游戏,幼儿在游戏中可以不断变换主题、内容,促进游戏情节的延伸。玩具是幼儿社会性发展的桥梁,不同的玩耍方式会给儿童提供不同的经验,学会与不同的人交往。幼儿通过玩具与同伴发生联系,以玩具作为一种中介或假想某种情节,去与同伴交流,在游戏过程中促进了游戏水平的提高。如提着"篮子"去超市,拿着"工具"修理汽车等。

(3)玩具为幼儿提供联系能力的机会 在游戏中可以发现,有的幼儿在一段时间内,总是选择一种游戏,玩某一类玩具,而对其他的一切都不感兴趣,这不是兴趣单一的表现,而是某种玩具为幼儿提供了练习的机会,当他们具备了这种能力后,幼儿就会主动选择其他的游戏和玩具了。幼儿正是通过操作、摆弄玩具,来促进自身能力的发展。

二、玩教具及游戏材料的提供

1. 对玩具及游戏材料的要求

游戏材料应尽量符合国家规定的标准和要求。

(1)玩具应具有教育性 玩具的教育性是由它的功能决定的,多功能的玩具才有更大的教育意义。教育性的玩具应能引发幼儿的好奇心,而不是将现成的结果告诉儿童。教育性的玩具应有利于儿童身心健康发展,能深深地吸引儿童,并能引起儿童的快乐。

(2)玩具应符合幼儿的身心发展 不同年龄、不同发展水平的幼儿的需要不同,教育任务也不同,为幼儿提供的玩具和游戏材料的大小、材质、结构、外观、复杂程度受幼儿年龄、能力以及已有知识经验的差异的影响。如小班幼儿所选玩具与具体的生活经验紧密结合,对玩具的形式、色彩要求较高,好模仿、无计划,面对新玩具不知所措,因此给小班幼儿应准备种类相同但数量稍多的主题玩具,数量在六件左右,最多不超过十件。中班幼儿选择玩具的范围扩大,能依据玩具本身的性能来选择,边玩边选,因此中班幼儿对玩具的种类要求较广泛,喜欢各种主题玩具,应提供多样化的体育玩具及具有一定难度的智力玩具。大班幼儿能根据游戏的情节发展、游戏的需要有目的地选择玩具,对各类玩具都有浓厚的兴趣,而且在体力和智力上都要求较高,因此为大班幼儿应准备多样化、复杂化及有一定难度的玩具。

(3)玩具要符合卫生的要求 幼儿共用的玩具易成为传播疾病的媒介,特别是口吹和带毛的玩具,附着在玩具上的细菌量较高,不宜给幼儿玩。另外,不可给幼儿玩爆竹、化学药品、挥发性物质及可导电设备。

(4)玩具要符合安全性的要求 给幼儿提供玩具,要十分谨慎,稍不注意就会发生意外。如木制的、金属制的及塑料制的玩具,要检查材料的坚固度,表面光滑无棱角,不会拉伤、割伤幼儿；绒布玩具，要检查纽扣制的眼睛是否容易脱落，以免幼儿发生误咽；玩具的材料及颜色应是无毒的，有油漆或喷漆玩具应注明所用油漆的含铅量低于百分之一或无毒性，避免幼儿误入口中导致中毒。

（5）玩具要符合经济原则　玩具的好坏不应从价格和外表的装饰来看，许多昂贵的玩具只是外表华丽但功能单一，幼儿很快会失去玩耍的兴趣。而简单的、价格便宜的玩具，更能让幼儿感兴趣，它们没有固定的形状和功能，可以让幼儿发挥想象力，自己去发现、去创造，使玩具千变万化。因此，利用废旧物或自然物自制的玩具，更能满足幼儿对玩具的要求，而且也符合经济性的原则。

（6）玩具要符合艺术性要求　玩具的外观、色彩及整体形象要符合艺术性的要求。符合艺术要求的玩具，能引起幼儿快乐的情感体验，给予幼儿美的享受，促进幼儿审美能力的发展。因此，玩具也应有民族风格，还要吸取民族艺术的优点。

2.各类游戏玩具的划分

（1）运动类玩具的划分　在幼儿园中，以促进幼儿身体活动为主要特征的玩具材料称之为运动类玩具材料。由于运动类玩具材料在使用场地、使用功能和物品形态等方面存在着明显差别，又把它们进一步划分为大型体育设施、中小型体育器械、手持轻器械和自然物四个类别。

① 大型体育设施类。幼儿园运动场地中布置的、个体比较大、不易挪动的运动设施被称之为大型体育设施。大型体育设施主要用来训练幼儿的大肌肉动作，如攀登、滑行、摇荡、旋转等。幼儿大肌肉动作协调能力的发展是幼儿神经系统健康发育的基础，它影响到幼儿对身体重力、平衡、位置、重心等本体感觉的发展、本体感觉与视觉、动作相互协调能力的发展和大脑指挥中枢控制能力的发展等。

② 中小型体育器械类。幼儿园运动场地中布置、投放的可以移动的运动器械被称之为中小型体育设施。中小型体育设施主要可以锻炼幼儿肢体的多方面协调性，如爬行、投掷、弹跳、走平衡等动作中多种因素的相互协调。幼儿肢体协调性的发展可以促进幼儿感觉系统的成熟，例如触觉敏感度、距离感、方向感等；对于正处于感觉—运动发展阶段的幼儿，也有利于他们思维能力和学习能力的成熟。

③ 手持轻器械类。为了让幼儿开展运动游戏而提供的可以搬动的易于取放的玩具和游戏材料，称之为手持轻器械。手持轻器械可以增进幼儿对运动游戏的兴趣，促进小肌肉灵活性、协调性的发展，如玩球、玩包、玩捉尾巴游戏等。幼儿小肌肉灵活性协调性的发展有利于他们掌握其他的生活技能和学习技能。

④ 自然物类　为幼儿玩沙、玩水和玩其他自然物提供的设备、工具、玩具和游戏材料称之为自然物类玩具，如沙池、水箱和配套的玩具。玩自然物类玩具可以发展幼儿的皮肤感觉和触摸觉，让幼儿更好地感知物体的自然形态，观察他们的变化，促进思维能力的发展。

（2）角色类玩具材料的划分

在角色游戏中，人们把玩角色扮演所需的玩具材料统称为角色类玩具材料。由于这类玩具材料在环境布置、游戏题材和操作内容上存在明显的区别，人们把它进一步划分为宠物角、知心角、娃娃家、商店、餐厅、美容美发点医院、银行、邮局、加油站、学校等不同类别。

① 宠物玩具。在宠物区中投放的玩具物品被称之为宠物玩具，包括宠物区环境的创设。宠物区环境与玩具的作用是吸引幼儿的注意、分散和减少他们在远离亲人的陌生环境中对亲人的思念，并在环境的感染和教师的爱护下体会到家庭般的温暖，从而逐渐适应幼儿园的集

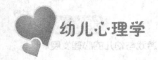

体生活。

② 娃娃家。以家庭生活为中心内容的玩具材料被称之为家庭类玩具材料。家庭类玩具材料的提供还有利于让幼儿模仿家庭生活中的各种动作，培养他们的动手能力；模仿家庭成员的社会生活，培养生活能力和交往能力。幼儿园家庭类玩具材料投放的地点是娃娃家，包括各种家具、用具和娃娃。娃娃家玩具材料的提供可以创设出幼儿所熟悉的"家庭"气氛，引发幼儿产生扮演家庭成员的愿望，体验家长对"娃娃"的关爱和家庭成员之间的亲情关系。

③ 商店。以各种商店销售活动为中心内容的玩具材料被称之为商店类玩具材料，包括超市、食品店、服装点、花店等商店题材。商店类玩具材料主要是各种模拟性商品和货物架、收银台等设备设施。幼儿通过对商品的整理可以发展分类能力，通过角色扮演体验商品交换过程中的商品关系和人际关系，发展数学能力，获得理财经验。

④ 餐厅。以制作和销售各种饭菜和面点为中心内容而提供的玩具材料被称之为餐厅类玩具材料，包括各种饭馆、快餐店、小吃店等。餐厅类玩具材料的提供主要是模拟食品和制作食品所需的工具、模具和材料。幼儿通过对各种饮食或快餐的制作可以发展动手能力；通过对客人的服务，培养为别人着想的意识和解决问题的能力；通过买卖交换过程发展运算能力。

⑤ 美容美发。以理发、烫发、美容、化妆等为中心内容而投放的玩具材料被称之为美容美发类玩具材料，包括梳妆台等设施和各种模拟工具、用具。幼儿通过扮演美容美发活动可以增强性别意识，满足爱美的情感，培养审美能力；通过对顾客的服务，培养为别人着想的意识和解决问题的能力。

⑥ 医院。以看病和治疗疾病为中心内容而投放的玩具材料被称之为医院类玩具材料。医院类玩具材料可以引发幼儿扮演医生和其他医护人员的愿望，通过摆弄各种"医疗器械"发展动手能力，通过"看病"发展与病人沟通交流的能力，通过"治疗"提高自我保健的意识。

⑦ 银行。以存款、取款为中心内容而投放的玩具材料被称之为银行类玩具材料。银行类玩具材料的提供可以引发幼儿扮演工作人员的愿望，并为其他角色游戏的开展提供"资金"上的支持。幼儿通过在银行存款、取款的过程，可以发展数学能力和书写能力；通过管理自己的"账户"培养理财的意识。

⑧ 邮局。以邮寄信件和提供各种快递服务为中心内容而投放的玩具材料被称之为邮局类玩具材料。邮局类玩具材料的提供可以满足幼儿进行邮局类游戏活动的愿望，使幼儿能够通过口头语言之外的方式传达自己的信息和对别人的情感，增进对成人社会中介服务的了解。

⑨ 加油站。以汽车加油或提供汽车修理服务为中心内容而投放的玩具材料被称之为加油站类玩具材料。加油站类玩具材料的提供，能够满足幼儿对汽车和使用工具的兴趣，培养幼儿的动手能力；也可以让他们获得一些汽车的常识和交通安全的知识。

⑩ 学校。以扮演小学校园生活为中心内容而投放的玩具材料被称之为学校类玩具材料。学校类玩具材料的提供可以满足幼儿了解小学生活的好奇心，激发他们上小学的愿望。幼儿通过扮演"教师"和"学生"可以获得上课的体验，建立初步的学校规则意识；通过模仿校园生活，为入小学奠定心理和行为习惯两方面的准备。

（3）建构类玩具的划分　在建构类游戏中，把引导幼儿开展建构活动的玩具材料称作建构类玩具。由于建构类玩具在游戏场地、材料质地、操作方式和使用方法上均存在明显差异且发挥的作用不同，人们又把它进一步划分为搭建、插装和建构三个类别。

① 搭建类。建构类游戏中使用的可拼接、垒高、砌接的玩具材料是搭建类玩具。幼儿园搭建玩具的主要场所是积木区，玩搭建类游戏的主要材料是木制积木。但对2～3岁的低龄

幼儿，提供塑料泡沫和纸质积木则比较安全，也在一定程度上降低了操作的难度。

② 积木的标准化是幼儿感知几何形体，体验物体整体与部分之间关系的物质保证；搭积木的过程也有利于促进幼儿运动智能和大小肌肉协调性的发展，培养空间概念和方位知觉，激发想象力和创造力，辅助材料的提供是为了支持幼儿更好地表现搭建题材。适宜的辅助材料可以激发幼儿搭建的兴趣，使他们更好地调动已有经验，从而在游戏过程中促进综合能力的充分发展。

③ 插装类。建构类游戏中使用的可插接、可组装的玩具是插装类玩具，其成品可以展示也可以作为玩具使用，例如低结构的或主题性的插塑、齿轮安装玩具等。插装玩具的质量是促进幼儿在游戏中获得发展的基本条件。合格的插装玩具材质要结实不易破损，尺寸严密好插不松动。其中插装玩具的连接方式有很多，有拼接连接、镶嵌连接、齿轮连接、组装连接、磁性叠接等。不同的连接方式可以扩展幼儿的思维并使之趋于灵活。玩组装玩具可以让幼儿练习使用工具，培养他们对科学和效率的认识与感受，但难度较大，适合在年龄较大的幼儿中开展。

④ 混合建构类。建构类游戏中使用的、通过其他中介物体实现建构目的的自然材料或模仿自然玩具称之为混合建构材料，例如泥土、沙土混合清水形成建筑材料；石头、砖胚混合粘结材料构建墙体等。由于混合建构类材料多取之于大自然，特别适合农村幼儿园广泛使用。混合建构材料特别符合幼儿喜欢探究的心理，满足他们到大自然中去感受生活的愿望。操作用具和劳动工具的提供还可以训练幼儿使用工具，发展小肌肉的灵活性。此外，游戏时采用的安全、卫生措施，如系围裙、使用水桶、毛巾等，都是赋予幼儿生活化的游戏。

（4）表演类玩具与材料的划分　在表演类游戏中，人们把用来抒发情绪、情感，表达对生活和文艺作品的理解的物品称作表演类玩具材料。由于此类玩具材料存在着质地、使用方式的明显差异且发挥的作用不同，人们又进一步把它们划分为乐器、道具和设备三个类别。

① 乐器类。表演游戏中使用的、用来表达乐音或乐曲，或者为乐曲进行伴奏的各种物质材料称之为乐器类游戏材料。适于幼儿园使用的乐器类材料不仅限于正规的演奏和打击乐器，这些乐器可以培养他们对音乐的爱好和手眼协调能力，并学会与其他演奏者相互协调配合。

② 道具类。表演游戏中使用的、用来扮演角色或表现表演场景的各种物质材料称之为道具类游戏材料。道具类游戏材料有利于激发幼儿表演的兴趣，提高他们表演的目的性，增进对内容情节和人物关系的了解。

③ 设备类。表演类游戏中使用的各种电子设备称之为设备类。表演设备的提供方便了幼儿的表演，可以带动各种表演游戏的开展。

❓ 思考与练习

1. 皮亚杰是如何对游戏进行分类的？
2. 角色游戏的结构有哪些？怎样进行角色游戏的指导？
3. 帕顿是如何对游戏进行分类的？
4. 结构游戏的特点是什么？怎样进行结构游戏的指导？
5. 对玩教具及游戏材料的提供有哪些要求？

幼儿心理学

拓展阅读

成人—儿童虚构游戏中的合作应从儿童身上找线索

为了有效地在成人—儿童游戏中捕捉孩子的兴趣并培养他们的能力，老师和照顾者应对孩子的贡献有所回应，并加以建构。下面这一段合作虚构游戏的记录，是来自被国际幼儿课程学院评鉴为高品质的一所幼儿教育中心，所摘录的部分就是很好的例子。一个设备完善的物理环境、小团体、随时准备好的老师们、孩子每天可为自己选择许多活动、训练良好的老师准备社会文化的环境、提供口语刺激却不是直接的介入，这些都可以满足孩子的游戏及多方面的心理发展。

三岁的凯西在林老师坐的地毯旁绕来绕去，林老师正读一篇故事给恺撒和天奇听。旁边有一个盒子内躺着一个娃娃，上面盖着小毛毯。

凯西指着娃娃问老师："我可以拿这个吗？"

林老师说："当然可以啊！我想娃娃准备起床了，并且要听故事。"

凯西抱起娃娃靠近林老师说："我想娃娃肚子饿了。"她就假装将食物放入娃娃嘴里。天奇就加入："凯西在喂乔治。"

林老师确定且延伸地回答："是啊！凯西是在喂乔治，我们回家以前要喂饱这个baby！"然后又问凯西："这baby叫什么名字？你记得我们给她取什么名字吗？"

凯西回答："乔治啊！"凯西摸娃娃头时制造了些声音："她想要听耶！"凯西解释声音给林老师听。

林老师说："喔！你是说她在听摇篮曲吗？"

"是啊！"孩子开始合唱，和林老师一起唱摇篮曲，"乔治、柏治、布丁和派！"凯西抱着乔治，随着摇篮曲起舞。

实践在线

1.案例分析

某幼儿园大班，幼儿们正在玩结构游戏，丽丽搭建了一个蛋糕，她高兴地边喊边跳："看，我搭了个大蛋糕！"旁边的媛媛忙跑过来说："今天是谁的生日啊？"明明兴奋地加入进来："我过生日，我过生日！"就这样大家都围过来，一起唱起了生日歌，唱完歌，大家一起分蛋糕，幼儿们拿起小刀假装把蛋糕切开，高高兴兴地吃起来。

在这个游戏案例中，出现了几种游戏？它们之间有什么关系？

2.小组讨论

问题：下园参观后进行小组讨论，幼儿园的空间布局是否合理，投放的游戏材料是否合适。

以小组为单位进行讨论，形成书面总结报告。

3.实践观察

下园参与各领域课程的教学实践活动，感受并思考游戏对各领域教育的积极意义。

第十一章

儿童与教师的心理健康

　　健康是人生存的根本。当今社会，随着生活节奏的加快、社会竞争的加剧、文化多元化及价值冲突的加深，全新的大健康观应运而生，心理健康成为健康的核心，越来越受到人们高度重视。一个身体健康、心理健康、社会适应良好，三者处于完好状态的人，才是真正意义上的符合健康标准的人。学前期是培养心理健康素质的重要时期，让每个孩子都快乐、健康的成长，是老师和家长的共同心愿。

第一节　儿童的心理健康与教育

　　有专家指出，21世纪的竞争，不是金钱和权利的竞争，而是心理素质的竞争。实践证明，心理问题能够影响人的身体健康。1988年4月在美国举行了世界婴幼儿精神健康学术研讨会，会上充分讨论了婴幼儿与照管人早期的相互交往对婴幼儿心理健康的影响，发现上述交往对婴幼儿的心理发育和健康将产生具有决定意义的影响，且涉及日后成人时的心理状态。大会呼吁：心理健康应从婴幼儿时期做起。

一、心理健康的概述

1.心理健康的含义

　　根据联合国世界卫生组织（WHO）的定义，心理健康不仅指个体社会生活适应良好，没有心理疾病或病态，还指人格的完善和心理潜能的充分发挥，它是指人们在适应环境过程中的心理体验与行为模式的状态和水平。它有广义和狭义之分，狭义的心理健康仅指正常心理下的心理状态和水平。广义的心理健康是所有心理状态健康状况的统称，它是从最佳状态到最差状态的连续体。心理健康的定义如下：心理健康是指各类心理活动正常、关系协调、内容与现实一致和人格处在相对稳定的状态。

　　个体的心理健康的标准不是静止的、固定不变的，心理健康的标准是不断更新的，它会

随着时代的进步和社会的变迁而具有不同的涵义，确定心理健康的标准必须以良好的社会适应性为依据。

2.心理健康的基本要素

（1）内心体验 内心体验是心理健康的基本要素之一。健康心理状态的个体能够在自己所从事的活动中获得快乐和满足，或者体验到成就感和归属感，无法从生活中获得积极体验的人是不可能健康的。

（2）行为与社会规范的匹配程度

第一，个体情绪和行为是否符合社会规范和一般行为准则是判断健康与否的重要指标，精神病患者内心没有什么冲突，但是行为上就和社会规范相差甚远，抑郁症患者想死就会有行动，例如卧轨、上吊、自杀或者喝药等；不像常人得想想这么做行不行，还有没有什么东西是放不下的。

第二，心理健康的标准在不同文化中也会有差异。在中国，父母会打骂孩子，但是社会允许，孩子也不会认为自己被虐待，以至于发展出什么心理障碍来。但是在美国，如果有体罚孩子的现象出现，警察就会找上门来。

第三，不同的社会情境对个体行为也有不同的要求。如果是开化装舞会，画上浓妆、穿着夸张点去参加就是很正常的事情，但是如果是商务谈判、上课时这么做的话，那就要考虑这个人是不是有心理问题了。可见，一个心理健康的人必须适应社会，与社会处于和谐状态。

（3）心理发展的趋向性 处于健康状态的个体，其心理的发展是朝向更加积极、完善和满足的方向的。心理健康状况良好的个体对自己满意，喜欢接受挑战和应付困难，并乐于从经验和挫折中积累经验，获得能力和人格的完善，体验到更多的成就感和幸福感。例如一个老师五天内接二连三地遇到重大挫折，最后总结出：年轻就是资本，打不倒，就好好站着！心理健康状况差的人则恰恰相反，他们的心理趋向消极、停滞、甚至倒退的方向发展。

3.心理健康状态的界定

心理健康状态一般可分为五个等级：心理健康状态、一般心理问题、严重心理问题、心理障碍、精神疾病。

（1）心理健康状态

① 本人不觉得痛苦，在一个时间段中（如一周、一月、一季、或一年）快乐的感觉大于痛苦的感觉。

② 他人不感觉到异常，个体的心理活动与周围环境相协调，不出现与周围环境格格不入的现象。

③ 社会功能良好，能胜任家庭和社会角色，能在一般社会环境下充分发挥自身能力，能利用现有条件或创造条件实现自我价值。

（2）一般心理问题 心理的亚健康状态，就像平常的感冒发烧，得吃点药，想办法调节调节。一般心理问题是由于个人心理素质（如过于好胜、孤僻、敏感等）、生活事件（如工作压力大、晋升失败、被上司批评、婚恋挫折等）、身体不良状况（如长时间加班劳累、身体疾病）等因素所引起。其特点如下。

① 时间短暂，一般在一个月内能得到缓解。

② 损害轻微，对个体社会功能影响比较小。处于此类状态的人一般都能完成日常工作学习和生活，只是感觉到的愉快感小于痛苦感，郁闷、很累、没劲、不高兴、应付等是他们常

说的词汇。

③ 能自己调整，如休息、聊天、运动、钓鱼、旅游、娱乐等放松方式能使个体的心理状态得到改善，小部分人若长时间得不到缓解可能形成一种相对固定的状态，这小部分人应该去寻求心理医生的帮助，以尽快得到调整。

（3）严重心理问题

① 一般是较为强烈的、对个体威胁较大的现实刺激，内心体验不同的痛苦情绪，如悔恨、冤屈、失落、恼怒、悲哀等。

② 持续时间在两个月以上半年以内。

③ 遭受的刺激强度越大，反应越强烈。多数情况下，会短暂地失去理性控制，对生活、工作和社会交往有一定程度的影响。

④ 痛苦情绪容易泛化。此状态者大部分不能通过自我调整和非专业人员的帮助而解决根本问题。

（4）心理障碍

① 不协调性，此部分人心理活动的外在表现与其生理年龄不相称或反映方式与常人不同。如：成人表现出幼稚状态、儿童出现成人行为或者对外界刺激的反应方式异常等。

② 针对性，处于此类状态的人往往对障碍对象有强烈的心理反应，而对其他对象可能表现很正常。如：电梯恐惧症患者只对电梯或封闭的空间感到恐怖，在其他情境中则很正常。

③ 损害较大，心理障碍对个体社会功能影响较大。他可能使当事人不能按常人的标准完成某几项社会功能。

④ 需求助心理治疗专业人员，心理咨询和治疗是必需的。

（5）精神疾病　精神疾病是由于个体或外界因素引起的强烈的心理反应并伴有明显的躯体不适感。是大脑功能失调的外在表现。其特点如下。

① 强烈的心理反应，可出现记忆力下降、疲劳、抑郁、紧张、焦虑、行为失常或意志减退等。

② 明显的躯体不适感，由于中枢控制系统功能失调，从而引发躯体不适。

③ 损害大，患者社会功能受损，缺乏轻松愉快的体验，内心很痛苦。

④ 患者一般不能通过自身的调整而康复，需向专业的精神医生求助。

二、儿童心理健康的标准

儿童时期是培养心理健康素质的重要时期，儿童心理健康是指儿童整个心理活动和心理特征的相互协调、适度发展、相对稳定，并与客观环境相适应的状态。

心理学专家指出，衡量一个孩子心理是否健康，有以下的标准。

1.智力发展水平正常

智力是个体观察、领悟、想象、思维、推理等多种心理能力的综合体现。正常发育的智力，指个体智力发展水平与其实际年龄相称，是心理健康的重要标志之一。将智力纳入儿童心理健康标准，这主要是由于孩子的智商与适应社会的能力有关。智力正常的孩子求知欲强，喜欢观察事物，爱动脑筋，思维敏捷，对新鲜事物反应快，敢于提出自己的见解。注意力集中，记忆力正常，语言表达能力同年龄相符。而智力低下的儿童社会适应能力差，常常不能适应幼儿园的集体生活与学习，需要特殊的教育和护理。

2.热爱游戏，善于游戏

游戏是儿童的天性，也是幼儿的主要活动和学习方式。它能促进儿童的身体、动作技能和感觉能力的发展。象征性游戏能丰富幼儿的想象力，促进儿童的智力发展。结构性游戏可以提高幼儿的创造能力，角色游戏和社会性游戏可以增强幼儿的人际交往能力，学会分享与合作。一个心理健康的儿童，会在游戏中增长自己的知识经验，享受游戏的愉悦和冲击。

3.良好的人际关系

儿童的人际关系主要是指他们与父母、教师以及同伴之间的关系，虽然儿童的人际关系比较简单，人际交往的技能也较差，但从这些人际交往中可以反映出儿童的心理健康状态。心理健康的儿童心胸开阔，尊重别人，能与同伴友好相处、人际关系融洽。在集体中能愉快地生活，也希望通过交往而获得别人的了解、信任和尊重。

4.情绪积极稳定

情绪是人对客观事物的一种内心体验，心理健康的儿童情绪基本上是愉快、稳定的。不经常发怒，不无故摔打玩具与其他事物，情绪反应适度，很少大起大落，很少表现出焦虑不安或忧郁的行为。有比较强烈的情绪反应时，能在成人的提醒下逐渐安静下来。能随活动的需要转移情绪和注意，生活起居正常，能按时入睡，睡眠安稳，少梦魇，无吮吸手指或咬物入睡的习惯。

5.个性协调、性格稳定

人格亦称个性，是每个人所独有的心理特性或特有的行为模式，它是在先天素质的基础上，在环境的长期影响下逐渐形成的。心理健康者具有相对稳定的，协调一致的个性系统。性格是人的个性中最本质的表现，主要指人对客观现实的稳定态度和习惯化了的行为方式。心理健康的儿童性格相对稳定，开朗、热情、自信、勇敢、睡眠良好、坏毛病少等。

6.很快适应环境的变化

现实生活中，环境总是在变化。四季的更替、家庭的变迁、交往对象的更换等，随时都在影响着每个人的心理活动。一个心理健康的儿童，具有一定的适应能力，在新的环境中能很快调整自己的行为方式和内心感受，表现比较平静。而适应性较差的儿童，在新环境里会大哭大闹，表现为退缩、焦虑、恐惧等消极行为。

7.心理活动与心理发展年龄特征相适应

一定的年龄应有相应的心理活动特点，如老年人应稳重、老练，青少年应朝气蓬勃，幼儿应好奇、好问、好动、率真、投入、活泼、幼稚等。由于气质差异和生活经验的不同，每一个幼儿的具体表现也各有特色，但这些年龄特征是普遍存在的。一个心理健康的幼儿，他的思维、语言和行为方式都带有与其年龄相适应的特点，如果一个幼儿每次说话都"深思熟虑"、每次办事都"滴水不漏"，通常人们是很难接受的。

三、儿童心理健康的影响因素

健康的心理是一个人道德品质形成、人格发展、潜能开发、积极适应社会的前提，是一个人整体素质形成和发展的基础。幼儿期是人生历程中生理、心理发展速度最快的时期，一个人心理发展的许多关键期都处于这一阶段。因此，维护和增进幼儿的心理健康已成为全社会日益关注的问题。特别是广大的幼教工作者，应重视幼儿存在的心理问题，了解影响心理问题的因素，在教育中才能对症下药，因材施教，帮助孩子纠正不良性格的倾向，积极主动地承担起维护和增进幼儿心理健康的重任，让孩子在宝贵的童年生活里无忧无虑、活泼健康地成长。

影响幼儿心理发展的因素主要有以下几个方面。

1.生物因素

遗传是一种生理现象，是指双亲的身体结构和功能的各种特征通过遗传基因传递给下一代的现象。所谓遗传素质，是生物体遗传给后代的生物特征，主要指那些与生俱来的有机体的形态、构造、感官特征、神经系统的结构和机能等方面的解剖生理特征。它是婴幼儿身心发展的物质前提和必要条件。家族史有多动症、癫病、精神分裂症患者的儿童，心理不健康的比例较正常家庭的儿童要高。以多动症为例，"多动症儿童的家庭成员中有多动症的占13.6%，其中父辈或同辈有类似病史者各占50%。"

研究还发现，母亲怀孕时的情绪、分娩状况也会对幼儿后天的心理健康产生影响。当母亲产生情绪活动时，自主神经系统激活了内分泌腺，使其分泌的激素直接注入血液，这些激素通过脐带传递给胎儿，使胎儿身上也产生相应的情绪特征。追踪研究发现，因母亲怀孕期间长时间高度情绪扰乱而导致自我活动水平高的胎儿，出生后适应环境比其他儿童困难。他们一般多动、贪吃、爱吐、哭闹和不安。另外，身体的不适也会引起焦虑，某些疾病会导致神经系统紊乱，产生心理障碍。高碳水化合物、高糖分食物的大量使用，容易引起疲劳、抑郁等问题。

2.家庭因素

幼儿时期是人生发展的重要时期，个性和很多心理品质都是在这个时期形成的。家庭是幼儿心理发展的最重要、最基础的环境，它对孩子的心理健康的影响既表现在生物性的遗传影响上，更表现在家长的情感态度、个性、价值取向及心理品德对孩子的影响上。人们发现家庭结构、家庭关系、教养方式、父母对儿童的期望、父母的离异和再婚、生活条件等都会对儿童的心理发展带来很大影响。

影响幼儿心理健康的主要家庭因素有以下几点

（1）家庭的结构和气氛　家庭是幼儿生活中第一个接触到的环境。完善的家庭结构、良好的家庭气氛、家长本身的素养等都会给幼儿心灵烙上深刻的"印记"。在家庭人口结构中，一个十分重要的因素就是家庭结构的健全完整性。有人曾对1095名中小学生的家庭结构与其心理健康的关系进行调查。结果发现：生活在不完整家庭（双亲一方或双方由于死亡、离婚等原因而造成的）、一方或双方不在的家庭里的中小学生有心理健康问题者所占的百分数为13.8%，而完整家庭中有问题的孩子所占百分数仅有0.2%。破裂家庭的孩子缺少欢乐和睦的家庭气氛，接触的语言简单贫乏，好奇心及探索行为被阻，容易出现悲观、孤僻、无信念感、与成年人难以和睦相处等问题，使孩子不易形成健全的人格。生活在愉快家庭中的孩子与生活在气氛紧张家庭中的孩子，性格上有很大差别。如果父母关系融洽，孩子在家里就会有安全感，信心十足，容易使幼儿活泼、开朗、好学、诚实、谦逊、合群；相反，如果父母关系紧张，经常吵架，则会使孩子情绪不稳定、紧张、焦虑、胆怯、缺乏安全感、行为放任、不讲礼貌、对人不信任。试想，一个孩子经常生活在充满火药味的家庭环境中，他还能够平心静气、无忧无虑地生活和学习吗？因此，给孩子一个安全、可靠的家，让孩子拥有一个健康的心理，是父母的责任。

（2）家庭的教养方式　在家庭因素中，父母对子女的教养与态度是影响幼儿心理健康的

重要原因。家长对幼儿的衣食及身体保健舍得投资，却忽视了幼儿的心理健康。现代家庭中，存在重健康知识灌输，轻行为习惯培养；重饮食营养摄入，轻情感需要的满足；重成人包办代替，轻幼儿独立性培养的现象。独生子女现象造成了对孩子保护过度和溺爱非常普及。有些父母过分迁就和祖护孩子，对孩子百依百顺，满足他们的一切欲望，这往往使孩子形成唯我独尊、固执、依赖性强、缺乏独立性的不良品性。有些家长往往把自己的愿望和理想强加给孩子，希望自己的孩子样样比其他孩子强，违背孩子的特点、兴趣及发展规律，盲目地给孩子加负，许多家长为了让孩子不输在起跑线上，学书法、学英语、学舞蹈、学口才，周末比正常上学都累，大脑开发、零岁工程、早期教育等商业炒作，搅得家长眼花缭乱，六神无主，盲目跟进。所有这些严重影响了幼儿的心理健康发展。

（3）家长的教育观点不一致　父母的价值观、儿童观和教育观在一定程度上存在分歧，而这种分歧如果没得到很好的解决，就会直接带到家庭生活中，如妈妈说："宝贝，你可要好好学习，将来考研究生和博士生。"爸爸说："学那么多有什么用，长大了和爸爸做生意，挣钱才是硬道理！"又如妈妈说："在幼儿园里，不能和小朋友打架。"爸爸说："要是有人欺负你，你就揍他，揍坏了也别怕，不就是掏点医药费吗！"长此以往，孩子就会迷茫，到底谁说的对，该听谁的呢？这不仅会影响父母在孩子面前的威信，还会进而影响幼儿的心理健康。

（4）祖辈与保姆代养的问题　有些家长整日忙于自己的事业，无法全身心照顾孩子，只能请老人或保姆帮忙照看孩子。在他们看来，教育是幼儿园的事，幼儿只要吃好、穿好、不生病就可以了，老人和保姆完全可以胜任。可是祖辈和保姆的知识水平通常较父母要低，他们的主要任务是看管孩子而不是教育孩子，所以他们给孩子心理成长上的帮助远不如父母，为避免孩子受伤，他们总是限制孩子的活动，或吓唬孩子有危险，孩子要是不听话，便用"恫吓"来对付孩子（如："你再这样大灰狼来吃你了"）。殊不知这对幼儿心理健康是十分有害的，恫吓往往使幼儿胆小、惊慌，严重的会使幼儿经常怀有恐惧情绪，甚至出现精神异常，不利于他们的身心健康。另外，在幼儿园组织的活动中（如亲子游戏、家长会、运动会等），有很多都要求爸爸妈妈参加，别的孩子都是父母陪着，而自己总是爷爷奶奶，幼儿的心理也可能会失衡。由此可见，缺少父母的陪伴和关爱对孩子的心理发展是极其不利的。

3.幼儿园

幼儿园是幼儿最早加入的集体教育机构，是儿童成长的第二环境。幼儿园的物理环境、风气、办学理念、教学活动的组织和安排、教师素质、师生关系、同伴关系等均影响儿童心理健康状况。

幼儿园的园舍建设应有足够的空间，满足幼儿正常的活动及起居的需要，室内外装饰和布置应烘托出一种促使儿童积极向上的气氛，园内应有足够的绿化面积，应尽量保证幼儿园内及周围的空气清新、光线充足、无噪声污染。如果幼儿活动室人员密度过高，空间就会减少，噪声污染也会加大，这样会使幼儿的攻击性行为增多，社会交往行为减少，不主动参与活动的比率提高，从而对幼儿的心理健康造成不良影响。

许多研究表明，幼儿与教师之间关系紧张，是引起幼儿心理出现问题的重要原因。良好的师生关系对幼儿来说至关重要，教师的一个眼神、一个表情、一句话都会对孩子产生深远的影响，老师宽容友爱的态度、适当的感情表现、积极合理的语言动作，会使儿童产生安全感，心理容易平衡。相反，如果教师情绪不稳定，冷漠、不友善、脾气暴躁等都会导致儿童心理紧张，产生心理问题。

214

对幼儿来说，与同伴交往是非常重要的，同伴关系是幼儿社会性发展的重要指标，对儿童的全面发展具有长期的、重大的影响。交往活动有助于幼儿自信心的形成、快乐的情绪体验的获得、心理适应能力的提高。人们发现在同伴中受欢迎的幼儿会有安全感、归属感；反之，会产生孤独感、自卑感。

4.社会文化

社会文化是影响儿童心理健康的又一重要因素。大众媒体是传播信息的手段，但很容易被经济利益操纵，成为散布暴力和色情等恶俗文化的主渠道。这对幼儿来说是非常危险的，儿童对有害信息的分辨能力差，自控能力差，往往不分好坏地模仿，很容易接受有害信息的腐蚀，形成不健康的心理，甚至直接诱发有害行为。社会经济情况制约着人们的生活条件和教育、卫生设施，并影响着家庭育儿的手段，对儿童的成长具有潜移默化的影响。

5.个体因素

影响幼儿心理发展的因素不仅有生物、家庭和社会等因素，还包括幼儿自身的心理活动，可以说幼儿是自我力量的积极活动者。幼儿的需要、兴趣、能力、性格及行为习惯、自我意识等都影响幼儿的心理发展，如：胆小、怯懦、敏感、过分依赖、追求完美等个性特征，会使孩子易于出现心理健康方面的问题。

童年是一个人一生中最重要的时刻，童年时的性格对以后的影响深远。孩子本身是脆弱的，他们需要来自社会、家庭和学校多方面的关爱，教育者要尊重儿童身心发展的规律，为儿童提供一个适宜的人文环境，把游戏、体验和学习的权利真正地归还儿童，让幼儿开开心心地度过童年，以良好的心态迎接未来的挑战。

四、儿童心理发展的特点

儿童心理发展的各个不同年龄阶段都会有一般的、典型的和本质的心理特征，称为年龄特征，它具有稳定性和可变性、连续性与阶段性、发展的定向性、发展的不平衡性、发展的个体差异性等特点。幼儿心理发展一般有以下特征。

1.幼儿的认识活动以具体形象性为主，抽象逻辑思维获得初步发展

幼儿主要是通过感知、依靠表象来认识事物的，具体形象的表象左右着幼儿的整个认识过程。甚至思维活动也常常难以摆脱知觉印象的束缚。幼儿在认识事物时，离不开对事物的直接接触，常常想摸一摸、抠一抠、看一看，有时候还闻一闻、尝一尝。他们主要通过感知来认识周围世界。

整个幼儿期，思维的主要特点是具体形象的，但是，五六岁幼儿已明显地出现了抽象逻辑思维的萌芽。这主要表现在幼儿提问类型的变化和概念形成的特点上，二三岁的幼儿提问以"……是什么"为主，四五岁幼儿提问类型就变成以"为什么"为主导。大量的"为什么"说明儿童对客观世界的了解欲望开始指向事物的内在道理、现象的本质特征和事物之间联系的规律性。概括能力的发展是儿童概念的发展和概括水平的反映。国内外许多研究结果都表明，幼儿末期开始能按事物的本质特征掌握概念，如动物、水果等。

2.幼儿的心理活动以无意性为主，开始向有意性发展

幼儿的心理活动和行为常常没有目的，控制和调节自己的心理活动和行为的能力仍然很差，具有很大的无意性，他们很容易受其他事物的影响而改变自己的活动方向，因而行为表现出很大的不稳定性。

在认识过程中，幼儿的无意性表现非常突出，特别是表现于幼儿的注意、记忆和想象等心理活动之中。如幼儿的注意有意性水平比较低，以无意注意为主；幼儿的记忆以无意记忆为主，形象记忆占主要地位；在幼儿的想象中无意想象占优势，想象具有复制性和模仿性。在正确的教育的影响下，随着年龄的增长，这种状况逐渐有所改变。到了5～6岁时，幼儿已能初步控制自己的行为，有目的地进行活动，心理活动开始向有意性发展。

3.幼儿期是言语发展的重要时期

研究表明：幼儿期是人一生中掌握语言最迅速的时期，也是最关键的时期。3岁左右的孩子，还常常听不懂老师的话，有时也不太能说清楚自己的意思，4～5岁的幼儿，已经能滔滔不绝地讲故事，5～6岁的孩子讲起故事来条理清晰，有声有色，还能恰当地停顿。这个时期家长和老师要创设良好的语言环境，为幼儿提供交往的机会，将言语活动贯穿于幼儿的一日生活，帮助孩子正确发音、丰富词汇、培养口头表达能力，以及对文学作品的兴趣。

4.幼儿的情感由易变、外露开始向稳定和有意控制发展

幼儿的情感外露、肤浅、易冲动、不稳定。幼儿初期还不善于控制和调节自己的情感，很容易受周围事物的影响而毫不掩饰地表现出来，常会因为一点小事而哭闹，但当一旦有了别的刺激时，他会马上破涕为笑，转怒为喜，很快就忘记了不愉快的事情；在日常生活中，经常可以看到幼儿为了一件玩具争得面红耳赤，到了幼儿晚期，他们的情绪冲动性逐渐减少，自我调节情绪的能力逐渐发展，情感不断丰富深刻，道德感、理智感、美感等高级情感已开始发展，并建立同伴关系。

5.幼儿的自觉性、坚持性和自制力较差

幼儿期是儿童意志品质发展的重要时期，但由于生理水平和整个心理活动发展水平的限制，学前儿童的意志活动仍处于发展的低级阶段，行动的目的性、坚持性、自制力都只有一些初步的表现。

三四岁的幼儿，不善于独立地给自己提出活动目的，往往是由当前活动的直接兴趣引起。做事情经常是有头无尾，有始无终，易受外界环境的干扰而改变自己的行动目的。如爸爸刮胡子，他也要刮，看见妈妈在拖地，便丢下刮胡刀，帮妈妈擦地，嘴里还说："看我长大了，能帮妈妈干活了。"刚拖几下，就去给娃娃梳头了，梳着梳着又想画画了。随着年龄的增长，幼儿的坚持性有所发展，他们对自己不感兴趣的活动，也能在较长时间内坚持完成。整体来说，幼儿的意志品质还是较差的，需要成人有意识地加以培养和教育。

6.开始形成最初的个性倾向

个性是指人的需要、兴趣、理想、信念等个体意识倾向性以及在气质、性格、能力等方面所经常表现出来的稳定的个性心理特征。

3岁前的婴儿已表现出了最初的个性差异。但这些特征是不稳定的，容易受到外界的影响而改变，个性表现的范围也有局限性，一般只在活动的积极性、情绪的稳定性、好奇心的强弱程度等方面反映出来。随着年龄的增长，幼儿个性表现的范围比以前广阔，内容也深刻多了，如他们在气质、性格上，有的好动、灵敏、反应快；有的沉静、稳重、反应慢；有的好哭，易激动；有的活泼、开朗；有的能和别人友好相处；有的则霸道、逞强；有的爱听故事、爱学习、勤快；有的浮躁、粗心。孩子们在画画、手工、唱歌、跳舞、运动、讲故事以及计算等方面的能力也初步显示了自己的爱好和特长，这时的个性倾向与以后相比虽然还是容易改变的，但已成为一生个性的基础或雏形。

五、儿童心理健康的维护

1.尊重儿童，维护儿童的自尊

幼儿的自尊，对心理健康至关重要，一个高自尊的人，承认自身的能力和价值，对自己充满信心，相信别人对自己的友好和信任。而低自尊的人往往把焦点放在失败上，认为世界到处是危险、威胁和令人沮丧的黑暗。教师要把儿童看成是一个独立的、有尊严的个体，不仅在语言上要尊重儿童，在说话的语气和姿势上也要注意。为了维护幼儿的自尊，教师要注意以下两点。

首先，当儿童有了过错时，教师应该蹲下来和孩子交流，和他脸对脸、目光对目光，善意、讲究策略地批评，严厉而不失温和地引导、帮助，伴随着教师言语中流露出的语气，儿童的心灵被打动了，驱散了因过失引起的紧张不安、恐慌，并生发出改错的内在动力。

其次，要肯定和认可幼儿。在日常生活中，教师要多表扬和赞美儿童，需要强调的是，表扬和赞美必须是真诚的、具体的，切忌空洞的表扬，如某幼儿主动把跌倒的同学扶起来，教师可以说："××同学可真棒啊！都能帮助同学了！"也可以说："××可真了不起！力量真大啊！都能把××扶起来。"

2.关注儿童的情绪健康，帮助儿童学会调节自己的情绪

情绪健康是心理健康的主要表现。在托幼机构中，教师应敏锐觉察幼儿情绪，多与家长沟通，妥善处理幼儿的分离焦虑，帮助儿童集中注意力，形成新的依恋。

人的情绪乐观舒畅，身体会随之分泌一系列有益于健康的激素（酶和乙酰胆碱等活性物质）来调节血流量，使胃的蠕动有规律，促进唾液和胰岛素的分泌，提高人体免疫功能。教师要关注儿童的情绪健康，让幼儿学习表达和调节情绪的方法，合理及时梳理不良情绪，正确处理痛苦情绪，保持积极愉快的情绪。

3.充分发挥游戏功能，让儿童的生活充满快乐

幼儿在游戏中学习，在游戏中成长，游戏对幼儿心理成长的促进作用是全面的。通过多种形式的游戏，幼儿的各种动作协调能力、认知能力、情绪表达和控制能力、人格等都得到了很好的锻炼。

4.训练儿童的交往技能

在日常生活中，家长和老师要鼓励孩子与同伴交往。幼儿与成人的交往不能替代幼儿和同伴的交往。通过与同伴交往，孩子可以学到许多从成人那里学不到的东西。尤其对于一些退缩、害羞的幼儿，应创造良好的条件，鼓励他们和同伴一起游戏，教他们如何更好地与人交往、如何恰当地表达和控制情绪以及如何处理内心焦虑和冲突，这对培养幼儿良好的人格特征有着重要的作用。

交往技能是指采用恰当的方式解决交往中遇到问题的策略和技巧。儿童之所以在交往中表现出不恰当的交往行为，往往是因为缺乏相应的技能。因此，幼儿教师应采取多种形式帮助幼儿掌握社会性技巧。如可以通过角色扮演，让幼儿了解对方的感受，培养幼儿的移情能力，也可以通过一对一的交流，帮助边缘儿童提高社交技巧。

5.执行合理的生活制度

教育家陶行知先生说："好习惯受益终身。"幼儿有很大的可塑性，作为教师和父母，这个阶段应注意培养他们良好的生活行为习惯。如让他们学会自己穿衣服、整理玩具，注意饮

食卫生，不吃零食，对人要有礼貌，不自私等。

有规律的生活制度有助于使儿童情绪饱满、稳定。吃、喝、拉、撒、睡、玩应安排有序，幼儿体内的"生物钟"运转和谐、流畅，就会身体健康、心理平衡。生活杂乱无章，生物钟的功能发生紊乱，就会破坏正常的生理活动和心理平衡，幼儿就会烦躁易怒，记忆力下降，反应迟钝，身心俱伤。

6.注意个别差异

每个孩子都有自身特点，在重视学前儿童群体心理健康教育的同时，必须关注个体儿童的心理健康，做到因材施教。切斯等人通过对大量幼儿的考察和追踪，发现幼儿在活动水平、生理机能的规律性、对日常变化的适应性、反应的强度、阈限、心境的质量和坚持性等方面都存在差异。

总体来说，易养型气质孩子的父母和老师是比较轻松的，因为孩子生活有规律，性情开朗，容易适应环境，对事情的反应比较平和。只要父母和老师尽心，注意营造愉快的环境，不用费太多神。但是，千万别忽视易养型气质的孩子也有消极的一面，平时要多留心他的身心情况，尤其是对孩子的轻微抱怨或申诉均应予以查问，让易养型气质的孩子全方位健康成长。

对困难型孩子，需要父母具有特别的热情、耐心和爱心，理智地克制自己的烦躁，采取适合其特点的、有针对性的方法，才能使这些孩子健康地适应社会。

迟缓型气质的孩子做事情认真、思想集中、不露声色，但接受和适应新东西较慢，有时会被父母误认为孩子反应迟钝或"笨"；同时行为抑制、社交能力差、对环境情绪反应强烈，表现胆怯、淡漠、孤僻等。对于这样的孩子我们可以采取以下措施。

（1）给孩子制造预先准备的机会，例如幼儿园要新来个小朋友，在没来之前，先对幼儿介绍小朋友的情况，是什么样的人，和幼儿一起设计交流用语等，这样孩子就预先熟悉了即将发生的事件，大脑里有了印象。当小朋友到来时，教师尽可能鼓励幼儿与新朋友接近，并及时表扬他的每一个进步。

（2）有意识地让幼儿与同龄孩子或稍大些的孩子一起玩，引导幼儿与其他孩子交换玩具或物品，让孩子体会交换的乐趣。

（3）鼓励幼儿在人多的场合说话、表演、传播信息等，增加孩子的自信心，同时给孩子向外表露的机会。这样就可以让孩子逐渐大方起来，避免孩子以后发生孤僻或自闭等心理问题。

7.帮助儿童顺利度过第一反抗期

随着年龄的增长、自我意识的发展，儿童好奇心强，有了自主的愿望，喜欢自己的事情自己做，不希望别人来干涉自己的行动，对父母和老师的帮助、指示、阻止总要用"不"来反抗，容易出现说反话、顶嘴的现象，也会歇斯底里地发脾气，这是他们的欲望得不到满足的宣泄方式。如幼儿经常说："我自己穿裤子，就不和你玩，就不听你的，我就……"等。这就是第一反抗期，大约在幼儿三四岁时出现。根据埃里克森的观点，儿童在1岁半到三四岁期间，正面临所谓"自主对羞怯、怀疑"的心理社会危机。这个阶段儿童不愿意接受大人的支配，喜欢自己去做，以试验或显示自己的能力，从而产生自主感；另一方面，儿童又本能地觉得依赖过多而感到羞怯，同时担心越出自身和环境的范围，由此而感到疑惑。所以，幼儿所反应出来的"我不要"或"我就要"，其实是一种自我意愿的表达和企图独立自主的探索。

教师和父母要正确看待儿童的反抗行为，不能因为孩子和成人的对抗就给孩子贴标签，认为孩子品质不好，从一定角度上看，孩子反抗是好事，有研究表明，经过了反抗期的幼儿，成人以后自主性强；而那些未表现反抗期者，在成人以后有自主性和主动性缺乏的倾向。也有人发现：意志力正常的幼儿84%经历反抗期，意志力薄弱的孩子21%经历反抗期。

但是孩子出现逆反时给人的感觉很不好，使人们的身体里好像充满了股股怨气，随时可能喷发出来，此时，家长和老师要尽量避免与孩子针尖对麦芒地发生冲突，对待孩子的逆反应以疏导为主，因势利导，讲究方式，为孩子自信自强的人格奠定基础。具体来讲，可以采用如下方法。

（1）因势利导　孩子模仿性强，注意力容易转移，情绪不稳定，也好奇好动，家长和老师可以用游戏的方式对孩子因势利导，这样更容易达到目的。如一个新入园的孩子，午睡后醒了就不愿意起床，老师可以说："我是一只小虫子，爬呀爬呀爬！爬到××身上啦！"通过新颖的叫幼儿起床的方式，转移孩子的注意力，可重复几遍，也可以略有变化，幼儿就起来了，有的孩子还会继续和老师玩这个游戏。

（2）给孩子选择的权利　有的教师和家长对孩子要求过于严厉，孩子特别"懂事，听话"，但自主的欲望容易受到抑制。在孩子自我意识萌芽的阶段，尊重孩子，遇事和孩子商量，给孩子选择的权利，可以使孩子变得有主见和自信。

（3）多鼓励和肯定　孩子毕竟还小，不可能事事做得很好，不能因为他做错了，做不好，就指责他，剥夺他做事的权利，这样容易让孩子感到自卑和无能。要鼓励孩子自己能做的事情自己做，多对他进行赏识和肯定，这样既可以增强幼儿的自理能力，又可以让孩子自信。如小朋友看见教师擦地就要擦地，老师又担心幼儿擦不干净，怎么办？老师可以先擦干净后再给幼儿擦。

（4）满足孩子的合理要求，并尽量鼓励孩子、支持和帮助孩子完成自己想做的事　不要总是对儿童发布禁令，这样容易使孩子失去自我。可以多给幼儿选择的机会，例如幼儿想自己吃饭、穿哪件衣服等这些可以按照孩子自己的意愿。有的孩子心情不好，不愿意和人说话，那就可以告诉他，心情好的时候要和叔叔阿姨说再见，心情不好的时候可以摆摆手，不能一味地强迫孩子。而孩子提出的不合理要求，不要盲目的迁就，可以用转移注意力等方法解决。

（5）以身作则，态度一致　教师和家长在平时的教育过程中，自己要以身作则。要求孩子不能边看电视边吃饭，大人也要做到，要求孩子吃完东西后要漱口，家长也要这样做。对幼儿说生病了不能吃糖，吃糖咳嗽，那么就坚持不给孩子吃，不能因为孩子闹，就迁就孩子。另外，幼儿园和家庭教育态度要一致，幼儿园要求室内鞋脱了要摆好，摆整齐，家里也要那样要求，不能园里一个要求，家里一个要求，这样不利于儿童的成长。

（6）多与孩子交流　对逆反期的儿童，教师应该加强与孩子的交流，多拥抱亲吻孩子，使孩子感受到温暖和爱意，在孩子做错事情后，也要听听孩子的解释。

（7）温和地讲道理　在采取冷处理使孩子平静下来后，可以温和地给孩子讲道理，明确指出孩子的错误在哪里，以及这个错误造成的损失和危害，可以让孩子承担行为后果。

总之，孩子是祖国的未来，他们能否顺利健康成长，直接影响民族未来的素质。因此，必须注重培养幼儿的心理素质，把自尊、自信、自控、独立性、责任感、创造性和社交能力等作为重要教育目标，通过心理健康教育，让幼儿从小开始学习做人，成为具有健康心理的、能适应未来社会需要和挑战的一代新人。

第二节　幼儿教师的心理健康及其维护

幼儿教师是学前教育的主要施教者，教师的心理健康水平直接或间接地影响幼儿的心理发展和行为，心理健康的幼儿教师对幼儿心理健康的维护和促进具有不可低估的作用，现在社会竞争日趋激烈，社会运转节奏加快，幼儿教师在多种挑战中的心理压力不断增大，心理问题日趋增多。西方学者威蒂早在20世纪50年代就指出，教师行业至少同其他行业一样容易患心理疾病。北京市教委曾对全市幼儿园工作人员进行排查，发现存在心理异常的人员有21人。可见，加强幼儿教师心理健康教育工作，使教师具备良好的个性心理品质和较强的心理调控能力，已经迫在眉睫了！

一、教师的心理健康状态对幼儿的影响

1.幼儿教师的心理状态影响对幼儿的态度和评价

幼儿是成长中的个体，自我意识正在形成，教师对幼儿的态度和评价不稳定，就会对幼儿产生消极影响。幼儿会体察教师对自己的态度，揣摩教师是否喜欢自己、信任自己，因此教师表现出来的行为影响着幼儿的心态。如果教师表现出心烦、冷漠、沮丧、敌意、心不在焉等情绪或训斥、打骂幼儿，就容易使幼儿变得自卑，认为自己不好；反之，教师表现出友善、愉快等情绪或积极关注、理解帮助幼儿，幼儿则会自尊、自信、快乐。

2.教师情绪影响幼儿情绪发展

教师情绪不稳定、烦躁，会引发幼儿发脾气、争吵、说谎等社会行为问题。同时幼儿也会受到感染，经常处于紧张和焦虑之中，长此以往，会导致幼儿出现心理问题。相反，教师心态健康向上、生活态度积极，幼儿也会有较好的表现。

3.教师性格影响幼儿性格形成

幼儿教师的性格还会影响幼儿的性格和世界观的形成。教师的行为方式、人格品质、处世态度等幼儿都会模仿，而且这种模仿是潜移默化的、无意识的。如教师性格古怪、脾气暴躁、性情多变、偏执偏激等，就会造成幼儿性格和情绪问题，使幼儿自卑、胆怯、退缩等。

4.幼儿具有较强的可塑性和模仿性

按照社会心理学观点，幼儿教师是学龄前儿童启蒙教育中不可替代的"重要他人"，幼儿教师的教育对象是天真、幼稚的儿童，他们具有较强的可塑性和模仿性。

可塑性主要表现在幼儿每天大部分时间生活在幼儿园这个环境中，与教师朝夕相处。17世纪英国唯物主义哲学家洛克提出了白板说，他认为人出生时心灵像白纸或白板一样，人的一切观念和知识都是外界事物在白纸或白板上留下的痕迹，教师不仅是幼儿知识、智慧的启蒙者，更是幼儿情感、意志、个性的塑造者，幼儿的年龄越小可塑性越大。

模仿性主要表现在模仿是儿童的天性，也是幼儿学习的主要手段。这阶段的幼儿"向师性"极强，教师的言行举止是幼儿模仿的榜样，对幼儿起着潜移默化的作用。在孩子的眼里，教师具有权威性，相信老师，远在相信父母、兄弟、朋友之上，幼儿常说的一句话是"我们老师说……"因此，教师本身或教师所倡导的思想、行为、品质往往都是幼儿最可信

赖的，幼儿的学习、生活往往是通过对教师的模仿来进行的。幼儿不具备完全明辨是非的能力，在模仿教师方面，往往是全方位的。因此，教师的心理健康状态就会强烈地影响幼儿的心理健康状态。

二、幼儿教师心理健康的标准

依据教师职业的性质特点，幼儿教师的心理健康标准至少应包括以下几点。

1.热爱幼教事业

能认同自己的幼教职业角色，对幼儿教育工作认真负责，并充满信心和情感。人是社会生活的主体。每个人在社会生活中都占有一定的地位，担负着一定的社会职能，因此对待事业的态度，必然成为社会适应的首要构成因素。作为人类灵魂的工程师，只有将自身的才能在教育、教学工作中表现出来，并由此获得成就感和满足感，才能对社会生活有良好的适应。

2.能充分了解自己、并对自己的能力做适度的估计

心理健康的人能正确看待自己，容忍自己的不足和缺点，并努力寻求自己的最佳发展，使自己更加完善，形成健全的人格。幼儿教师在教育工作中，会遇到这样那样的成功与失败，心理健康的教师能够平静地对待这些，成功面前不沾沾自喜，遇到挫折也不会消沉。

3.有和谐的人际关系

能客观地了解和评价他人，积极与他人真诚沟通；与人相处时尊重、信任而不是虚伪、嫉妒。良好的人际关系在师生互动中表现为老师与幼儿关系融洽，平等对待每一位幼儿。

4.有顽强的自制力

任何工作都不是一帆风顺的。幼儿教师要有良好的意志品质，自觉地克服困难，在困难面前永不畏惧，有坚定的原则和信念，态度严肃认真而又诚恳明朗，处理果断又以理服人，对该追求的目标一定要追求到底，有顽强的自制力。只有坚忍不拔，能自我控制和自我调适的人，才能良好地适应社会生活。

5.能不断学习与创新

只有乐于并善于学习的人才能不断积累知识经验，教师的知识经验是其做好教育工作的前提，有知识有才能的幼儿教师往往会赢得学生与家长爱戴。教师要引导学生获得自然和社会知识，自己就更要有创新意识。心理健康的教师在教学活动中善于学习，不断创新，能根据幼儿的特点富有创造性地理解教材、改进教学方法、设计教学环节，使教学达到预期的目标。其实人的心理调节机制也需要不断学习才能逐步发展与完善。

6.有健全的人格

这包括正常的社会认知（即客观地看待和评价周围的事件和教师自身）；较强的意志品质；较强的心理承受能力。在此基础上可以客观地对待自己并进行心理状况的自我调适。

7.有一颗"童心"

童心是教师通往每个孩子的心灵世界的桥梁。一位好的幼儿教师往往是幼儿的"忘年交"，是幼儿群体中的一分子，他们经常和孩子一起游戏、讲故事，蹲下来和孩子说话，在这种平等的关系中，教师就能够和幼儿产生情感上的交流，就会在幼儿内心引起"共鸣"，同时，教师会在生活中发现每一个孩子身上的"闪光点"，从而更加爱孩子，由此，教师的教育工作就有了良好的基础。

三、幼儿教师的心理特征

幼儿教师的年龄多数在17～65岁，而这两个时期正处于人生中的青年期和中年期。

1. 青年期特征

青年期（也称成年初期）的年龄范围大约为18～35岁。

霍尔认为青年期是由"疾风怒涛"到"相对平稳"的时期。还有人认为青年期的个体属于"边缘人"，是说青年，特别是大学生，虽然已脱离了孩子的群体，但尚不能履行成人的责任和义务，因此常被排斥在成人行列之外，从总体上看，18岁左右的教师，还留有一些青春期的特征，个别教师还处在半成熟状态，青年期的一般特征可以概括为以下几个方面。

（1）生理发育和心理发展达到成熟水平　在生理上，青年期身体各系统的生理机能达到最佳状态，进入身体健康的顶峰时期。从心理上讲，认知能力、情感和人格的发展都日趋完善，开始形成稳定的人生观和价值观。

（2）生活空间扩大，建立亲密感，开始恋爱、结婚　到了青春期，尤其是工作以后，生活圈逐步扩大，逐渐建立亲密感。亲密感的范围很大，包括朋友关系的友谊，但最核心的关系还是指恋爱和结婚。

（3）进入成人社会，承担社会义务。

（4）自我意识的发展　青年开始将自己的注意力集中到发现自我、关心自我的存在上来，自我意识还不稳定，对他人有关自己的评价非常敏感。

（5）职业适应　进入青年期后社会赋予青年人更多的角色，在家庭中要做丈夫或妻子、为人父母；在单位又扮演另一种完全不同的角色，这需要有个适应的过程。

（6）人格的变化　在青年期，人格总体变化不大，但随着年龄增长，青年人的人格表现得越来越成熟，有研究显示，20～40岁之间，一个人的自信、自尊、独立性和成就定向都有上升的趋势。

2. 中年期特征

中年期一般指35岁或40岁～60岁或65岁这一年龄区间。中年期是长达25～30年之久的漫长的人生路程。和以前各个阶段相比，中年人之间的个体差异最大。有的人取得了很高的成就，而有的人还为生计奔波，有的人享受婚姻的幸福，而有的人为离婚而头疼。它是生理功能从旺盛逐渐走向退化的转变期，是上有老下有小压力很大的时期。

（1）身体上的变化　主要表现为身体发胖，体重增加，面部、颈部手臂等处的皮肤也渐粗糙，头发变白变稀，各种感觉器官及其功能也在发生变化，脑和内脏器官逐步走向退化。

（2）更年期　是指个体由中年向老年过渡过程中生理变化和心理状态明显改变的时期。更年期的年龄在50岁左右，有女性更年期和男性更年期之分，女性更年期的年龄早于男性。

女性更年期多发生在45～55岁之间，一般延续8～12年，是指妇女绝经前后的一段时期。主要表现为第二性特征逐渐退化，生殖器官慢慢萎缩，内分泌紊乱，卵巢功能减退，此期间会出现植物性神经系统紊乱的一些症状，常伴有心慌、气短、失眠、多梦、易怒、出虚汗、暴躁、烦、情绪不稳定等现象。

男性更年期主要表现为性功能减低，伴有植物神经性循环机能障碍，也常表现出精神状态和情绪的变化。

值得一提的是，受传统观念的影响，男性更年期被很多人忽视。更年期是中年期生理变化的自然现象，只要正确认识、重视预防、主动地进行科学调节，保持乐观开朗的精神状态，便可顺利渡过这一转折期。

四、幼儿教师的心理现状

教师这个群体被人们誉为"铺路的石子"、"辛勤的园丁"。这个职业是一个光辉的职业，她是孩子人生旅途上的第一座灯塔，是孩子走出家门时迎来的第一缕阳光。在人们的心目中，幼儿教师是一群活泼美丽的姑娘，每天带着孩子们唱歌跳舞，自由自在，非常开心。走进幼儿园，当你听到孩子的欢声笑语，看到孩子们天真灿烂的笑脸时，自然会想到生活工作在其中的幼儿教师，也一定充满了快乐与自豪。

但是，当我们真正走进幼儿教师的内心世界，才发现其实这是一个身心充满疲惫的群体。幼儿园工作的复杂性、特殊性，要求教师必须全身心地付出，才能完成保教任务。不知从何时起，我们时常听到来自幼儿教师的抱怨声："工作真没劲"、"责任太大"、"这些孩子太调皮了"、"太吵了"、"家长素质太低"、"园长水平太差，无法调动我们的积极性"等，"烦死了"、"累死了"几乎成了口头语。据了解，这种现象在不同的幼儿园里，程度不同地存在着。这说明目前我国幼儿教师心理健康状况不容乐观，有学者对在职幼儿教师进行心理健康评定，发现有20.8%的幼儿教师心理健康水平欠佳。他们存在自卑、嫉妒、虚荣、焦虑、忧郁孤僻、挫折、无效能等问题。

可见，当前幼儿保教人员正面临着多重的心理压力，若不及时调整与疏导，势必影响保教质量和孩子们的健全发展。

五、影响幼儿教师心理健康的因素

1.生理素质与身心疾病

（1）生理素质　生理是心理的物质基础。正常的心理活动和行为表现依赖于健康的脑功能和身体素质。遗传缺陷、脑损伤、成长中的营养缺乏、疾病、药物都会在一定程度上造成心理的暂时或长久的问题。个体的心理和行为是在不断的学习和经历中获得和习惯化的。

（2）身心疾病　幼儿教师中常见的心身疾病有慢性咽炎、心律失常、神经衰弱等。它们大多由焦虑、抑郁、强迫、偏执、人际关系敏感等引起。

2.环境因素

（1）教师的需要得不到满足

首先，教师的物质需要没有得到满足。如工资待遇、住房条件、饮食条件、教具、教材等。自古以来，中国文人受传统儒家思想影响，重义轻利，安贫乐道，耐得住清苦，习惯了默默耕耘，无私奉献。但改革开放以来，随着社会转型以及教师工资待遇、社会地位等方面因素的转变，这一情况不可避免地出现了新的变数。尤其是工作上的物质需要受到了比较大的刺激，改善教学条件、丰富现代化教学手段的需要日益强烈。事实上这些需要在很多幼儿园都得不到满足，甚至还有部分幼儿教师低层次的生活需要得不到满足，特别是在一些欠发达的地区经常发生侵犯教师权益、拖欠教师工资等现象。这些现象的存在，难免在教师中产生脑体倒挂、酬不抵劳的不公感和社会地位的相对反差，导致了部分教师心理失衡，心态欠佳。出现孤独、无助、焦虑、抑郁、自卑等不良心理。

其次，教师的自尊需要没有得到满足。自尊需要主要集中在社会对自己的业绩、形象给予认可方面。相对于其他职业来说，幼儿教育这个职业要求教师具有强大的责任感、耐心和爱心，比别人要付出更多的努力与心血。但是社会上还有许多人对幼儿教师这个职业存有偏见，相当一部分人仍然把教师等同于保姆、服务者，老师们经常抱怨幼儿教养工作责任大，

家长期望值高，常常不能体会他们的良苦用心，他们很难得到家长的理解。许多保育员声称自己是"绿叶"地，缺乏主人翁意识，只有打工妹的体验。这种不公正对待也使相当一部分幼儿教师产生了不平衡感和自卑感，严重影响了心理健康发展。

第三，教师的成就需要没有得到满足。幼儿教育属于启蒙教育，教育成果不能用学业成绩来体现，幼儿园管理者和家长对教师教育成果的评价有时有失公允，使教师的自我价值得不到体现，另外有的幼儿教师所担负的工作同她的兴趣爱好、能力等不适合，学非所用、专业不对口等，都会使幼儿教师的成功需要得不到满足，使之产生挫折感和心理疾病。

（2）教师压力　自20世纪70年代中期以来，对教师职业压力及其影响的研究一直是全世界都关注的问题。因为大多数学者都认为压力是造成教师心理健康问题的主要原因。

① 来自工作的压力。工作时间长、案头工作多、开课多、活动多、比赛多等问题一直困扰着幼儿教师。据一份调查资料显示，在被调查的11所幼儿园中，日平均工作9～10小时的幼儿园占40%，日平均工作10小时以上的幼儿园占20%，最少的日平均工作时间是8.44小时；书写教案，写幼儿观察记录和幼儿成长档案，写教育笔记和教学心得，制作教玩具，写听课笔记和活动分析，写论文、计划、总结，写家园联系册等工作挤占了幼儿教师的许多休息时间，为了完成这些案头工作，幼儿教师不得不利用业余时间，把休息时间拿来做幼儿园的工作；每年、每学期，甚至每个月，幼儿园都有对外公开课、说课、课件制作、教玩具制作比赛、课件制作比赛、观摩比赛等活动，尤其是一些示范园、实验园更多；另外还有根据一些节日活动开展的文艺比赛、演讲比赛等。这些活动的参与，都需要教师投入大量的时间、精力去准备。

② 来自幼儿的压力。幼儿园的孩子大多没有生活自理能力，更没有安全防范意识和自我保护能力。家长把孩子送到幼儿园，把孩子交给了老师，老师就担负起了教育和保育的责任。况且活泼好动又是幼儿的主要特点，孩子在幼儿园有点磕磕碰碰是在所难免的。但是孩子一旦在幼儿园发生意外，不管是否是老师的责任，有些家长总会迁怒于老师，认为是老师不负责任，没给看好，不给老师点处分就不罢休，不是投诉就是告状，弄得老师实在难当，整天提心吊胆。

③ 来自个人婚姻的压力。幼儿园是女性比较集中的地方，工作相对封闭，其职业特点造成了人际交往范围的狭窄，加之幼儿教师的社会地位还有待进一步提高，造成了她们找对象难，成家难。

④ 来自自我发展的压力。首先，幼儿教师需要不断地吸取新知识，学习新技能，开阔眼界，提高自身的素质，以跟上时代的变化。其次，幼儿教师承担着众多的角色，如管理者、授课者、教育者、学习者等，这些角色需要不断转换，这就要求幼儿教师发展多种能力，如专业能力、管理能力、人际交往能力、表达能力、情绪调控能力、组织教育活动的能力等。另外，随着教育体制改革的不断深入，幼儿教师职业竞争压力也在逐步增强。有一位老同事这样形容幼儿教师：20岁的时候没有经验，不知该怎么教；30岁的时候有经验了，又遇上了改革，不知教什么；等到40岁了，脸上青春没了，体力不支了；熬到50岁，该下岗了。

（3）家长的高期望给教师构成了一定的压力　在我国，很多家长都是"望子成龙"、"望女成凤"，伴随着家长文化水平的提高，特别是早期教育、早期智力开发等一些新观念的影响，家长们不再把幼儿园当作是临时照顾孩子的地方，而是希望自己的孩子从一入园就受到良好的教育。因此，家长对幼儿园的社会声誉、教学质量、教学环境、办学理念、模式等都有较高的要求，相应地对幼儿教师的知识水平、教学能力、教学方法、自身素质等也有了较高的期望，这种高期望在幼儿教师身上的投射就变成了一种较大的心理压力。

（4）人际关系复杂　同事关系满意度低是幼儿教师人际关系中最突出的问题。幼儿教师绝大多数是女性，她们有着共同的弱点：情绪容易波动，从众心理较强，注意领导和同伴对自己的评价，会为一点小事唠叨不休等。这些弱点集中于一个群体中，易造成教师之间较难相处，使教师之间的关系复杂得多。

（5）对教育改革的不适应　随着幼儿教育改革的不断深化发展，一些来自国外的教育理念和教学法不断涌入，观念的更新、课程的改变，大有让人目不暇接之势。幼儿教师深感原有的知识水平已经不能完全胜任教学工作，如再不更新知识，充实与提高自己就无法胜任教学岗位，因此，教师心理的焦虑、困惑日渐增多。《纲要》的颁布，在当今幼教界掀起了教育改革的滚滚浪潮，《纲要》对幼儿教师角色作了新的界定，同时提出了新的期望与挑战。教师已从单一的知识传递者转变为幼儿学习的支持者、合作者、引导者、课程的共同开发者，教师必须"创造性地开展工作"。《指南》提出，要珍视游戏和生活的独特价值，创设丰富的教育环境，合理安排一日生活，最大限度地支持和满足幼儿通过直接感知、实际操作和亲身体验获取经验的需要，严禁"拔苗助长"式的超前教育和强化训练。这就要求教师具有相应的角色承担能力，需要相应的专业素养，必须成为学习者、研究者，不断提高自己的专业理论水平，参加各种业务学习、展开各种课题研究，为自己的学历提升，参加计算机、英语、普通话等培训，"学无止境"对幼儿教师来讲，恐怕体会尤为深刻。从具有中专学历的幼师生向大专、本科学历迈进，这其中需要付出较多的精力。

（6）工作上不断磨难的困扰

幼儿教师平时工作多，幼儿年龄小，较多又是独生子女，备受父母关注、疼爱，面对班级中30多名幼儿，以及身后的家长，幼儿教师往往感到一种重要的社会责任赋于双肩，压得自己喘不过气来。而有些幼儿园为了满足家长的需要，开设各类兴趣班，周六、周日时而加班，使教师们始终处于疲惫的状态。有些幼儿园，尝试开展"小班化教育"研究，但又考虑到教育的成本。由一位教师承担20～25名幼儿在园一日生活中的保教工作，教师从早到晚像抹了油的转盘，始终处于连轴状态。日复一日，这些教师身心疲惫，且对工作产生厌倦感。还有一些幼儿园市场化，使幼儿教师感到工作不稳定，且生活得不到保障。一些园长们，不仅要为园所保教质量的提升而烦恼，更要为幼儿园的生存问题、资金问题而苦恼。

公立幼儿园中，教师队伍相对稳定，老师干多干少工资一样，一部分教师有"当一天和尚撞一天钟，得过且过"的思想。私立幼儿园的老师工资低，流动大，使幼儿园处于不稳定状态，对幼儿造成直接影响。教师整体处于一个吵闹的环境，情绪特别容易受到影响。

（7）婚姻家庭　家庭结构、家庭成员的地位、内部关系、家庭气氛和家庭的权利分配等对家庭成员的心理健康有着重要的影响。

（8）生活事件　影响人心理健康的生活事件主要有重大生活事件、灾难性和创伤性事件和日常挫折等。这些事件都会在一定程度影响幼儿教师的工作和生活。

3. 其他因素

（1）气质性格的影响　按照古希腊医生希波克拉底的观点，人的气质有胆汁质、多血质、黏液质和抑郁质四种。胆汁质气质类型的人，遇事不加考虑，处理问题过于武断，致使心理偏激；抑郁质气质类型的人，不善于交往，不善于发泄，造成猜疑心重，丧失自信，总担心别人看不起自己，认为自己什么都不如别人，最后造成性格孤僻，心力疲惫。因此，并不是所有的人都适合当幼儿教师的，黏液质和多血质气质类型的老师，更容易被幼儿接受，

也更容易获取成功。

（2）早期童年经验　早期童年经验对人格的形成和发展有重要的影响，这些人格特点会影响一生的心理发展。研究表明，早期被剥夺母亲照顾的孩子，长大之后在各方面的发展都受到了影响，他们容易哭泣、退缩、表情木然；遗弃会发展成攻击、反叛的人格；年幼时受忽视或虐待的人，较多地表现出胆小、呆板、迟钝、不与人交往、敌对、攻击、破坏的人格，这些人格特点还会造成很多心理健康问题，导致情绪障碍、社会适应不良等。

（3）个体已形成的人格特征　虽然每个人都可能具有遗传上的基础，都可能经历创伤事件，但并不是每个人都会因此出现心理行为问题。这是因为个体自身的人格特征起到了支持和保护的作用。乐观主义者遇到挫折时更可能会迎头去处理问题，相反，悲观主义者在面临困难问题时更可能采用分心或否认的策略，他们更可能假装问题不存在或者是尽量回避去解决问题，悲观主义者在各种情境下都往坏的方面预期。在面对逆境时，悲观主义者比乐观主义者更多地体验到焦虑和抑郁。例如在没水的情况下，一个人在沙漠里行走，突然发现面前有半瓶水，乐观主义的人遇到这种情况非常高兴，心想："太好了，终于喝到水了。"相反，悲观主义的人则想："唉，真倒霉，怎么就半瓶水呢？要是一瓶多好！"

（4）理想与现实的矛盾冲突　青年幼儿教师由于踏上工作岗位不久，对自己岗位、儿童、家长的认识往往充满了理想主义色彩，他们对自己的工作期望很高，然而一旦遇到工作分配不如意，或者与家长摩擦等就会感到灰心、失意，出现心理问题；而中年幼儿教师面对日渐增长的年龄，经常感叹：舞姿不再婀娜，嗓音不再甜美，装扮的小兔不再可爱，孩子们对自己的喜欢程度也不如以前，由此产生悲哀感。

（5）角色冲突　在幼儿园女性教师占大多数，她们既要担负起家庭主妇的角色，又要担负起职业女性的角色，还要面对激烈的竞争努力工作，不断进修，由于压力过重，使教师的身体健康和心理健康都受到影响。

（6）教育影响的长期性与滞后性　十年树木，百年育人。教育人的工作具有周期长的特点，幼儿需要十几年甚至几十年长期的教育，才能成为国家的有用之材，幼儿教师对孩子的教育不会随着孩子离开幼儿园、托儿所而消失，教师在幼儿身上所付出的辛勤劳动往往会影响其一生，使其终生受益。

滞后性主要表现在两个方面：一是即刻影响，若干天后起作用。幼儿对教师的意见不是理解后执行，而是执行中理解，正因为如此，要经过多次反复才能使其形成良好的习惯。二是现期的影响，长期起作用。这种长期性的作用，通常表现为教师的教育影响在幼儿成长过程中的各个环节都会有所反映，从而表现为教育后果的滞后性特征。

教育影响的长期性与滞后性，致使幼儿教师的劳动成果往往不能以即时的直观形式展现，从而导致幼儿教师在工作过程中往往无法得到明确的直接的反馈信息，有时甚至导致幼儿教育工作不为人们所理解的现象。

六、幼儿教师心理健康的维护

1. 要在宏观的社会体制层面上对幼儿教师的工作提供支持和保障

政府部门要把提高教师心理健康水平作为一件关系到素质教育的大事来抓，国家要制定相应的法令，以提高幼儿教师的社会地位，尤其要将"尊师重教"的意识落到实处，保证幼儿教师的合法权益，包括工资待遇、住房福利、在职进修、休假晋升等，使千千万万的幼儿教师能解除后顾之忧，安心幼教事业，而且不断取得自我发展、自我提高的机会，为培养健全发展的祖国接班人做出毕生贡献。

2.幼师学校要慎重选择学生

新生入学前，除了进行学习成绩考核及技能技巧、专业思想的面试外，还应创设各种情境，测试其心理健康状况，学生在校期间应经常举办心理健康教育的讲座，使幼儿教师在上岗前有较高的起点。

3.幼教行政管理部门应经常举办讲座、咨询活动

幼教行政管理部门应经常举办讲座、咨询等活动，不断提高幼儿教师基本素质，及时解答幼儿教师在工作中遇到的各种问题，帮助教师排忧解难。

4.幼儿园要采取切实有效的措施，积极维护幼儿教师的心理健康

幼儿园管理者要正确认识幼儿教师心理健康问题，提高幼儿教师的心理保护意识，帮助教师树立正确的人生观、价值观和明确的奋斗目标，创造条件满足教师的合理需要，使每个教师都能发挥自己的才干，尽可能地为教师提供外出业务进修的机会。此外，要关心教师的家庭生活，哪怕是给予一点点精神上的关心和经济上的帮助都会使她们感激万分，并且重新振作起来忘我地投入到工作中去。

5.优化组合，提高工作效益

一位新毕业的幼儿教师跳舞顺拐，特别担心园长让她教舞蹈。一位学前专业的在校学生，特别担心上班后教幼儿音乐，因为她唱歌有点跑调。现实生活中，教师水平参差不齐是客观存在的。年轻的教师充满活力，老教师保教经验丰富，尤其是对孩子生活上的细微照顾，这是年轻教师所不具备的。因此，园长在考虑班级教师组合时，大多都注意学历、擅长领域、年龄、个性等方面的合理、良性组合，让有经验的老教师带刚毕业的青年教师，在青年教师的班上配有经验的保育员，这样可以以老带新，以新促老，形成一个团结和谐、心情舒畅的群体，最大限度地发挥每位教师的工作积极性，从而挖掘最大的能量。

对于幼儿教师来讲，外在的环境有时候很难改变，如社会的评价标准，不是一朝一夕可以改变，家长的过高期望，也不是自己能左右的。因此，学会自我调整，适当地宣泄自己的情绪，乐观健康地过好每一天，由此带来满足感和成就感，会冲淡某些挫折和焦虑。

（1）爱生活，爱工作，爱孩子，建立良好的师生关系。

（2）在每天看到的地方贴一张纸条，提醒自己"我会因为孩子的行为而生气，我有情绪不是我的错，但也不是孩子的错，因为孩子的学习需要一个过程"。虽然不能对孩子发脾气，但是要让孩子知道"你这样的行为让我不舒服"，让孩子学会控制自己的不良行为。

（3）提高教育技巧，正确对待幼儿第一反抗期。幼儿在3～4岁正处于第一反抗期，教师在要求孩子做事情时，可以多给孩子几个选择。

（4）多参加互动性的学习讨论。几乎每个幼儿教师都会碰到大致相同的问题，同事之间共同讨论解决之道，分享共同的心得体会，有助于增加亲密感，改善同事关系。

（5）克服角色冲突，积极主动过渡更年期。

（6）完善气质性格，建立合理认知信念　常见的不合理信念有三个。一是要求绝对化。这种信念通常是与"必须"和"应该"这类字眼联系在一起的，如"我必须获得成功"，"我一个月应该挣5000元以上"等。这样的信念特别容易使人陷入情绪的困扰。二是过分概括化。它是一种以偏概全、以一概十的不合理思维方式的表现，出现一点点失误就认为自己一无是处、一文不值、是个废物等。三是糟糕至极。这种想法会导致个体陷入极端不良的情绪

体验中不能自拔，如悲观、绝望、抑郁等。幼儿教师要善于发现自己信念的不合理之处，用合理信念取代不合理信念。比如，"我要尽力作好"而不是"我必须做好"，"偶然失误不要紧"而不是"一无是处"，"我还有机会展示自己的才能"而不是"糟糕透顶"等。有了合理的信念，焦虑的情绪和行为自然会转危为安。

（7）良性的自我暗示　自我暗示对人的心理影响作用不可忽视。同样一颗痣，有的人认为它像一块伤疤，影响美观，会每时每刻、千方百计地想办法企图用美容霜祛掉它。而另一种人则将它当作美人痣来看待，任其自然，唯其而自豪。看来，良性自我暗示具有戏剧性功效，幼儿保教人员要学习良性自我暗示的方法，多看自己的优点，比如："我比专家更了解幼儿"，"我写的文章更受大众读者欢迎"，"我班孩子都很喜欢我"等。

（8）不断学习进步，克服职业倦怠。

（9）树立正确的儿童观，克服认知偏差　幼儿教师应树立正确的儿童观和教育观，从幼儿的个性出发，尊重幼儿的兴趣爱好，发挥幼儿的主体作用，公正平等地对待幼儿的一切行为，包括他们的缺点和过失。这不仅是对幼儿教师心理健康的要求，而且是对幼儿教师道德修养的要求。

（10）改变面部表情，对自己微笑；改变行走姿势，抬头挺胸，昂首阔步；整理书桌衣柜或大扫除，让一切井井有条。

（11）正确对待压力　人在面临压力时总会启动自己的无意识应对程序，它又称心理防御机制，如否认、退化、白日梦、合理化、转移、补偿、升华作用等。面对压力，要找出原因，及时调整自己的情绪。例如可以找知心朋友尽情地倾诉、在没人的地方大声地哭出来或喊出来、写日记或日志宣泄情绪等。常言道：怒伤肝。愤怒的情绪需要适当宣泄。调查表明，"忍"者的癌症发病率远远高于对照组。有人认为，男性的平均寿命之所以比女性少，是因为"男儿有泪不轻弹"。女性善于通过喜怒哀乐等多种途径及时化解不良情绪，这也许是女性长寿的秘诀。幼儿保教人员女性居多，缓解愤怒情绪的途径与方式有很多，一旦愤怒的情绪宣泄出去，人的理智就会重新"回家"。值得一提的是，能让自己心情变好的方法有很多种，也因人而异，老师们可以在生活中尝试，什么方法对自己最有效。

❓ 思考与练习

1.什么是心理健康？心理健康的基本要素有哪些？

2.结合你自己的成长经历，谈谈影响儿童心理健康的因素有哪些？

3.简述儿童心理发展的特点。

4.教师应如何维护儿童的心理健康？

5.影响幼儿教师心理健康的因素有哪些？

6.如何维护幼儿教师的心理健康？

拓展阅读

帮助儿童积累分享的经验

分享是一种亲社会行为。在幼儿园里，儿童为争夺玩具而发生冲突是家常便饭。因此，正确处理儿童之间因资源问题引发的冲突，最根本的出路是帮助幼儿积累分享的经验。

当两个幼儿为一个玩具发生争夺时，不少教师会采取平均主义的方法，规定"一人玩2分钟"或"一人玩20个数"，事实上这样的处理方式并不能从根本上解决矛盾，反而会加剧争夺者与被争夺者之间新的冲突和对立。同时，将教师演变成仲裁员和纠察员的角色终日忙个不停。

如果幼儿A争夺幼儿B的三轮车发生了冲突，教师应该首先制止幼儿A的不当行为，维护幼儿B的正当权益。让幼儿B体会到他有权坦然地继续玩三轮车。当儿童体会到自己的权利受到保护后，分享的意愿反而会变得容易些。这时，教师可以对幼儿B说："当你玩好了，你会告诉A的，对吗？你玩好了，就该A玩了。"然后对幼儿A做安抚工作，向他介绍其他的玩具。当幼儿B不再继续玩三轮车并把车子让给幼儿A时，教师要及时表扬幼儿B："你做得对！A小朋友太高兴了，因为你记住他了！你们俩已经是好朋友了！"诸如此类的强化词，能对双方产生积极的情绪效果，并让儿童积累分享的经验。更重要的是，在处理这类冲突中，幼儿能逐步认识到，每个人都有自己的权利，这些权利是平等的，是需要相互尊重的。

（选自：王振宇.幼儿心理学.北京：人民教育出版社，2009.）

孤儿院中的孩子们

丹尼斯对黎巴嫩的一家孤儿院收养的孩子的发育情况进行了跟踪研究，这些孩子都是出生后不久就进了孤儿院，在第一年的绝大部分时间里，他们都待在童车里，并且很少得到看护者的关心。这使得一些动作和语言发展方面出现了很严重的迟滞显现。许多孩子直到1岁时才会直着坐，或者直到6岁才能行走。他们在1～6岁之间的智商极低，平均只有53。在领养合法后，各种年龄的孩子才离开孤儿院，开始了正常的家庭生活。丹尼斯发现那些2岁之前被领养的孩子能克服早期的智力迟钝，在2年内可以使智商平均达到100。但是那些年龄大于2岁的孩子，虽然也可以得到提高，但是在领养家庭生活6～8年之后，他们的智商也只能达到70多。

（选自：明宏.心理健康辅导.北京：世界图书出版公司，2005.）

实践在线

1.案例分析

壮壮和棒棒是幼儿园中班的孩子，他们为了半个海洋球发生了争执，抢了起来，老师看见了，说："谁也别抢，一人玩2分钟"。你认为这个老师做得对吗？为什么？假如你是老师会怎么做？

2.小组讨论

问题：据你观察，幼儿教师的待遇怎么样？幼儿教师的付出和回报成正比吗？是什么原因导致的？应如何改善？以小组为单位进行讨论，形成书面总结报告。

3.实践观察

访问一位幼儿教师，请她谈谈提高幼儿心理健康水平的经验。

参考文献

[1] 丁祖荫.幼儿心理学.北京：人民教育出版社，2011.

[2] 陈帼眉.学前心理学.北京：人民教育出版社，2006.

[3] 彭聃龄.普通心理学.北京：北京师范大学出版社，2007.

[4] 孟昭兰.婴儿心理学.北京：北京大学出版社，2005.

[5] 陈录生，马剑侠.新编心理学.北京：北京师范大学出版社，2005.

[6] 王保林，窦广采.幼儿心理学.郑州：郑州大学出版社，2007.

[7] 吴荔红.学前儿童发展心理学.福州：福建人民出版社，2010.

[8] 李庶泉.学前心理学.北京：北京师范大学出版社，2012.

[9] 林秀冬.基于感觉统合训练的幼儿体育实践研究.温州大学，2011.

[10] 林崇德.发展心理学.北京：人民教育出版社，1995.

[11] 黄希庭.心理学导论.北京：人民教育出版社，1991.

[12] 高月梅，张泓.幼儿心理学.杭州：浙江教育出版社，2008.

[13] 孙时进.社会心理学.上海：复旦大学出版社，2008.

[14] 中国心理卫生协会.心理健康辅导.北京：世界图书出版公司，2005.

[15] 彭贤.人际关系心理学.北京：清华大学出版社，2008.

[16] 刘迎泽.人际心理学.北京：海潮出版社，2009.

[17] 史献平.幼儿心理学.北京：高等教育出版社，2009.

[18] 丁海东.幼儿园游戏与指导.北京：高等教育出版社，2013.

[19] 邱学青.学前儿童游戏.南京：江苏教育出版社，2008.

[20] 黄人颂.学前教育学.北京：人民教育出版社，2012.

[21] 李生兰.学前教育学.上海：华东师范大学出版社，2010.

[22] 刘焱.幼儿园游戏教学论.北京：中国社会出版社，2000.

[23] 汪乃铭，钱峰.学前心理学.上海：复旦大学出版社，2005.

[24] 张加蓉，卢伟.学前儿童语言教育活动指导.上海：复旦大学出版社，2009.

[25] 陈帼眉.幼儿心理学.北京：北京师范大学出版社，1999.

[26] 李庶泉.学前心理学.北京：北京师范大学出版社，2012.

[27] 刘金花.儿童发展心理学.上海：华东师范大学出版社，2004.

[28] 中国心理卫生协会.心理咨询师.北京：民族出版社，2005.

[29] 王振宇.学前儿童发展心理学.北京：人民教育出版社，2004.

[30] 刘新学，唐雪梅.学前心理学.北京：北京师范大学出版社，2011.

[31] 罗家英.学前儿童发展心理学.北京：科学出版社，2011.

[32] 俞国良.现代心理健康教育.北京：人民教育出版社，2007.

[33] 龚春玲.重视丰富幼儿的生活经验.创新教育，2009，（9x）：244.

[34] 王振宇.心理学教程.北京：人民教育出版社，2001.